U0322540

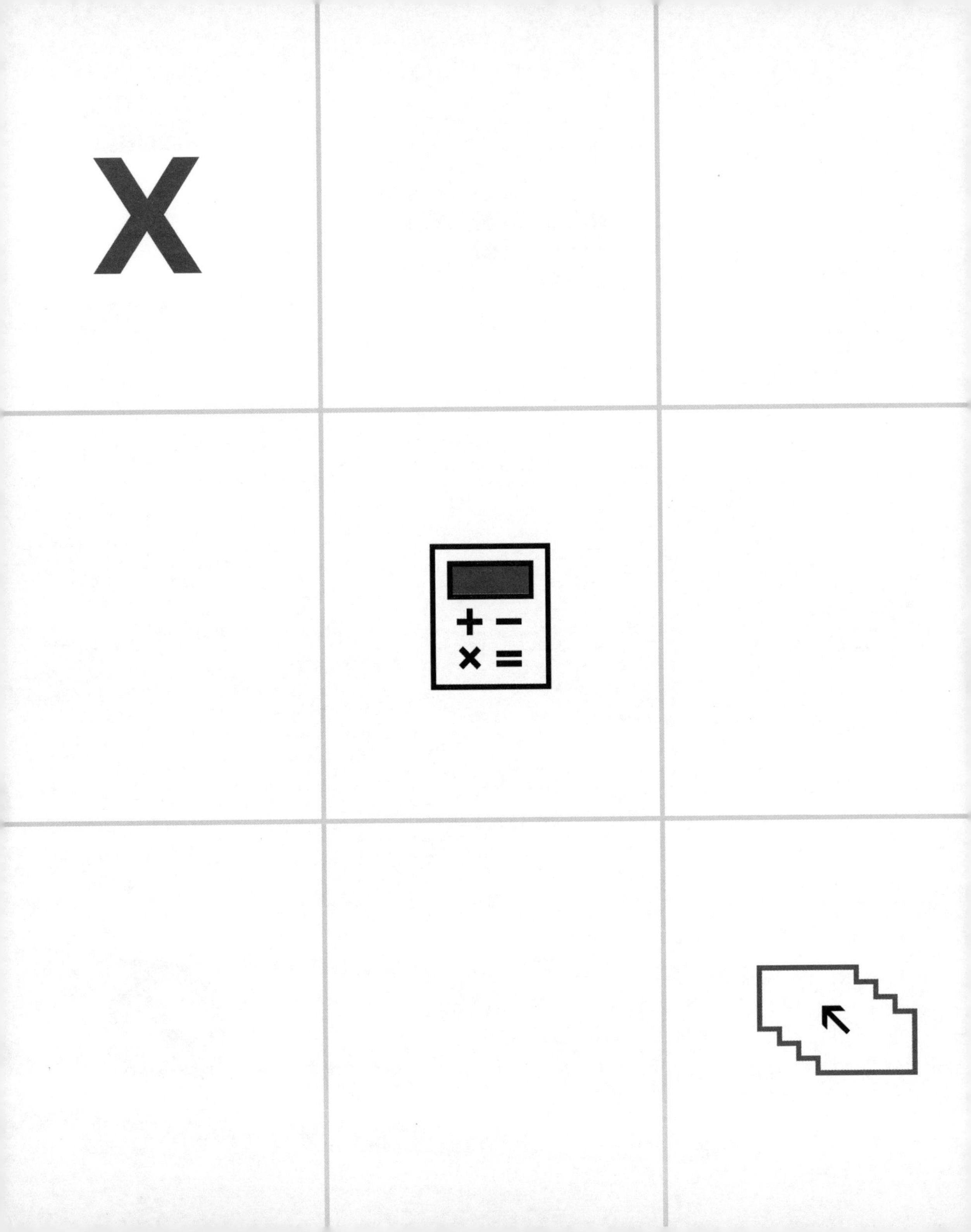

你早该这么玩Excel II

Wi-Fi版

伍昊▲著

北京联合出版公司
Beijing United Publishing Co.,Ltd.

图书在版编目（CIP）数据

你早该这么玩Excel：Wi-Fi版 . 2 / 伍昊著. —北京：北京联合出版公司，2014.9（2022.8重印）

ISBN 978-7-5502-3544-1

Ⅰ. ①你… Ⅱ. ①伍… Ⅲ. ①表处理软件 Ⅳ. ①TP391.13

中国版本图书馆CIP数据核字（2014）第 202050 号

你早该这么玩Excel：Wi-Fi版. 2

作　　者：伍　昊

出 品 人：赵红仕

选题策划：北京时代光华图书有限公司

责任编辑：史　媛

特约编辑：李淼淼

封面设计：柏拉图

版式设计：郝薇薇

插画设计：夏　辉

北京联合出版公司出版

（北京市西城区德外大街 83 号楼 9 层　100088）

文畅阁印刷有限公司印刷　　新华书店经销

字数 292 千字　　889 毫米 × 1194 毫米　　1 / 24　　12 印张

2014 年 9 月第 1 版　　2022 年 8 月第 10 次印刷

ISBN 978-7-5502-3544-1

定价：68.00元

再版序

说起写这本书的过程，其实还挺不容易的。倒不在于写字或者画图，而是思考究竟如何才能有所突破。坦白讲，当第一本书的“心法”广受好评以后，这个问题就一直困扰着我。不断有人说：“我期待你的技法书。”可实际上，这件事对我来说没有任何吸引力。因为在这方面，有很多人做得很专业，我无法望其项背，也不愿照搬照抄。我真正希望的，是尽我所能传递简单、快乐的工作态度，并把自己总结出来的各种“荒谬”的理论与大家分享。

所以，这本书虽然讲了不少的技巧，但侧重点依然是思路和方法。就好像函数部分，我更愿意告诉你我为什么选择这个函数，而不仅仅是这个函数怎么用。只有养成这样的思维模式和看问题的角度，不把自己局限在单纯的技巧操作上，才能在Excel中越玩越轻松。

如果要说这本书有什么突破，我自己最喜欢的是书中对表格的归类方式。因为这是一种跨职能、无边界的归类，可以让你忘掉自己的“身份”，只是通过考虑数据的属性就做出像样的表格。只要你因此觉得做

表其实并不难，这本书就已经实现了它的价值。

此次改版，这本书以新的面貌呈现在你面前。还是那套理论，还是简单、宁静，只不过，它变得更加立体了。

我总喜欢做点不一样的事。你的不一样呢？从这本书开始吧，这将是一个全新的Excel世界。

前　言

让美梦成真

人生中的第一本书《你早该这么玩Excel》（以下称《玩I》）出版之后，从2011年7月至今，在当当、亚马逊、京东等网络书店都长居计算机分类排行榜的第一。上市后短短6个月，印刷数量更是超过10万册。对于一个不知名的培训师，以及对写作有恐惧感的文科小白来说，这是我2011年最意外的收获。

虽说是意外，却也在意料之中。不同于字典类的工具书，《玩I》传递的是思路，提倡的是化繁为简，将原本生硬的工具演绎成可以把玩的对象。于是，不少读者来信说："本来很害怕使用Excel，现在觉得我也敢尝试着去驾驭它了。"也有读者说："用了很多年Excel，从来没想过以这样的角度去理解，思路一下子清晰了。"看到大家因此对Excel产生了学习兴趣，并找到了正确的学习方向，我由衷感到高兴。

可对于继续写作《玩II》，刚开始我是抱有抵触情绪的。和大多数人一样，我一想到续集也会没有安全感，觉得品质很难保证，况且还没琢磨清楚接下来该再写点什么才有意义。如果续集不能有所突破，倒不如不写为好。于是，从谈这个话题开始，足足拖延两个多月后才有了决定。

给我鼓励，让我最终下定决心继续写作的，是我的读者。记得有一位读者在微博留言，她说《玩I》让她收获很大，却也吊足了她的胃口，希望我的工具书早日面世，让她能真正体会做"懒人"的乐趣。还有很多读者也来信咨询关于"天下第一表"设计过程中的技巧问题，以及"三表概念"中几张表之间应该如何关联等问题。我忽然意识到，练完"九阴真经"，该练"降龙十八掌"了。如果说《玩I》编织了一场美梦，那么就让《玩II》使美梦成真吧！

虽然本书依然围绕"三表概念"和"天下第一表"做进一步的探讨，但经过精心的编排，无论是否读过《玩I》，都不会影响你的阅读感受。书中对Excel表格进行了突破性的归类，不以职能为界限，而是以数据的特性为依据，详细介绍了五类表格中的技巧游戏。你将看到诸如"有东西进出型"这样名字奇特，却能让"表"哥、"表"姐们深有共鸣的表格类型。本书也将一如既往地遵循化繁为简的理念，帮助大家向"做职场懒人"的目标更进一步。

职场人大都知道二八原则，我也试图用五类表格涵盖80%的工作状况，同时仅用几个关键技巧来完成它们。在这本书里，函数将首次隆重登场。但是别怕，在书中它不过是升级版的四则运算罢了。我们的目标是搞定函数！

作为心法书的续集，我更愿意把这本书称为“心法实现书”，而非单纯的技巧书。但既然要侧重讲述技巧，如何让它生动、易懂、有趣、结构严谨、情节跌宕，就成了我的最高追求。我努力这么做了，期待你也能感受得到。

与别人有所不同，即便是心法实现书，我也不强调Excel的版本，依然用2003版。原因有二：其一，使用2003版的用户依然不少，所以只能忍痛“向下兼容”；其二，“忍痛”只是玩笑之说，就算你正在使用2007版、2010版，或者2013版，它们的某些功能的确强过2003版，但基础功能却大同小异，甚至没有变化。如果说使用高级版本的用户开的是“自动挡”轿车，那么使用低级版本的用户开的就是“手动挡”轿车。同样都是车，都能到达目的地。但开过“手动挡”的人，再开“自动挡”时的感受只有一个字——爽！正所谓“由俭入奢易，由奢入俭难”，这才是本书使用2003版的主要原因。(P.S.别以为伍昊只有2003版，所以才找了这个借口。作为一名德智体美劳全面发展的三好Excel培训师，我的电脑里可是四个版本都有的☺)

话说了一箩筐，祝阅读愉快！

书中只告诉你两件事，学会它们，就能成为幸福的“懒人”：

“懒人”秘技No.1：五类表格搞定80%的工作！

“懒人”秘技No.2：几个技巧助你玩转“懒人”三表！

随我来！

这些名词要记牢！

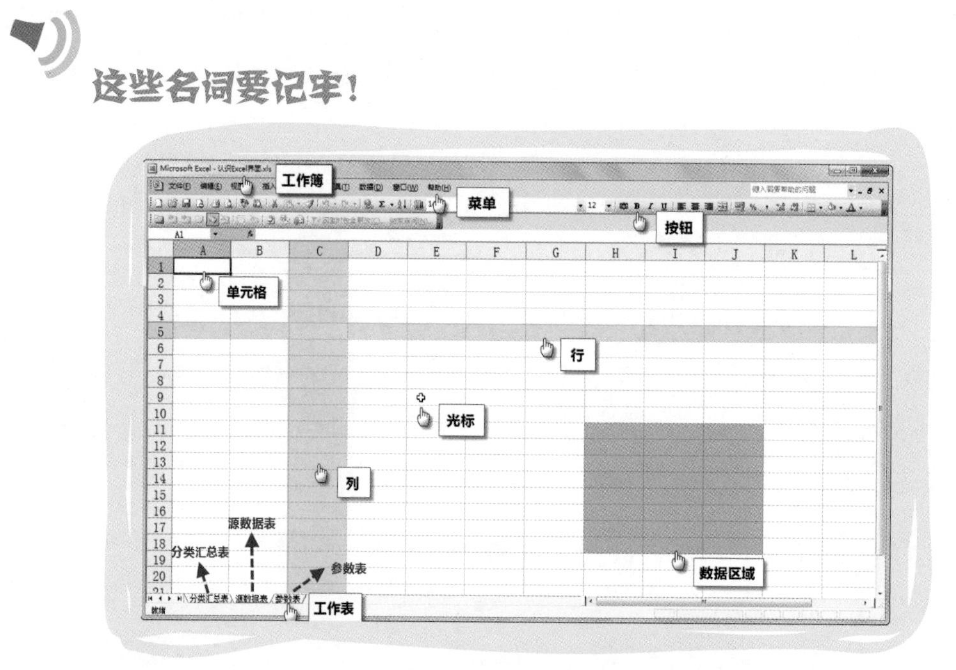

- **工作簿** 通常所说的Excel文件，一个工作簿可包含多个工作表。
- **工作表** Sheet1、Sheet2、Sheet3 等显示在工作簿窗口中的表格。
- **菜单** 装有功能命令的清单。
- **按钮** 图形化的功能命令。
- **单元格** 用于存放数据的“抽屉”，单元格坐标表示为A1、B2、C3……
- **数据区域** 多个单元格组成的区域。
- **行** 同“纬度”的单元格组成行，行坐标表示为1、2、3、4、5、6……
- **列** 同“经度”的单元格组成列，列坐标表示为A、B、C、D、E……
- **光标** 由鼠标控制的，指哪儿打哪儿的图标。
- **参数表** 存放参数的工作表。
- **源数据表** 存放原始数据的工作表，也是唯一需要手工填写数据的工作表。
- **分类汇总表** 存放统计数据的工作表，统计数据由Excel自动生成。

目录

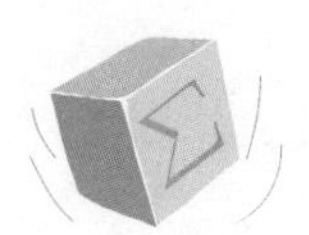

第2章 借双慧眼识源表

第3章 三表未动，锦囊先行

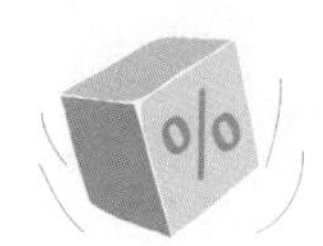

第4章 对号入座，玩转懒人三表

这节很精彩，你要使劲儿阅读哟！

第5章 求人不如求己

第1章

“懒人”眼中的Excel

整天和表格打交道的你，是否感觉自己掉进了一个无底洞？相同的工作往往要重复做好多遍，而新的需求又层出不穷，实在让人上气不接下气。好不容易鼓起勇气想要学一下Excel，以改变自己所处的现状，可当各种技巧铺天盖地砸来的时候，却又不知道哪些才最适合自己。到最后，不仅所学的技巧有限，由于摸不清Excel的性格，每每一到做表的时候，常常两眼一抹黑，理不出半点头绪。让这样的日子快点结束吧！只要换个角度，掌握一种思维方法，做好一张通用表格，并调动Excel的“智慧”，一切都将变得简单起来。

第1节 把Excel当系统

当你面对一个空白的工作簿时，先别急着往里面填内容。Excel可不是电子版的记事本，每张工作表也不应该孤立存在。要知道，它其实是一个小型的数据处理系统，以系统的思维看待它，方能领悟制表、用表的一般规律。在我身上，这个方法屡试不爽。

最“荒谬”的三表概念

三表概念源于我的胡思乱想。在与Excel打了多年交道的某一天，我忽然想要弄明白，为什么新建的工作簿默认为三张工作表，而不是两张或者四张（如图1-1）。结合自己做表的经验，以及使用系统和参与系统设计的体会，我发现，三张表才能构成一个完整的数据管理体系，缺一不可。从功能上划分，它们分别是分类汇总表、源数据表和参数表，这就是三表概念。此时我恍然大悟，这竟然正是我一直遵循的制表、用表方法，只不过到现在才提炼出一个可以说得明白的概念来。

这个概念之所以被我形容为“荒谬”，是因为它并非由官方公布，仅代表我个人的观点。究竟是巧合，还是微软有意为之，我不得而知。但无论怎样，三表概念让我掌握了使用Excel的核心，并让本来单薄的工作表变得立体起来；也使我对表格的思考不再停留于技巧层面，而是站在了数据结构和数据关系的高度上。

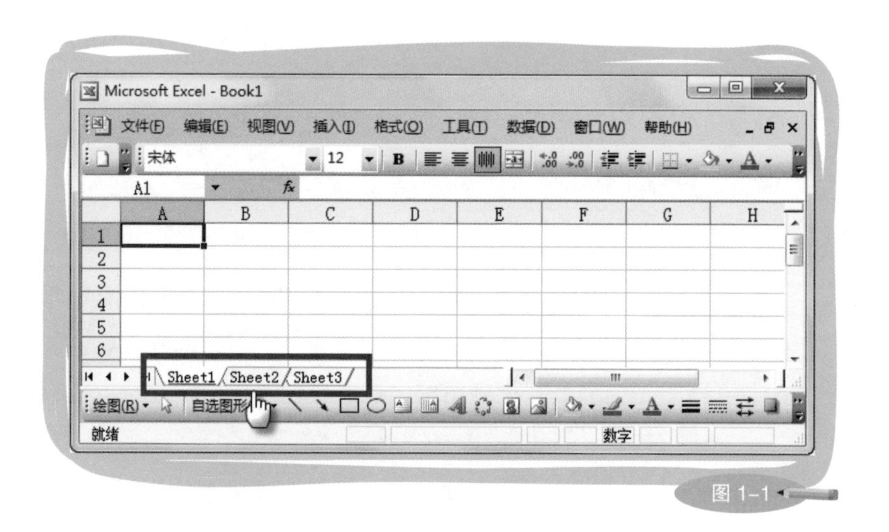

图 1-1

最靠谱的表格结构

三表概念的重点在于三张工作表所代表的不同意义。根据工作流程和目的来看，抛开查询和对比不谈，与数据打交道无非要做两件事：记录数据和分析数据。在这个过程中，还涉及数据记录时的准确率和效率等问题。

源数据表的用途是存放所有的数据明细，所以录入的动作应该在源数据表中完成；分类汇总表里体现的是数据的分析结果，这些结果往往只起到展示的作用，而不用在分类汇总表中进行过多的操作；参数作为辅助数据，通常被源数据表和分类汇总表所引用，它同时也为数据的准确录入提供了保障，这部分数据存放于参数表中。

我们只需要规范地填写好源数据，就能通过各种技术手段自动获得分析结果。如图1–2所示，这是利用三表概念制作的“车辆情况使用表”。其中，参数提供了“所在部门”录入时的选项，最大程度避免了由于人为失误造成的数据录入错误；源数据逐条记录了车辆使用的详细情况；分类汇总结果不是靠手工做的，而是通过源数据自动生成的。

	A	B	C	D	E	F	G	H
1	车号	使用者	所在部门	使用原因	使用日期	开始使用时间	交车时间	车辆消耗费
2	鲁F 45672	尹南	业务部	公事	2005/2/1	8:00	15:00	¥80
3	鲁F 45672			公事	2005/2/3	14:00	20:00	¥60
				公事	2005/2/5	9:00	18:00	¥90
				公事	2005/2/3	12:		
6		尹南	业务部	公事	2005/2/7	9:2		
			业务部	公事		8:(		
			业务部	公事		8:(		
			宣传部	公事	2005/2/2			
			宣传部	公事	2005/2/4	14:		
			宣传部	公事	2005/2/6	9:3		
			宣传部	公事	2005/2/7	13:		
			宣传部	公事	2005/2/6	10:		
			宣传部	公事	2005/2/6	14:		
			宣传部	公事	2005/2/6	8:00	17:30	¥90
16	鲁F 36598		营销部	公事	2005/2/3	7:50	21:00	¥100

分类汇总表 源数据表 参数表

业务部
宣传部
营销部
人力资源部
策划部

源数据获得汇总

	A	B	C	D
1	求和项:车辆消耗费	使用原因		
2	所在部门	公事	私事	总计
3	策划部		130	130
4	人力资源部	30	150	180
5	宣传部	390		390
6	业务部	570		570
7	营销部	270		270
8	总计	1260	280	1540
9				

分类汇总表 源数据表 参数表

参数辅助录入

	A	B
1	所在部门	
2	业务部	
3	宣传部	
4	营销部	
5	人力资源部	
6	策划部	
7		
8		

源数据表 参数表

图 1-2

三张表中，唯一需要手工打理的是源数据表，它是三表概念的核心，是一切分析结果的来源，也是最重要的数据资料。

有人说三表概念和数据库的设计理念完全一致，有理念做支撑，才可以将实践引向正确的方向。想也不想就埋头苦干，只会事倍功半甚至前功尽弃。了解三表，就能了解数据之间的关系，以及工作的进程。先有准确、规范的基础数据，然后才谈得上数据分析，这两个步骤缺一不可，但也不能混为一谈。"表"哥、"表"姐们往往忽略了这个关键，没日没夜纠结于"制作"各种分析结果，到头来得到的却只是一堆一次性报表，时间就在这些无效而又痛苦的重复中，白白浪费了。

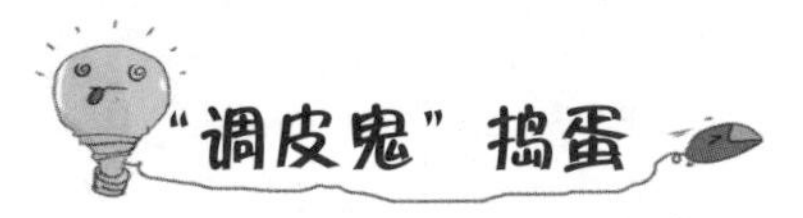

——默认两张表

调皮鬼是一枚热爱Excel的小高手，他总能从别人觉得枯燥的事情中找到游戏的乐趣，因为Excel对他来讲是一个可以捉弄人的大玩具。当听说三表概念源自默认三张工作表之后，爱捣蛋的他硬要让新建的工作簿默认为两张工作表。只见他偷偷地在“工具”→“选项”→“常规”中，修改了一下“新工作簿内的工作表数”（如图1-3），于是阴谋得逞。

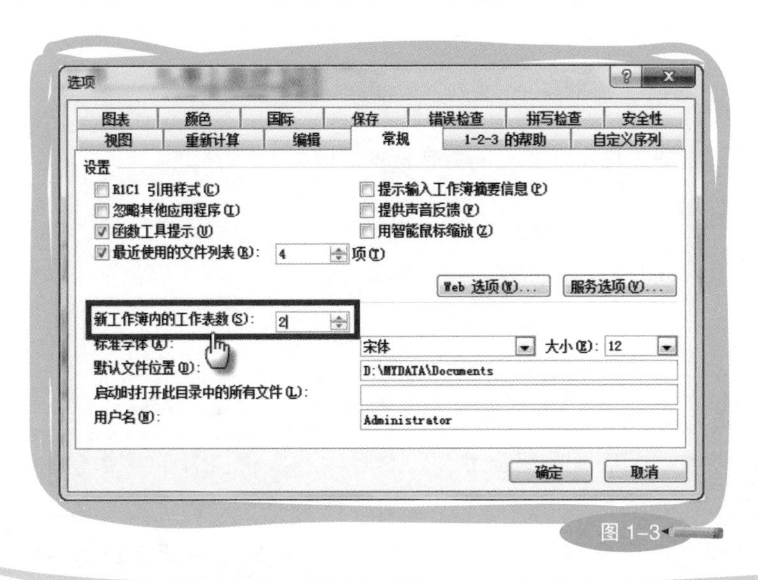

图 1-3

第2节 天下只有一张表

理清了源数据和分析结果的关系，也知道源数据表是三表的核心，那这张至关重要的表到底应该长成什么样子呢？作为一张优秀的源数据表，表中的数据应该描述简洁、字段完整、录入规范、逻辑关系清晰。行业的不同、岗位的不同、工作任务的不同，只会使数据内容不同，但并不影响表格的设计以及数据记录的方式。所以，从样式上讲，天下其实只有一张表，这就是"天下第一表"。

以"不变"应万变

汽车行业使用的表格与餐饮行业使用的表格有什么不同吗？

行政部和销售部使用的表格有什么不同吗？

现金日记账和现金流量表有什么不同吗？

如果你曾经认为以上这些表格应该各不相同，那很遗憾，在未来与表格打交道的漫长日子里，你必须不断学习新的表格样式，并且无法将过往的经验应用于新的环境之中。其实，只要换个角度看待这些表格，你会发现，它们全都一样。

汽车行业关注车型和车价，餐饮行业关注菜名和菜价，数据属性是一样的！

行政部关注耗材名称和数量，销售部关注产品名称和销售数量，数据属性也是一样的！

现金日记账关注科目和金额，现金流量表也关注科目和金额，数据属性还是一样的！

将这个概念扩展到全天下也同样适用：美国人用的表和印度人用的表只是语言不同，500强用的表和杂货铺用的表只是数量级不同，上级用的表和下级用的表只是数据的机密程度不同……

于是，我们发现，可以用相同的表格样式、相同的数据记录方法（如图1–4），来应对各式各样的工作需求。有了“天下只有一张表”的认识，将大大降低你学习Excel的难度，也能让你过往的经验在新的环境中依然有价值。

	A	B	C	D	E	F	G
1	车号	使用者	所在部门	使用原因	使用日期	开始使用时间	交车时间
2	鲁F 45672	尹南	业务部	公事	2005/2/1	8:00	15:00
3	鲁F 45672	陈露	业务部	公事	2005/2/3	14:00	20:00
4	鲁F 56789	陈露	业务部	公事	2005/2/5	9:00	18:00
5	鲁F 67532	尹南	业务部	公事	2005/2/3	12:20	15:00
6	鲁F 67532	尹南	业务部	公事	2005/2/7	9:20	21:00
7	鲁F 81816	陈露	业务部	公事	2005/2/1	8:00	21:00
8	鲁F 81816	陈露	业务部	公事	2005/2/2	8:00	18:00
9	鲁F 36598	杨清清	宣传部	公事	2005/2/2	8:30	17:30
10	鲁F 36598	杨清清	宣传部	公事	2005/2/4	14:30	19:20
11	鲁F 36598	杨清清	宣传部	公事	2005/2/6	9:30	11:50
12	鲁F 45672	杨清清	[illegible]	[illegible]	2/7	13:00	20:00
13	鲁F 56789	沈沉	[illegible]	[illegible]	2/6	10:00	12:30
14	鲁F 67532	沈沉	宣传部	公事	2005/2/6	14:00	17:50
15	鲁F 81816	柳晓琳	宣传部	公事	2005/2/6	8:00	17:30

分类汇总表 源数据表 参数表

天下第一表

图 1–4

能成为“天下第一表”的源数据表必须具备以下几个条件：

一维数据——只有顶端标题行，没有左端标题列；

一个顶端标题行——只有第一行是标题（即下文提到的字段），从第二行开始就是数据；

没有合并单元格——不能出现任何形式的合并单元格；

连续的数据——数据区域中不能出现空白单元格、空白行，以及空白列；

准确的数据内容——大致包括完整的字段、一致的描述，以及分列记录的数值与单位。

一朝学会，终生受益。这不是汽修学校的广告，而是Excel的心声。无论你是谁，服务于怎样的公司，在做怎样的工作，只要用好Excel，你就掌握了一项全球通用的技能。

以不变生“万变”

拥有了完美的源数据以后，你就可以通过Excel各种强大的数据处理功能使其变化万千。除了运用分类汇总的“神器”——数据透视表（如图1–5）以外，掌握函数（如图1–6）和相应的菜单功能也是玩转三表必不可少的手段。

	A	B	C	D
1	求和项:车辆消耗费	使用原因		
2	所在部门	公事	私事	总计
3	策划部		130	130
4	人力资源部	30	150	180
5	宣[illegible]			390
6	业[illegible]			570
7	营销部	270		270
8	总计	1260	280	1540

分类汇总表 / 源数据表 / 参数表

数据透视表

图 1–5

要始终坚信一点，分析结果应该“变”出来，绝非靠手工一点点“做”出来。初学时，你可以说不懂具体技巧的运用，但一定不能说因为Excel做不到，于是自己就傻乎乎地埋头瞎干。

B12 =SUMIF(源数据表!$K$1:$K$23,$A12&B$10,源数据表!$H$1:$H$23)

	A	B	C	D	E
10		公事	私事	总计	
11	策划部		130	130	
12	人力资源部	30	150	180	
13	宣传部	390		390	
14	业务部	570		570	
15	营销部	270		270	
16	总计	1260	280	1540	

函数

分类汇总表 / 源数据表 / 参数表

图 1-6

知道自己不懂不可怕，不知道自己不懂才真正可怕。前者顶多没有学习的动力，但至少有清晰的目标，后者却将低效视为常态，只能在矮子里充高个儿。

第3节 造智能表格，享“懒人”幸福

掌握了Excel设计和使用的核心理念之后，只需要辅以几个关键性技巧，就能玩转这个看似复杂，或许还有点高深莫测的桌面数据处理工具。就技术实现的环节，二八原则依然有效，虽然Excel能做的远远超出我们的想象，但回归到最普遍的工作需求，使用少量常用的技巧即可打造出智能表格，并完成80%的表格工作。让我们先预览一下。

授权E表，坐享其成

用过企业系统的朋友应该知道，由于限定了条件，在系统中犯错的概率相对较低。我的意思是，在这样的系统中，王老五只能被选为“王老五”，而不会变成“王老伍”。但在Excel中，源数据却常常由于描述不一致而惨遭破坏，并造成严重的后果，比如数据整个作废。想要弥补也不是不行，轻则，一个人加班加点修正数据；重则，上下级单位几十号人集体大战Excel。通常，数据来源越复杂，这种现象越明显。就算三令五申要求数据提供者不许犯错，也无济于事，错误的数据依然源源不断地出现。

其实，Excel本身是有法子的，称之为“数据有效性”，主要用于参数表和源数据表之间的互动（如图1-7）。通俗地说，就是只有满足了限定的条件才允许在单元格中录入。你可别小看这个功能，于管理，它意义非凡；说操作，它可深可浅。

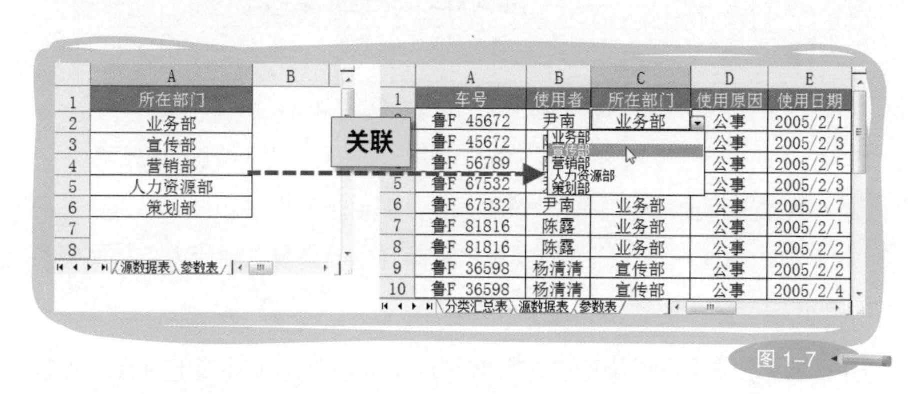

图 1-7

根据不同的案例，在后面的章节我将为大家介绍一级有效性、二级有效性，以及数据依次录入等技巧的实现。

妙招生花，事半功百倍

按照正常的流程，我们应该先做源数据，再变出汇总结果。但有时候迫于无奈，只能得到汇总结果，而没有源数据，并且在这种情况下，还被要求对多个汇总结果进行再汇总（如图1-8）。既然无法改变“存在即合理”的残酷事实，那么就只能想办法提高自己的能力了。

	A	B	C	D	E	F	G	H	I	J	K	L	M
1	工作情况汇报表（总表）												
2	填报单位（盖章）：											单位:万元	
3	名称	项目	本月累计			本年累计			dh部	dd部	dt部	by部	nl部
4			本月	上月	对比增减%	本年	上年同期	对比增减%					
5	入库金额	A类（万元）	=SUM(成都:大邑!C5)										
6		B类（万元）											
7	返还金额	A类返还（万元）											
8		B类返还（万元）											
9	入库金额	C类（万元）											
10		D类（万元）											
11	返还金额	C类返还（万元）											
12		D类返还（万元）											

图 1-8

对数据进行批量处理是Excel的强项，哪怕是我们熟悉得不能再熟悉的SUM函数，也能在这类工作中发挥出极其强大的批量处理能力，从而使不可能的汇总变为可能。

我从上百种Excel技巧中，精心挑选了最常见也最震撼的批量处理技巧，足以让你为之疯狂。把它们搭配在五类表格的案例中，你就能真正体会到Excel无穷的魅力。

>>>>> >>>>> >>>>>

一技傍身

——工作表间的快速切换

在多个工作表中反复切换，最有趣的方式莫过于使用快捷键：切换到下一个工作表按Ctrl+PgDn，切换回来则按Ctrl+PgUp。

不变的追求：牵一发而动全身

在与Excel相关的资料中，经常能看到“牵一发而动全身”这个说法。这是Excel的精髓，也是我认为的最高境界。我对它的理解是，如果一个单元格的数据涉及十个汇总结果，那么当它发生变化的时候，与之相关的所有结果都相应地发生变化，这才是真正的“动全身”。也只有这样，才能保证数据同步更新，并得到最准确的数据分析结果。

就三表概念而言，源数据表中某单元格的变化，应该导致同一行关联单元格的自动变化，同时使分类汇总表中相应的汇总数据发生变化。要实现这种设想，所用到的技能非函数莫属。

很多人都曾经面临过一个难题：当源数据表中“有东西进出”时（这个东西可以是办公用品、库房的商品、资金等），如何才能得到当前库存数和期初、期末库存数？运用SUMIF函数的动态引用，恰好能完美地解决这个问题，从而让Excel自动为我们提供最直观的库存现状（如图1-9）。

G8 =SUMIF($F$2:F8,B8&C8,$E$2:E8)

	A	B	C	D	E	F	G	H
1	时间	机型	耗材名称	进出	数量	辅助列	当前库存	
2	2011/4/1	WC3210	鼓粉	入库	15	WC3210鼓粉	15	
3	2011/4/1	P4510	鼓粉	入库	10	P4510鼓粉	10	
4	2011/4/1	P4510	鼓粉	出库	-2	P4510鼓粉	8	
5	2011/4/1	P3435	鼓粉	入库	15	P3435鼓粉	15	
6	2011/4/1	DP3055	鼓粉	入库	30	DP3055鼓粉	30	
7	2011/4/1	DC9000	墨粉筒	入库	30	DC9000墨粉筒	30	
8	2011/4/1	DC9000	墨粉筒	入库	30	DC9000墨粉筒	60	
9								
10								
11								
12								

=SUMIF($F$2:F8,B8&C8,$E$2:E8)

出入库明细表

图 1-9

不仅如此，还有更多“牵一发而动全身”的思路和操作方法将在后面详细地介绍给大家。

“牵一发而动全身”是懒人偷懒的终极目标，但对于缺乏兴趣和时间钻研Excel技巧的“表”哥、“表”姐们，只要能在自己的工作中玩转数据之间的关联，也就足够了。至于掌握技巧的多与少，其实并不那么重要。毕竟，Excel也只是一个工具，而非工作的全部。

第2章

借双慧眼识源表

在上一章，我们提到了三表概念的核心——“天下第一表”（即源数据表）。能否在职场中顺利“偷懒”，很大程度上取决于对这张表的设计和使用。虽然它看似简单，背后却蕴含着对流程、业务、管理、技巧等多方面的考量。一张不合格的源数据表，不仅无法发挥Excel在数据处理上的优势，反而会加重工作负担。接下来，我将为大家介绍撬动源数据表设计的那个支点，分析在设计过程中可能会遇到的典型问题，并探讨用逆向思维还原源数据表的方法。

第1节 认准主角是关键

每一张源数据表都有一个主角，与之同行的数据负责讲述主角的故事，至于故事情节，则由该表所涉及的工作流程和目的而定。于是，当我们从无到有新建一张源数据表时，认准主角就成了关键。

先看一个最简单的例子：一张采购明细表。顾名思义，既然是采购明细，采购的货品自然应该是主角。而整张表的设计则围绕采购事件展开，于是就有了什么时间采购的、向谁采购的、采购了多少、采购的单价这些字段（如图2–1）。

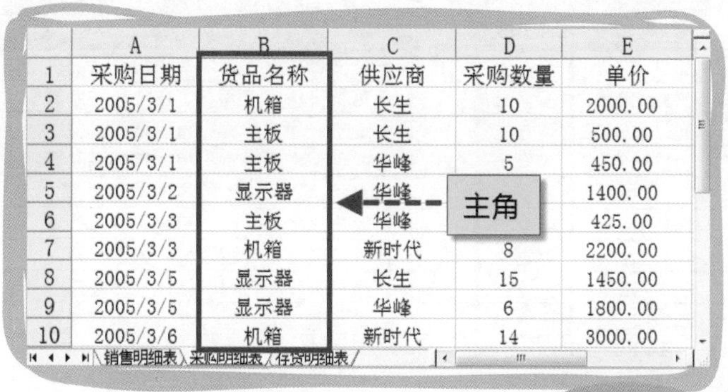

	A	B	C	D	E
1	采购日期	货品名称	供应商	采购数量	单价
2	2005/3/1	机箱	长生	10	2000.00
3	2005/3/1	主板	长生	10	500.00
4	2005/3/1	主板	华峰	5	450.00
5	2005/3/2	显示器	华峰		1400.00
6	2005/3/3	主板	华峰		425.00
7	2005/3/3	机箱	新时代	8	2200.00
8	2005/3/5	显示器	长生	15	1450.00
9	2005/3/5	显示器	华峰	6	1800.00
10	2005/3/6	机箱	新时代	14	3000.00

主角

销售明细表 采购明细表 存货明细表

图 2–1

下面增加一点难度，我们来设计一张美容院用的表格。设计的时候，首先要了解美容院的业务情况：客人来店里消费，有技师为其提供服务，美容院有各种消费项目，每个项目对应不同的产品，技师推荐产品有提成。从以上的描述可以看出，在这个案例中，主角明显不止一个，客人、技师、消费项目、产品都可以成为主角。但是与电影不同，源数据表只允许有一个主角，而故事情节必须围绕该主角进行。所以，在设计这张表的时候，需要认真分析美容院的工作流程和目的，以便准确地找到那个关键的角色。

根据工作目的，如果关注各种消费项目的情况，就应该以消费项目为主角；如果关注产品售卖的情况，就应该以产品为主角……依此类推。可是从流程来看，是客人到店后才引发了后续的商业活动，假设选择了产品作为主角，用产品去对应客人，那么数据发生的顺序就颠倒了，表格反而会影响美容院的正常工作流程。所以，在这个案例中，以客人为主角才是最适合的（如图2–2）。

	A	B	C	D	E	F	G
1	日期	客户	技师	消费项目	使用产品	消费金额（元）	提成金额（元）
2	2011/12/10	张先生	10	水活养颜保湿疗程	美白嫩肤洁面乳	260	13
3	2011/12/11	王女士	8	消痘抗炎保养疗程	美白抗皱按摩膏	106	5
4	2011/12/12	李先生	9	舒敏安肤保养疗程	植物养颜紧肤水	495	25
5	2011/12/13	周女士	11	毛孔细致	植物养颜润肤露	366	18
6	2011/12/14	齐女士	10	消痘抗炎	控油洁面啫喱	194	10
7	2011/12/15	李女士	8	舒敏安肤保养疗程	平衡修护按摩膏	168	8
8	2011/12/16	赵先生	8	毛孔细致疏筋疗程	修护嫩白日霜	199	10
9	2011/12/17	张先生	8	消痘抗炎保养疗程	活化美白晚霜	307	15
10	2011/12/18	王女士	9	舒敏安肤保养疗程	美白养颜抗皱霜	317	16

美容院业务明细表 / 开卡 / 服务 / 产品类别 / 提成比例

主角

图 2–2

细心一点你就会发现，即使是以客人为主角，这张表所提供的数据依然能对消费项目、产品、技师进行分析。原因是，它们与主角同在一个故事当中，而Excel有办法处理故事中的任意片段。

懒人梦话

用数值和字母组成的唯一代码，来替代容易重复的中文“主角”，将为后续的数据处理带来不少便利。

第2节 火眼金睛挑毛病

仅仅认准了主角还不够，还得学会辨认源数据表的品质。也许是长期的使用习惯，或者是过分夸大了天下只有一张表的概念，要不就是还未掌握相关的技巧，在你的源数据表中，可能还存在以下这些缺陷。

常有一列录序号，殊不知画蛇添足

回想一下你的表格，第一列是否也是“序号”（如图 2-3）？

	A	B	C	D	E	F
1	NO.	Division	On board date	Grading	Sub-Grading	Team
2	1	开发/技术本部	2011/6/22	CN4	2	开发一部
3	2	开发/技术本部	2008/10/13	CN5	3	开发一部
4	3	开发/技术本部	2009/7/1	CN7	3	战略开发部
5	4	开发/技术本部	[illegible]	CN4	4	开发一部
6	5	开发/技术本部	[illegible]	CN3	1	开发一部
7	6	经营支持本部	2007/9/17	CN4	1	采购Part
8	7	经营支持本部	2009/12/1	CN5	2	财务部
9	8	经营支持本部	2010/1/1	CN3	2	财务部
10	9	经营支持本部	2010/2/1	CN4	2	财务部

序号列

思路 Sheet1 Sheet2 Sheet3

图 2-3

这种做法非常常见，虽然大家可能并不清楚为什么要这样做，却一直保持着这个习惯。我也真不能告诉你这就是错的，相反，它还是还原数据初始顺序的一种技巧。

我们都知道，在表格中按某个字段进行排序以后，数据的初始顺序就被打乱了。如果数据本身不是以日期作为排序依据，想要还原几乎是不可能的。可别告诉我你玩的是“撤消”(Ctrl+Z)，请千万记住，它十分不可靠。假如在排序之前制作一个辅助的序号列，像图 2-3 所示那样，就能让Excel记住数据初始的位置。

可据我所知，大多数人并不是带着这个目的来做序号列的，而且，数据的初始顺序通常是以日期为依据。这样的话，序号列就显得画蛇添足了。

一技傍身——快速生成序号列

利用Excel对数字规律的判断，以及参照相邻列快速复制的特性，当有需要时，即使在庞大的源数据中，也能快速生成序号。

第一步，在A2、A3单元格分别输入数字 1 和 2，并选中这两个单元格（如图 2-4）。

	A	B	C	D	E	F
1	NO.	Division	On board date	Grading	Sub-Grading	Team
2	1	开发/技术本部	2011/6/22	CN4	2	开发一部
3	2	[illegible]技术本部	2008/10/13	CN5	3	开发一部
4		开发/技术本部	2009/7/1	CN7	3	战略开发部
5		开发/技术本部	2010/7/1	CN4	4	开发一部
6		开发/技术[illegible]	[illegible]	[illegible]	1	开发一部
7		经营支持[illegible]	[illegible]	[illegible]	1	采购Part
8		经营支持本部	2009/12/1	CN5	2	财务部
9		经营支持本部	2010/1/1	CN3	2	财务部
10		经营支持本部	2010/2/1	CN4	2	财务部

输入两个等差数

思路 Sheet1 Sheet2 Sheet3

图 2-4

第二步，将光标移至A3单元格右下角，使其呈黑色十字形，然后双击鼠标左键完成序列的填充（如图 2-5）。

	A	B	C	D	E	F
1	NO.	Division	On board date	Grading	Sub-Grading	Team
2	1	开发/技术本部	2011/6/22	CN4	2	开发一部
3	2	开发/技术本部	2008/10/13	CN5	3	开发一部
4	3	开发/技术本部	2009/7/1	CN7	3	战略开发部
5	4	开发/技术本部	2010/7/1	CN4	4	开发一部
6	5	开发/技术本部			1	开发一部
7	6	经营支持本部			1	采购Part
8	7	经营支持本部	2009/12/1	CN5	2	财务部
9	8	经营支持本部	2010/1/1	CN3	2	财务部
10	9	经营支持本部	2010/2/1	CN4	2	财务部

思路 Sheet1 Sheet2 Sheet3

双击完成

图 2-5

聪明的Excel能够自动判断两个数之间的步长值（也就是差值），如果输入的数字为1和3，则得到1、3、5、7、9……依此类推。

完善字段不等于没完没了

借用一句不恰当的广告词——“一表虽好，可别贪杯哦”！“贪”在这里指的是对天下第一表功能的过度放大。没错，天下第一表概念的确提倡将与一件事相关的数据放在同一张表中，但这并不代表一个部门甚至一家公司所有的数据都只用一张表来体现。

拿美容院的例子来说，从客人进店消费到结账离开是一个完整的故事，故事所涉及的数据自然可以归为一张表。但如果要将产品的供应商、库存状况，或者技师的个人信息都塞进这张表，就会显得不太妥当了。虽然美其名曰包罗万象，可使用起来只会徒增麻烦。

而且，就算源数据只讲了一个故事，每个字段都与主角有关，也不能因为过分追求信息的完整，而做出“清明上河图”似的表格。没有查询和分析价值，或者无法规律性得到的字段，尽量不要出现在源数据表中。图 2-6 是一张酒店的销售跟踪表，设计的字段已经足够复杂了，是否有必要再关注一些无法规律性得到的信息，如“客户职位”和“客户喜好”，就值得我们好好斟酌一番。

	A	B	C	D	E	F	G	H	I	J	K	L	M	N
1	联络日	谁找谁	省份	客户类型	客户名称	客户性别	客户职位	客户喜好	联系人	联系电话	业务类型	首次沟通	二次沟通	三次沟通
2														
3														
4														
5														

跟踪记录 / 参数表

图 2-6

一件事一张表，故事完整、情节紧凑，这才是“天下第一表”该有的特质。

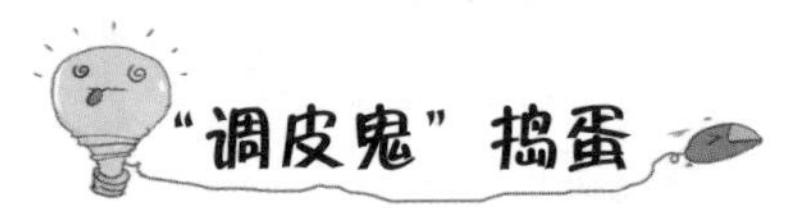

“调皮鬼”捣蛋

——藏起来让你看不见

听懒人说源数据表的字段不要没完没了，调皮鬼又来劲了，心想：“你要短，那我就让它短。”只见他用最牛快捷键（Ctrl+Shift+方向键）迅速选中了所有行，把它们隐藏了起来，接着又把列都隐藏了起来，只留下一点点单元格。这下可好，庄园变成了卧铺，一眼望去，还真够短的（如图2-7）。

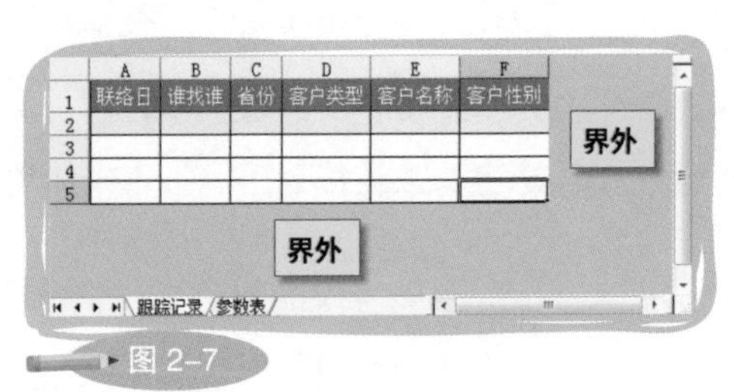

图 2-7

数据同属性就该一列记录

在Excel中，有不少工具可以将同列的数据进行分类汇总，如数据透视表、SUMIF等。但如果这些数据分散在不同的列，事情就会变得复杂许多。为了不给自己找麻烦，同属性的数据就应该被记录在同一列。

这里所说的同属性，是指所属同一类，例如：男和女属于性别，A彩电和B彩电属于产品，进和出属于状态。如图2–8所示，这是一份电子版的记账凭证。

	A	B	C	D	E	F	G
1	记账凭证						
2	日期	凭证号	摘要	科目代码	科目名称	借方金额	贷方金额
3	2005/7/18	1	提取现金	101	现金	5000.00	
4	2005/7/18	1	提取现金	102	银行存款		5000.00
5	2005/7/19	2	采购原材料	125	原材料	2000.00	
6	2005/7/19	2	采购原材料	203	应付账款		2000.00
7	2005/7/20	3	销售产品	102	银行存款	8000.00	
8	2005/7/20	3	销售产品	501	主营业务收入		8000.00
9	2005/7/22	4	[illegible]	[illegible]	主营业务成本	6000.00	
10	2005/7/22	4	[illegible]	[illegible]	原材料		6000.00
11	2005/7/25	5	销售产品	113	应收账款	5000.00	
12	2005/7/25	5	销售产品	501	主营业务收入		5000.00

资产负债表 / 总账 / 记账凭证

分列记录

图 2–8

由于借方和贷方同属于"记账符号"，按照源数据表的录入规则，它们应该出现在同一列才对（如图 2–9）。

	A	B	C	D	E	F	G
1	记账凭证						
2	日期	凭证号	摘要	科目代码	科目名称	记账符号	金额(元)
3	2005/7/18	1	提取现金	101	现金	借	5000.00
4	2005/7/18	1	提取现金	102	银行存款	贷	5000.00
5	2005/7/19	2	采购原材料	125	原材料	借	2000.00
6	2005/7/19	2	采购原材料	203	应付账款	贷	2000.00
7	2005/7/20	3	销售产品	102	银行存款	借	8000.00
8	2005/7/20	3	销售产品	[illegible]	[illegible]营业务收入	贷	8000.00
9	2005/7/22	4	结转成本	[illegible]	[illegible]业务成本	借	6000.00
10	2005/7/22	4	结转成本	[illegible]	原材料	贷	6000.00
11	2005/7/25	5	销售产品	113	应收账款	借	5000.00
12	2005/7/25	5	销售产品	501	主营业务收入	贷	5000.00

资产负债表 / 总账 / 记账凭证

一列记录

图 2–9

我不懂财务，但是看过纸质的记账凭证。从那里，我找到了分列记录法的源头（如图2−10）。

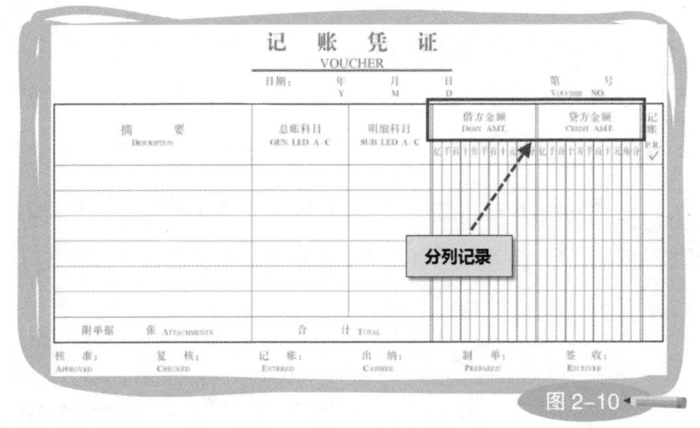

图 2−10

可电子数据毕竟与纸质数据不同，在使用Excel记录数据时，这种格式是不宜套用的。

P.S. 作为一张源数据表，图2−8第一行的标题"记账凭证"是多余的。实在需要，可以将其设置为工作表名称。

——填"空"式复制

想想十指相扣的感觉，这在Excel中如同用一列数据填补另一列数据的空单元格（如图2−11）。

	A	B	C	D	E	F	G
1	记账凭证						
2	日期	凭证号	摘要	科目代码	科目名称	借方金额	贷方金额
3	2005/7/18	1	提取现金	101	现金	5000.00	
4	2005/7/18	1	提取现金	102	银行存款		5000.00
5	2005/7/19	2	采购原材料	125	原材料	2000.00	
6	2005/7/19	2	采购原材		应付账款		2000.00
7	2005/7/20	3	销售产		银行存款	8000.00	
8	2005/7/20	3	销售产品	501	主营业务收入		8000.00
9	2005/7/22	4	结转成本	502	主营业务成本	6000.00	
10	2005/7/22	4	结转成本	125	原材料		6000.00
11	2005/7/25	5	销售产品	113	应收账款	5000.00	
12	2005/7/25	5	销售产品	501	主营业务收入		5000.00

填"空"

图 2−11

第一步，选中G3:G12，并复制（如图2—12）。

	A	B	C	D	E	F	G
1	记账凭证						
2	日期	凭证号	摘要	科目代码	科目名称	借方金额	贷方金额
3	2005/7/18	1	提取现金	101	现金	5000.00	
4	2005/7/18	1	提取现金	102	银行存款		5000.00
5	2005/7/19	2	采购原材料	125	原材料	2000.00	
6	2005/7/19	2	采购原材料		应付账款		2000.00
7	2005/7/20	3	销售产品		银行存款	8000.00	
8	2005/7/20	3	销售产品	501	主营业务收入		8000.00
9	2005/7/22	4	结转成本	502	主营业务成本	6000.00	
10	2005/7/22	4	结转成本	125	原材料		6000.00
11	2005/7/25	5	销售产品	113	应收账款	5000.00	
12	2005/7/25	5	销售产品	501	主营业务收入		5000.00

复制

资产负债表 / 总账 / 记账凭证

图 2-12

第二步，选中F3，单击鼠标右键，点击“选择性粘贴”，勾选“跳过空单元”（如图2—13）。

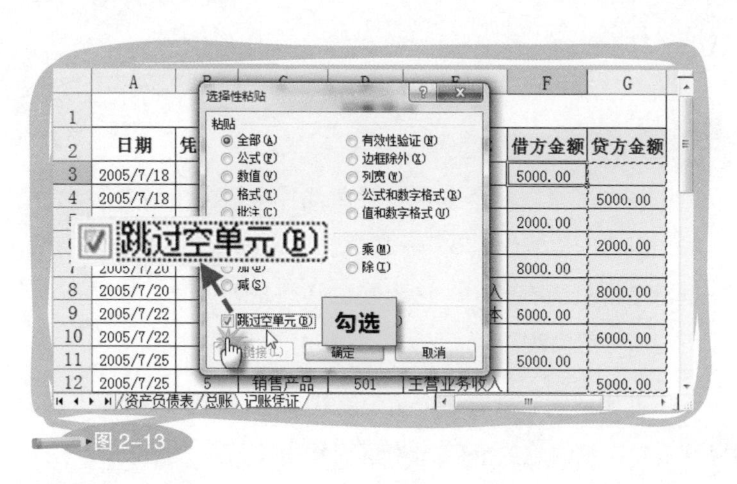

图 2-13

第三步，点击“确定”，完成填“空”式复制（如图2-14）。

	A	B	C	D	E	F	G
1	记账凭证						
2	日期	凭证号	摘要	科目代码	科目名称	借方金额	贷方金额
3	2005/7/18	1	提取现金	101	现金	5000.00	
4	2005/7/18	1	提取现金	102	银行存款	5000.00	5000.00
5	2005/7/19	2	采购原材料	125	原材料	2000.00	
6	2005/7/19	2	采购原材料	[illegible]	应付账款	2000.00	2000.00
7	2005/7/20	3	销售产品	[illegible]	银行存款	8000.00	
8	2005/7/20	3	销售产品	501	主营业务收入	8000.00	8000.00
9	2005/7/22	4	结转成本	502	主营业务成本	6000.00	
10	2005/7/22	4	结转成本	125	原材料	6000.00	6000.00
11	2005/7/25	5	销售产品	113	应收账款	5000.00	
12	2005/7/25	5	销售产品	501	主营业务收入	5000.00	5000.00

图 2-14

“跳过空单元”指的是，只将复制的数据区域中非空的单元格粘贴到新的数据区域。所以，G3、G5等空单元格才不会覆盖F3、F5及其他与G列空单元格同行的F列单元格。

一山不容二虎，主角只能有一个

在电影里，一个主角演独角戏，两个主角演对手戏，三个主角演纠葛戏，四个主角演伦理戏……总之，无论有几个主角，都有戏。可在源数据表里，主角只能有一个，这出戏也必须是独角戏。如果不小心出现了两个主角，那一定没戏。

可你别以为只有一个主角就代表字段很少，内容不够丰富。那可未必，这要看你拍的是“精彩一瞬间”，还是“某某人漫长的一生”。

还说美容院的表格：源数据虽然以客人为主角，但表格的用途只是辅助经营管理，所以当客人离开美容院后是去吃汉堡，还是回家喝可乐，就与这张表无关了。这种表格，数据流程不长，算是“精彩一瞬间”（如图2-15）。

	A	B	C	D	E	F	G
1	日期	客户	技师	消费项目	使用产品	消费金额（元）	提成金额（元）
2	2011/12/10	张先生	10	水活养颜保湿疗程	美白嫩肤洁面乳	260	13
3	2011/12/11	王女士	8	消痘抗炎保养疗程	美白抗皱按摩膏	106	5
4	2011/12/12	李先生	9	舒敏安肤保养疗程	植物养颜紧肤水	495	25
5	2011/12/13	周女士	11	毛孔细致疏筋疗程	植物养颜润肤露	366	18
6	2011/12/14	齐女士	10	消痘抗[illegible]	[illegible]油洁面啫喱	194	10
7	2011/12/15	李女士	8	舒敏安[illegible]	[illegible]衡修护按摩膏	168	8
8	2011/12/16	赵先生	8	毛孔细致疏筋疗程	修护嫩白日霜	199	10
9	2011/12/17	张先生	8	消痘抗炎保养疗程	活化美白晚霜	307	15
10	2011/12/18	王女士	9	舒敏安肤保养疗程	美白养颜抗皱霜	317	16

美容院业务明细表 / 开卡 / 服务 / 产品类别 / 提成比例

短小精悍

图 2-15

我曾经为一家电视购物公司设计的表格却大不相同，它前前后后记录了“产品漫长的一生”。其中有不少字段都具备成为主角的气质，例如服务专员、订单号、物流单号等，但最终它们都只代表了“产品”一生中的某一个阶段。在这张表中，作为主角的“产品”前半生在电视台拍广告，被人看中了找上门来，于是服务专员迎了上去，做了张订单把它给卖了，留下了买家的各种信息，专员也顺便积累了业绩。它的后半生先在物流公司做了登记，然后被送到买家手里，经过一段试用期，表现好的被留下，不好的被退了回来。

这是一个很长的数据流程，但由于业务模式简单、数据关联度高，所以很合理地全被塞进了一张表里（如图 2-16）。

	A	B	C	D	E	F	G	H	I	J	K	L	M	N	O	P	Q	R	S	T
1	受理日期	服务专员	所属部门	广告频道	广告时段	Call out 或 Call in	是否成交	客户名称	客户座机	客户手机	客户地址	是否郊区	订单号	产品名称	订购数量	产品单价	赠品名称	赠品数量	物流公司名称	物流单号
2	2009/9/15	12	电行一部	成都2套	2:30-3:00	Call in	是	叶莉	8170XXXX	138XXXXXXXX	成都市XXXX	二内	0021586	芭芬痕	2	500	手机吊链	1	宅急送	6741789608
3	2009/9/4	3	电行一部	成都5套	2:30-3:00	Call in	是	肖静	8170XXXX	138XXXXXXXX	北京市XXX	二外	0021587	手机吊链	2	234	手机吊链	1	宅急送	6741789609
4	2009/9/14	28	电行一部	成都5套	2:30-3:00	Call in	是	刘菲菲	8170XXXX	138XXXXXXXX	南京市XXXX	二外	0021588	宝妈咪	2	700	手机吊链	1	宅急送	6741789610
5	2009/10/5	18	电行一部	成都5套	2:30-3:00	Call in	是	吴妞	8170XXXX	138XXXXXXXX	广州XXXX	二外	0021589	手提袋	2	800	手机吊链	1	宅急送	6741789611
6	2009/8/29	100	电行一部	成都5套	2:30-3:00	Call in	是	王雪入	8170XXXX	138XXXXXXXX	成都市XXXX	二外	0021590	锗钛内衣	1	234	手机吊链	1	宅急送	6741789612
7	2009/9/9	2	电行一部	成都5套	2:30-3:00	Call in	是	朱蓉	8170XXXX	[illegible]	[illegible]	二外	0021591	锗钛内衣	2	450	手机吊链	1	宅急送	6741789613
8	2009/9/25	12	电行一部	成都5套	2:30-3:00	Call in	是	宋丽	8170XXXX	[illegible]	[illegible]	二外	0021592	桑拿王	2	450	手机吊链	1	宅急送	6741789614

电视购物 / 大卖场 / 配送跟踪明细表 / 物流公司对帐明细表 / 基础数据

丰富多彩

图 2-16

简单的也好，复杂的也罢，只要紧紧围绕一个正确的主角，就能让设计思路变清晰。有时当你觉得怎么设计都挺别扭的时候，首先想想看，是不是出现了多个主角，讲了好几个故事。正是这些不同的故事，造成了数据的不均衡，以至于无法在一张表中很好地体现。这就好比硬要将工资、考勤和绩效做在一张表里，哪怕想破脑袋，或许也只能无功而返。

思考的过程，比经历思考后得到的结果宝贵许多。因为结果可以有千万种，而思考的过程或许完全相同。寻找事物最本质的规律，举一反三、以一敌百，无疑是真正的懒人偷懒的绝招。

第3节 结果导向来还原

并不是所有的工作都要对着一个新建的工作簿，从设计表格开始。我们常常会收到汇总表模样的表格，并被要求按照格式填写。但作为懂得三表概念的新时代“表”哥、“表”姐，你可别傻傻地接过来就填。汇总表体现的是工作目的，我们要通过它来还原自己的源数据表，以便为将来无穷无尽的汇总要求时刻准备着。

抽丝剥茧，先果后因得字段

如图 2–17 所示，这是一张被误认为是源数据表的汇总表。

明细表

编报单位：									2011年6月
序号	项 目	本月							
		合计	营业税	个人所得税	房产税	城建税	土地使用税	印花税	教育费附加
	顺序	1	2	3	4	5	6	7	8
	合计								
1	dh部								
2	dd部								
3	dt部								
4	by部								
5	nl部								
局长：			科长：		复核：			制表：	

图 2-17

不难想象，多个“编报单位”将把它提供给上级单位，在那里，有一位苦大仇深的“表”哥或“表”姐，成天统计着来自各地、各式各样的“明细表”。其实，编报单位也好不到哪里去，因为上级单位会不断换着花样，要求制作这样或那样，格式新鲜的汇总表式的源数据表。面对这种双输的局面，其实用一张标准的源数据表就能解决问题。

还原表格要经过五个简单的步骤，分别是：海选字段、合并字段、转换字段、用字段讲故事，以及增加字段。

第一步：海选字段。

对表格中出现的所有信息进行判定，排除与得到数据结果无关的，例如：“序号”“顺序”“合计”“局长”“2011年6月”等（如图2-18）。

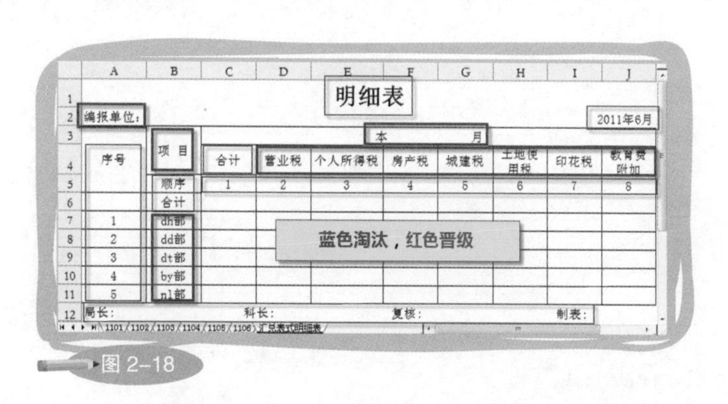

明细表

编报单位：									2011年6月
序号	项 目	本月							
		合计	营业税	个人所得税	房产税	城建税	土地使用税	印花税	教育费附加
	顺序	1	2	3	4	5	6	7	8
	合计								
1	dh部								
2	dd部								
3	dt部								
4	by部								
5	nl部								
局长：			科长：		复核：			制表：	

图 2-18

如果将来有可能直接提供源数据给上级单位，那么就可以保留“编报单位”字段以示区分，否则不用保留。

第二步：合并字段。

将保留下来的信息归类，同属性的用一个字段代替，例如：“营业税”“房产税”“印花税”等都归于“项目”（如图2–19）。

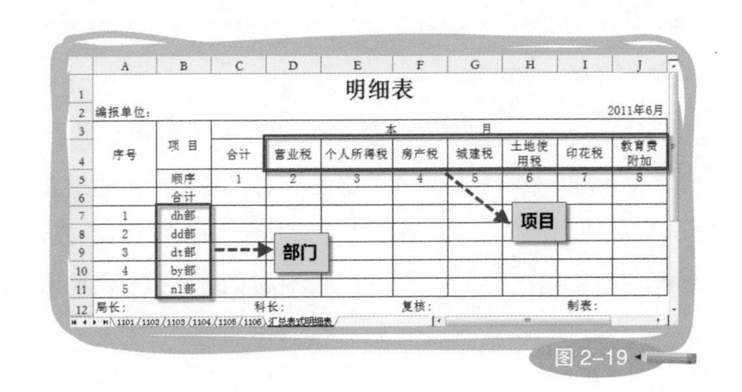

明细表

编报单位：　　2011年6月

序号	项 目	本月							
		合计	营业税	个人所得税	房产税	城建税	土地使用税	印花税	教育费附加
	顺序	1	2	3	4	5	6	7	8
	合计								
1	dh部								
2	dd部								
3	dt部								
4	by部								
5	nl部								

局长：　科长：　复核：　制表：

图 2–19

第三步：转换字段。

将表示汇总的字段转换为表示明细的字段，例如：“本月”是一个汇总的概念，而出现在源数据表中的字段则应该是“日期”（如图2–20）。

明细表

编报单位：　　2011年6月

序号	项 目	本月							
		合计	营业税	个人所得税	房产税	城建税	土地使用税	印花税	教育费附加
	顺序	1	2	3	4	5	6	7	8
	合计								
1	dh部								
2	dd部								
3	dt部								
4	by部								
5	nl部								

局长：　科长：　复核：　制表：

转换为"日期"

图 2–20

第四步：用字段讲故事。

根据以上三步得到的结果，将晋级的、合并的、转换的字段串起来，以工作流程和业务内容为依据，讲一个合理的故事。例如："编报单位"的某"部门"，在某个"日期"，上缴或者征收了所属某"项目"的，某"金额"的税费（如图2–21）。

	A	B	C	D	E	F
1	编报单位	部门	日期	项目	金额（元）	
2	A	dh部	2012/2/5	营业税	4000	
3	A	dd部	2012/2/6	营业税	3000	
4	A	dt部	2012/2/7	营业税	2500	
5	A	by部	2012/2/8	城建税	70	
6	A	nl部	2012/2/9	土地使用税	80	
7	A	dh部	2012/2/10	印花税	5	
8	A	dd部	2012/2/11	教育费附加	100	
9	A	dt部	2012/2/12	印花税	5	
10	A	by部	2012/2/13	教育费附加	100	
11						

1101 / 1102 / 1103 / 1104 / 1105 / 1106 / 源数据表

图 2–21

第五步：增加字段。

还原源数据表的目的不是只得到某一个汇总表，而是通过记录一项工作所涉及的完整的明细数据，为将来可能的数据分析奠定基础。前面说过，一份好的源数据可以"以不变生万变"。所以，仅从一个汇总表样式还原的字段，也许不能够代表这项工作的全部，还需要仔细研究工作流程和目的，完善字段，争取将对的事情一次做对。

只要熟练掌握以上五个步骤，就能逆向获得"天下第一表"。将来再面对汹涌的汇总需求时，你会少些忙碌，多点淡定，只因为，你有源数据。

——弄丢文本

和懒人的想法一样，调皮鬼也觉得使用Excel应该侧重于数据处理，但偶尔"做做表格"也是可以的。可作为一个同样不爱合并单元格的人，他打算用另外的方法制作标题，也顺便捣个蛋。如图2-22所示，他先在A1单元格输入"明细表"三个字，然后选中A1:J1，按Ctrl+1调出单元格格式设置，再切换到"对齐"标签，将"水平对齐"设置为"跨列居中"。于是，"明细表"跑去了中间，但你却有可能找不到它的来源。文本丢了，调皮鬼却笑了。

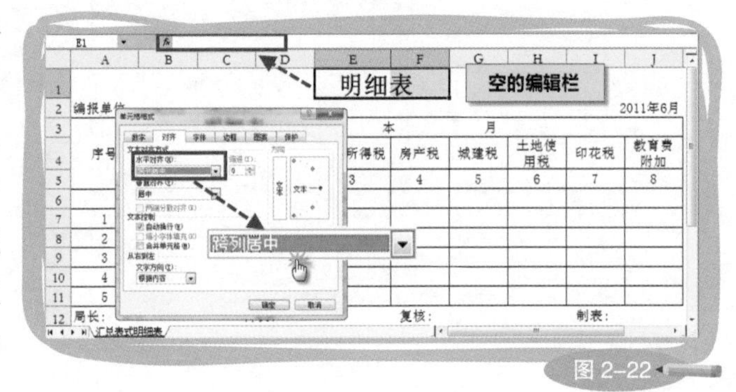

图 2-22

汇总表化繁为简，定主调

对于一眼看上去就异常烦琐的汇总表，海选字段成了关键中的关键。这类表格通常都具备重复汇总的特性，尤其是在一张表中进行了多时间段的汇总。但我们知道，只要源数据细化到日期，无论使用数据透视表组合功能，还是借助函数，都能轻易得到月、季、年的汇总结果。此外，表格中花哨的样式，容易迷惑我们的思维，让人本能地产生敬畏感。但只要遵从"天下第一表"的基本原则，以化繁为简为指导思想，就能挖出关键信息，确定源数据表的主基调。

如图 2–23 所示，这是一张复杂的汇总表。可仔细分析过后不难发现，“区域”“项目”“品种”和“规格”才是最关键的字段，余下的全都与数值有关，并且属于重复汇总。按照上文所说，只保留“日”即可。同时，D:F 只是I:K 的简单加和，不属于源数据字段。

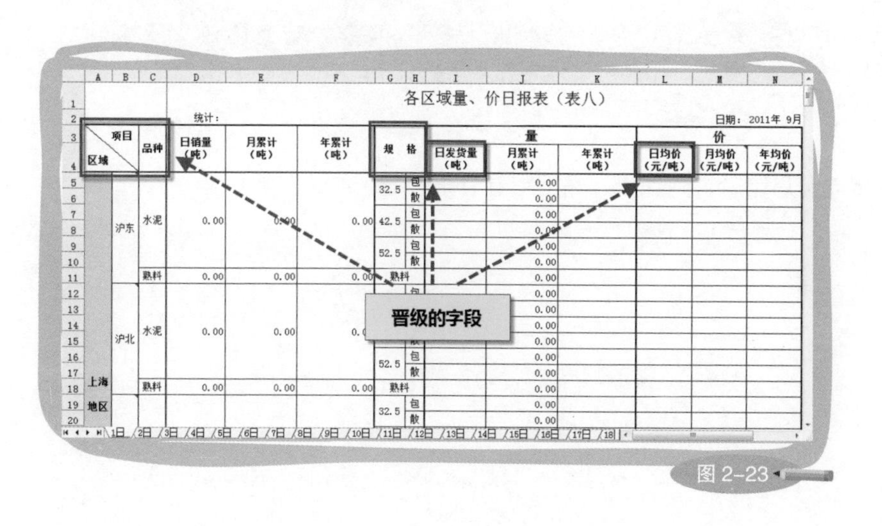

图 2–23

找准了汇总表的主基调，将它还原为对应的源数据表就变得异常简单了（如图 2–24）。

	A	B	C	D	E	F	G	H
1	日期	区域	项目	品种	规格（数）	规格（量）	日发货量（吨）	日均价（元/吨）
2	2012/3/2	上海	沪东	水泥	32.5	包	100	1200
3	2012/3/3	上海	沪北	水泥	42.5	散	200	1800
4	2012/3/4	杭州	杭州	水泥	52.5	包	50	2100
5	2012/3/5	杭州	萧山	熟料	0	无	240	1600

源数据表

图 2–24

数量就是“数”和“量”，记录的时候一定要分开。否则，傻掉的会是Excel，因为它怎么也弄不明白“600箱”加“600箱”究竟应该等于多少箱！

好了，重要的概念和思路就讲到这里，马上来看看玩转三表的技巧吧！

你准备好了吗？

第3章
三表未动，锦囊先行

在与三表正式过招之前，有些招数是一定要掌握的。如果你愿意把自己想象成Excel界的“郭大侠”，那么，前面的内容是“九阴真经”，接下来的则是“降龙十八掌”。了解这个掌法的朋友应该知道，它是以招式少、威力大闻名天下。换句话说，也就是我们这个时代的“二八原则掌”，即只用20%的招数，就能获得80%的胜利。所以，在本章，我会为大家介绍与玩转三表有关，并且极具威力的几个关键技巧，它们分别是：函数、名称、数据有效性以及条件格式。

第1节 春眠不觉晓，函数知多少

函数是Excel中的一门大学科，同时也是Excel的精髓。在三表系统中，函数起着至关重要的作用。它不仅可以成就参数表、源数据表、分类汇总表之间的数据关联，也可以对源数据进行各种处理，以满足个性化的分析需求。然而，我要重点介绍的并非上百个函数的上千种用法，而是学习和使用函数的一般方法。简单、易懂的内容，将帮助你开启函数神秘的大门。

别怕，函数就是升级版的四则运算

不少人对函数抱有畏惧感，总觉得写函数就是编程。其实，并非如此。虽然函数的学习确实深不见底，可只要换个角度看待，掌握一些基本方法，函数也并没有想象中那么可怕。

在讲函数之前，首先要了解它与公式的区别。

公式是以“=”号为引导的等式，“=”号后面可以是常量（3）、单元格引用（A1）、名称（比率）以及函数（SUM）等，例如：=3+A1*比率−SUM(B2:B4)，这是正确的公式。如果“=”号后面是不加半角双引号的文本，如：=你好，就只能得到错误值“#NAME?”，表示公式有错。但无论公式结果是否正确，只要是用“=”号作为单元格中的起始符号，就代表写的是公式。

而函数只是公式的一部分，所以，在一个公式中可以包含多个函数，如：=SUM(A1:A4)+INT(B5)+ABS(H8)。函数的官方解释是：一些预定义的公式，通过使用一些称为参数的特定数值来按特定的顺序或结构执行计算（来自Excel帮助文档）。这句文绉绉的话可能不太好理解，我换个方式来解释它：函数就像未来世界的微波炉，按“青椒肉丝”键，然后给它青椒和肉，就能得到一盘热腾腾的青椒肉丝，也就是结果。在这个过程中，微波炉究竟做了些什么，我们不用关心。同样，对于数据的处理，每个函数都有不同的运算过程，可以简单理解为升级版的四则运算（实际包含算术、比较、文本、引用运算）。我们不用关心这些过程，只要按对按钮（选对函数），备好原材料（设置参数）就可以了。

✦学习函数的四个基本步骤

第一步：闲时浏览函数名称及主要用途。

你也许会感到奇怪，为什么浏览竟然是一种学习方法？没错，而且这还是最重要的方法。Excel函数有上百种之多，当你面对一个问题时，只要能从脑海中搜寻出一个准确的函数名称，就已经胜利了一大半。否则，轻则绕远路，重则只能向问题低头。

举个例子，你有一份报告要发送到泰国，当地人希望你将报告中的数字全部转换成泰文。对于压根儿不懂泰文的你来说，这个要求实在是有点过分，但如果你曾经瞥见过函数BAHTTEXT（将数字转换为泰语文本），就会觉得这不过是举手之劳而已（如图3-1）。

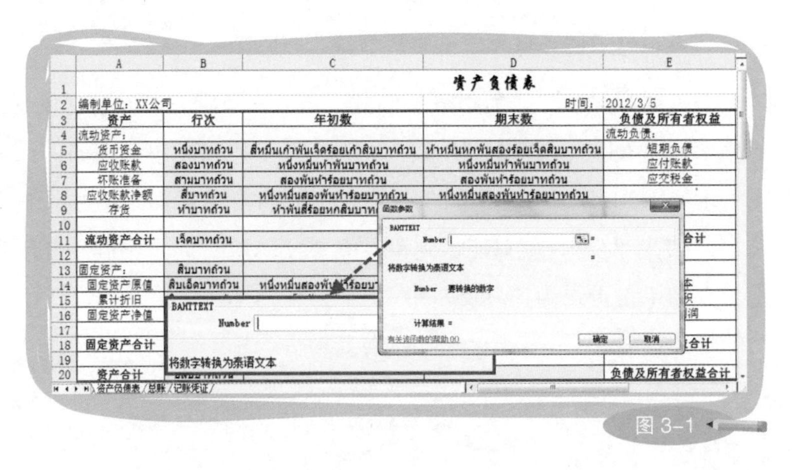

图 3-1

所以，闲暇时浏览一下函数列表（Shift+F3），看看它们都叫什么名字、有什么用途（如图3-2）。有了这样的一面之缘，待到用时才不会“方恨少”。

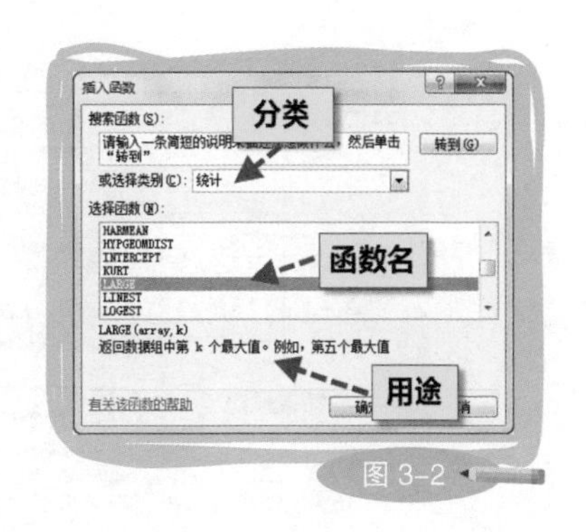

图3-2

第二步：仔细阅读参数说明。

按对了按钮（选对函数），还得准备好原材料（设置参数）。函数之所以复杂，就在于参数的千变万化。但常用的函数中，也有不少是简单的，甚至不需要参数，如：TODAY、RAND等。不管复杂与否，函数参数对话框面板（下文简称“面板”）中的参数说明都是非常好的操作指导。根据里面的文字提示，哪怕你从未接触过这个函数，也大概能知道每个参数应该如何填写（如图3-3）。如果你足够重视参数说明，就不会轻易被函数吓跑。

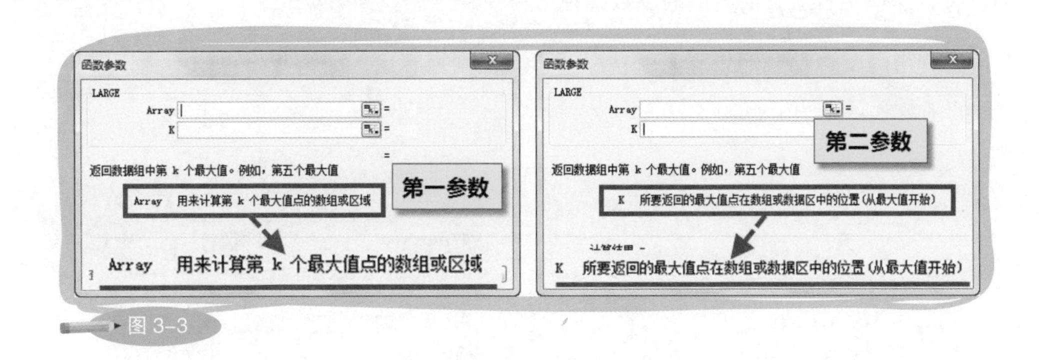

图3-3

第三步：注意观察预览结果。

在填写参数时，你还要注意从面板获得的预览信息。其中不仅有参数的预览，还有函数的计算结果。这些信息能帮助你及时发现问题，以便对参数内容进行调整（如图3-4）。

>>>>> >>>>> >>>>>

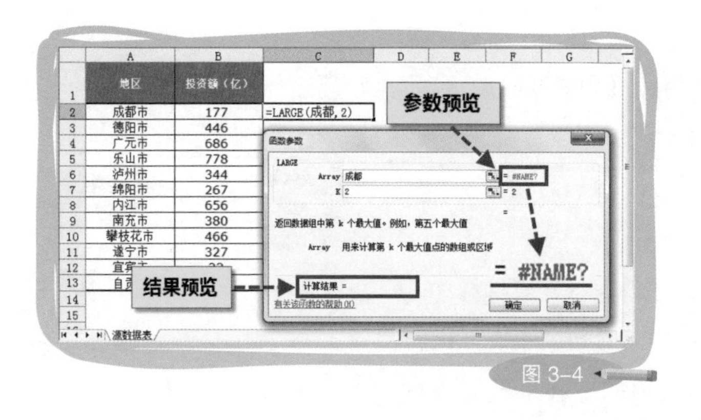

图 3-4

第四步：寻求“帮助”。

对于难以理解的函数，你可以向Excel寻求“帮助”（如图 3–5）。帮助文档详细解释了该函数的用途，以及各个参数的填写规则，并且提供多种示例供你参考（如图 3–6）。有时即便是看上去很简单的函数，也有可能在这里找到另类的玩法。

虽然看帮助文档是一件想起来就枯燥的事，但别嫌麻烦，因为我再也想不到比这更有效的函数学习方法了。

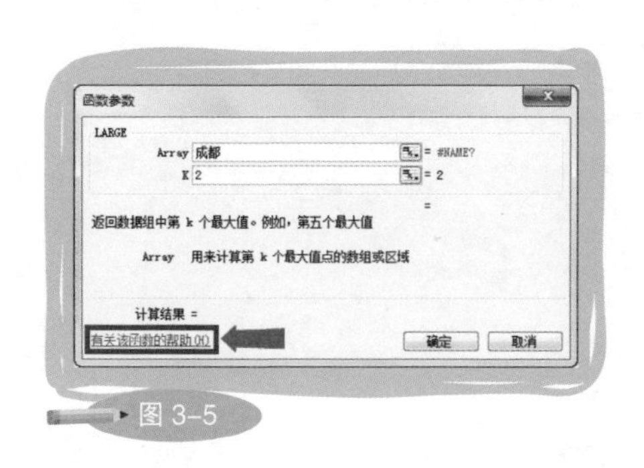

图 3-5

图 3-6

在学习函数的过程中，只要将这四种做法渗入到骨髓中，形成习惯，你会发现，函数并非你原来想象得那么难。

"师父领进门，修行在个人"，用这句话来形容函数的学习再恰当不过了。没有人能只看一两本书就精通函数，只有通过长期的积累，并在工作中反复实践，才能将函数运用自如。

庖丁解"函数"

为了更深入地了解函数，接下来，我们将对它进行一次细致的解剖（如图 3–7）。

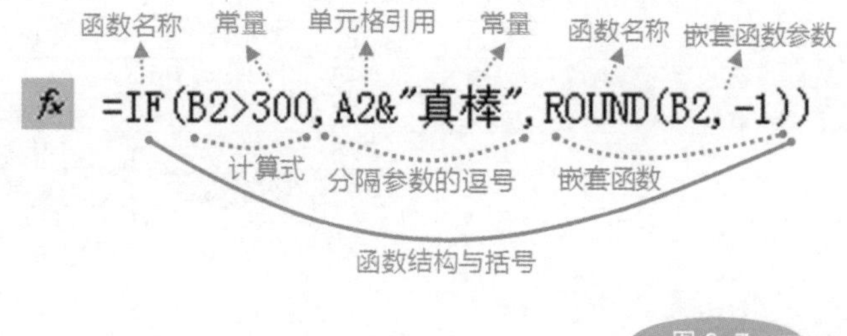

图 3–7

✦结构

当函数以公式的形式出现时，它的结构从左到右依次是："="号、函数名称、左括号、参数、分隔参数的逗号和右括号。其中，括号与逗号都应该是半角的，也就是英文输入法下的括号与逗号。如果错误地使用了中文输入法下的左括号，虽然也可以继续编辑，但Excel就不会提供该函数的参数提示（如图3–8）。

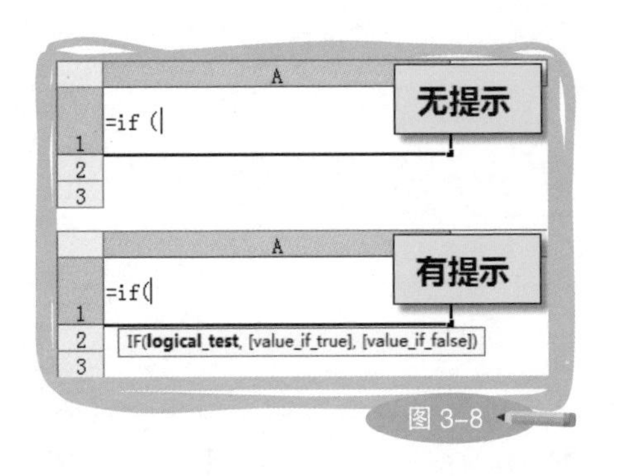

图 3-8

半角符号的使用规则，不仅适用于函数编写，也适用于Excel中所有需要输入符号的场合。尽管在某些情况下，Excel会自动纠错，但我们也必须养成良好的操作习惯。一旦输入的内容涉及符号，首先要做的就是将输入法切换至英文状态。

✦编辑方法

函数有两种编辑方法，直接编辑或者通过面板编辑。

直接编辑指的是在单元格中依次输入“=”号、函数名称、左括号、参数、右括号（如图 3–9）。

	A	B	C	D
1	地区	投资额（亿）	公式结果	
2	成都市		=IF(B2>300,A2&"真棒",ROUND(B2,-1))	
3	德阳市	446	IF(logical_test, [value_if_true], [value_if_false])	
4	广元市	686	广元市真棒	
5	乐山市	778	乐山市真棒	
6	泸州市	344	泸州市真棒	

参数提示

源数据表

图 3–9

用这种方式编辑函数，虽然正在编辑的参数会加粗显示，但却没有详细的参数说明以及预览信息，所以比较不适合新手。可对于“熟手”，它有三个非常明显的优势：第一，编辑过程快速、流畅；第二，易于编写嵌套函数；第三，易识别可忽略的参数。对参数而言，只有被[ ]符号括起来的才可以忽略，否则，即使该参数缺省，也必须添加逗号进行占位，如INDEX(A2:C13,,2)。如图3–9可以清楚地看到，IF函数的第二、第三参数均为可以忽略的参数。

既然直接编辑的方法不适合新手，那么在接触函数之初，或者首次使用一个新的函数时，就最好通过面板进行编辑。调用面板有两种方法：第一种，用选择的方式插入函数（Shift+F3），面板会自动出现（如图3–10）。

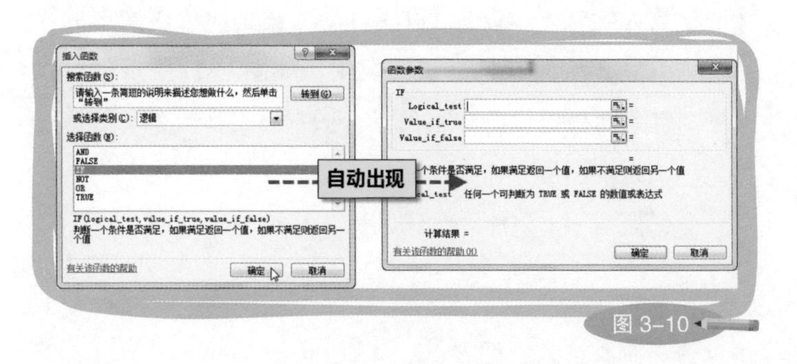

图 3–10

第二种，输入函数名称后，按Ctrl+A组合键进行调用（如图 3–11）。

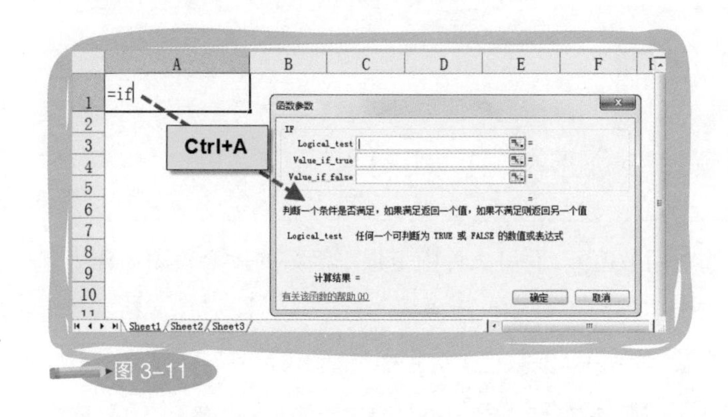

图 3–11

没想到如此熟悉的Ctrl+A还有这样的用途吧，这可是编辑函数时使用频率非常高的法宝。不过要注意，在使用时，一定不要先输入一对括号，如：=if()，否则将导致操作失灵。

如果想对编辑好的函数进行修改，也可以调出面板，方法与插入函数相同，点击 *fx* 或者按Shift+F3（如图 3–12）。

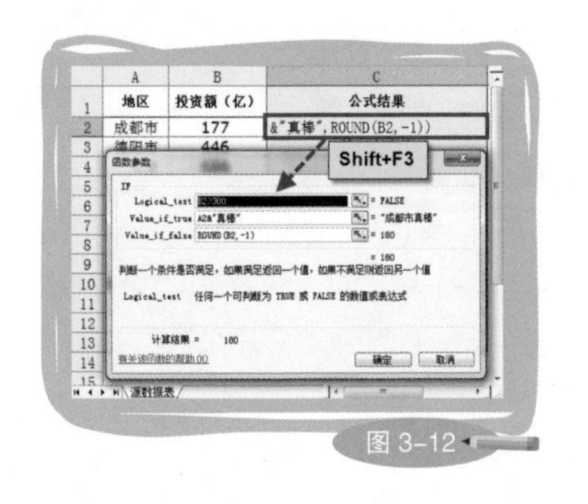

图 3-12

使用函数参数对话框面板进行编辑，也有三个优势：第一，编辑过程直观；第二，有详细的参数说明、预览信息以及触手可及的帮助文档；第三，当参数为纯文本时，Excel会自动为其添加代表文本的双引号，从而避免错误的发生。如图3-12所示，可以看到面板提供的丰富信息，图中第二参数由于混合了单元格引用和文本，所以无法享受自动获得双引号的“福利”，只能手工输入。

✦参数

解剖了函数的结构和编辑方法，再来看看函数中的参数。参数可以是常量、计算式、单元格引用以及其他函数，咱们先从常量说起。

1.常量。

数值和文本都属于常量。当数值单独以参数形式存在时，通常有两种情况。一种是作为函数返回的值，如：=IF(A1="优秀",1,0)，其中第二、第三参数均为数值。那么函数表达的意思是：当A1单元格为文本“优秀”时，返回数值1，否则返回数值0。而另一种则是根据函数的运算规则，作为选项，如：=NUMBERSTRING(A2,2)。该函数的意思是：将A2单元格的数值转换为中文大写数字，此时第二参数用于决定函数结果的样式（如图3-13）。

B2 =NUMBERSTRING(A2,2)

	A	B	C
1	2873560	二百八十七万三千五百六十	第二参数为1
2	2873560	贰佰捌拾柒万叁仟伍佰陆拾	第二参数为2
3	2873560	二八七三五六〇	第二参数为3

图 3-13

在大多数函数中，就数值型参数而言，第二种应用更为常见。

——数值自动变中文

NUMBERSTRING是Excel中的隐藏函数，它的作用是将数值转换为中文大（小）写数字，但仅支持正整数和零。当被转换的数值包含小数时，它将做四舍五入计算，只得到整数的转换结果。此外，该函数只能直接进行编辑，面板不显示有关参数的任何信息（如图3-14）。NUMBERSTRING有两个参数，分别为：将什么数值进行转换、结果显示为什么样式。

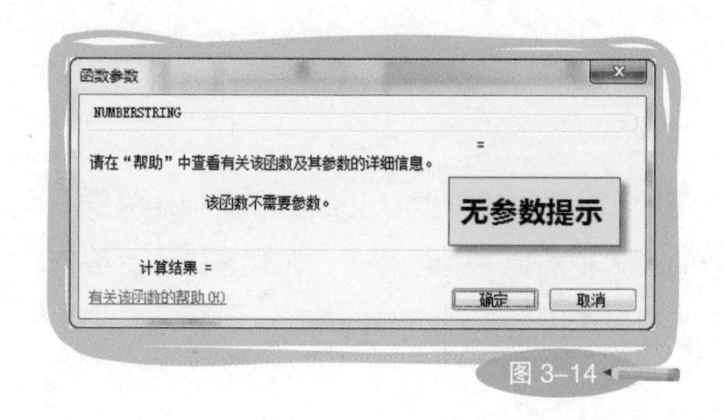

图 3-14

当参数为文本时，必须包含于半角的双引号（""）内，否则Excel无法识别，如：优秀应该写为"优秀"。如果采用直接编辑函数的做法，每个文本的双引号都必须手工输入。假如通过面板编辑，且单个参数只包含文本内容，那么Excel会在光标离开该输入栏后自动为输入的文本添加双引号（如图3-15）。

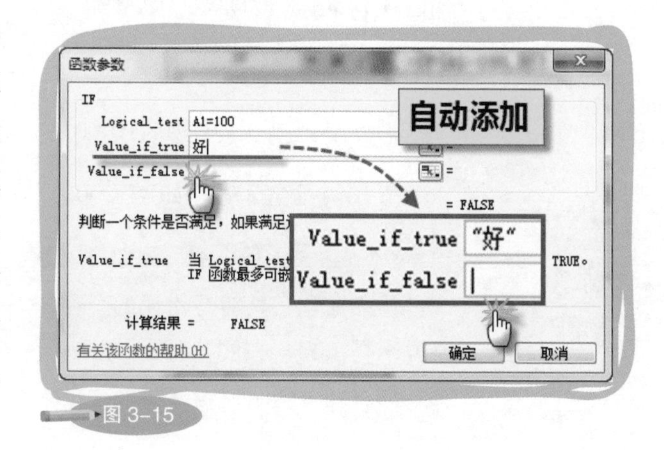

图 3-15

——把函数变"瞎"

调皮鬼深知只要是双引号所包含的内容，Excel都会识别为文本，于是他想到了一个"好主意"。有个函数本来是=IF(A1=0,B1,C1)，意思是当A1等于0时，返回B1的值，否则返回C1的值。可他将B1用双引号括了起来，使函数变成=IF(A1=0,"B1",C1)。于是，当A1等于0时，返回的不再是B1的值，而是"B1"这两个字符。

2.计算式。

常量除了单独存在以外，还经常和其他运算符一同出现，这就组成了函数参数的第二种类型——计算式。在计算式中，数值通常做比较运算，而文本则做字符串连接运算。

*代表和

AND(A1＞80，A1＜100)也可以用A1＞80*A1＜100来代替。因为你知道0乘以任何值都为0，也就是说，只有当所有条件都满足，计算结果才为TRUE。

在进行表达时，要让Excel明白我们的意图，就必须学会它的语言。你知道"不等于"应该怎么表达吗？

<>：不等于，例如A1<>0。

>=：大于等于，例如A1>=0。

<=：小于等于，例如A1<=0。

<X<：大于且小于，例如……等一下，如果你曾经尝试过使用这种表达式，就会发现它其实是错误的。在Excel中没有大于且小于的表达式，也就是说不会出现=IF(80<A1<100,"好","不好")这样的写法。取而代之的是另外一种表达方式，但需要借助逻辑函数AND。AND的用途是，当所有判定

条件都为真时，才会返回TRUE，否则为FALSE。利用它的这个特性，我们可以将公式改为=IF(AND(A1>80,A1<100),"好","不好")。看，嵌套函数出现了。难吗？不难。无非是用AND(A1>80,A1<100)代替了80<A1<100，以AND函数的结果作为IF函数的第一参数而已。

既然说到了数值的比较，就要知道Excel的排序法则，很简单：数值<文本<逻辑值，从小到大排列，也就是……−1、0、1……A~Z、FALSE、TRUE。这对于理解排序的结果，以及比较运算的结果有很大帮助。可前面两项容易理解，逻辑值又是什么呢？

逻辑值指的是FALSE和TRUE，字面意思是错和对或假和真。根据排序法则，Excel似乎在告诉我们一个道理，那就是——真理最大。

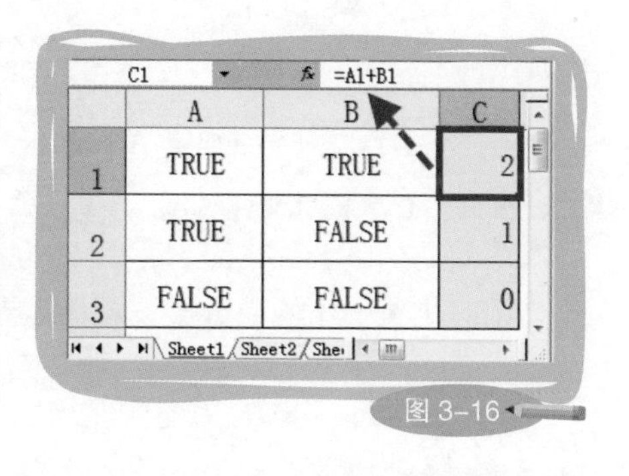

图 3-16

逻辑值通常作为函数的结果，用于判定单元格属性或预设条件的真假。有趣的是，它们看上去虽然像文本，却可以做四则运算。所以，FALSE和TRUE也分别等于0和1（如图3-16）。

就本书的内容而言，知道这一点的意义在于编辑VLOOKUP函数时，懂得第四参数可以用0代替FALSE，用1代替TRUE。从长远的学习目标来看，对逻辑值的了解程度，决定了函数综合使用能力的高低。

不仅比较运算有专门的Excel语言，对单元格数据属性的判断也有专用语言，我们来看下面几个例子：

=ISTEXT(A1)：判断A1是不是文本，是为TRUE，不是为FALSE。

=ISNUMBER(A1)：判断A1是不是数值，是为TRUE，不是为FALSE。

=ISERROR(A1)：判断A1是不是错误值，是为TRUE，不是为FALSE。

=ISBLANK(A1)：判断A1是不是空单元格，是为TRUE，不是为FALSE。

由于ISBLANK函数的名称太长，为了方便起见，我常常用=LEN(A1)=0来判断空单元格。但是要注意，与ISBLANK有所不同，当A1为=""，即假空时，LEN函数是无法区分的。

通过勾选“工具”菜单“加载宏”中的“分析工具库”（如图3-17），还能启用更多这类函数，其中有：

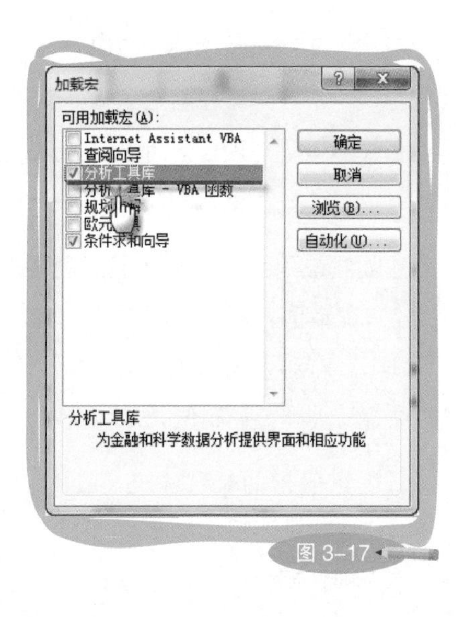

图 3-17

=ISEVEN(A1)：判断A1是不是偶数，是为TRUE，不是为FALSE。

=ISODD(A1)：判断A1是不是奇数，是为TRUE，不是为FALSE。

闲时浏览一下函数分类，就能邂逅更多能对单元格信息或者数据逻辑进行判断的函数(如图3-18)。收集Excel语言，掌握与Excel沟通的方法，是学习函数的必备功课。

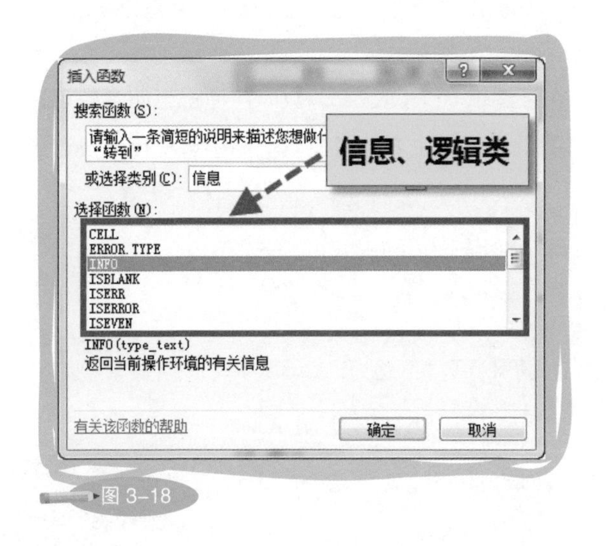

图 3-18

哦，对了，我要隆重介绍一个与文本相关的语言。不是文本函数，而是非常简单的符号——&。在键盘上它紧挨着“*”号，英文名字叫“and”，中文念做“和”。它是文本运算符，用于连接文本。在三表实例中，这是一个至关重要的运算符，也是打开思路的关键工具。

“&”符号的作用是可以将多个文本连接起来，形成一个长文本，例如：=A1&B1&C1。如果被引用的单元格内容分别为“输了就算了”“也无所谓”“哈”，那么，公式最终得到的结果就是“输了就算了也无所谓哈”。

连接文本一方面是分列的逆向操作，另一方面也是利用多属性数据制造唯一的手段（如图3-19），同时，它还可以帮助SUMIF函数实现多条件汇总。在后面的章节，我将详细说明它在三表中的用途。还有一点需要注意，当用“&”符号连接特定的文本内容时，写法为=A1&"也无所谓"&C1，这时要记得将文本置于半角的双引号内。

E2 =A2&B2&C2&D2

	A	B	C	D	E
1	姓名	民族	部门	职位	制造唯一
2	张三	汉族	销售	经理	张三汉族销售经理
3	张三	汉族	销售	销售代表	张三汉族销售销售代
4	王五	汉族	销售	销售代表	王五汉族销售销售代表
5	王五	回族	销售	销售代表	王五回族销售销售代表
6	韩梅梅	汉族	销售	销售代表	韩梅梅汉族销售销售代表
7	韩梅梅	满族	销售	销售代表	韩梅梅满族销售销售代表
8	韩梅梅	白族	客服	经理	韩梅梅白族客服经理

&

员工档案

图 3-19

从以上对计算式类参数的了解可以看出，无论哪一种表达式，对我们的要求其实都是要掌握相应的Excel语言。这种能力的培养，不是靠灵光一闪的顿悟，而是见缝插针的持续积累。

每看到一个知识点，都应该尝试将其与自己的工作扯上关系。理论与实践打包过后，印象才会深刻。

3.单元格引用。

最好玩，也最耐人寻味的参数无疑是单元格引用。正因为有了它，才创造了函数的神奇，成就了表格的智慧。也许你和我有同样的记忆，想当年惊奇地发现无论删除还是插入行或列，Excel都能准确无误地计算，似乎表格的变动早在它的意料之中。后来才知道，原来这些都归功于单元格引用的相对性。

单元格引用大致分为两种：引用某个单元格A1，或者引用由一组单元格组成的数据区域A1:B5。前者不用再解释，后者是指以A1为左上角，B5为右下角的单元格集合（如图3–20）。

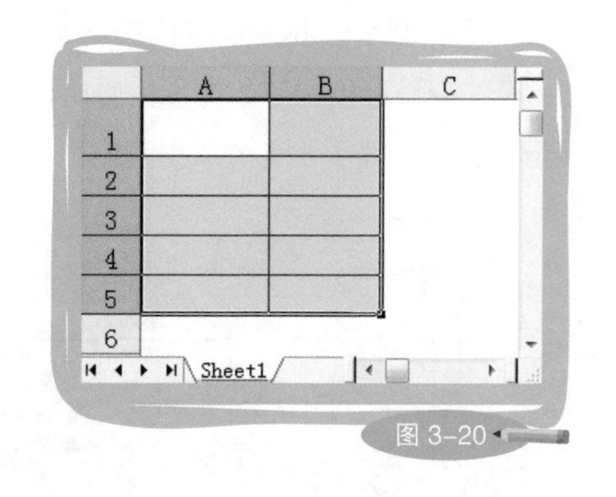

图 3–20

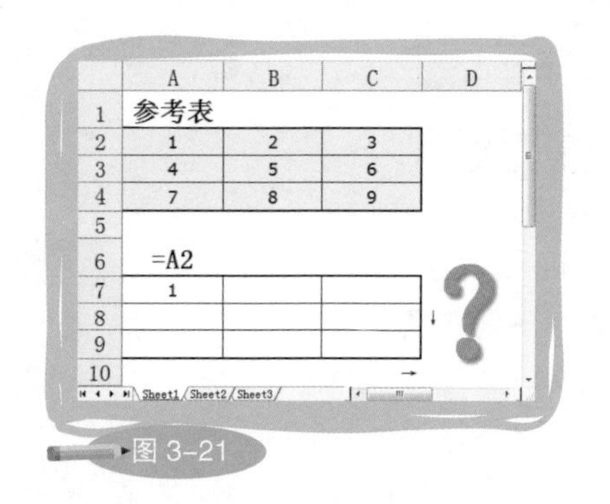

图 3–21

根据单元格引用的相对性，可分为相对引用（A1）、行绝对引用（A$1）、列绝对引用（$A1）和绝对引用（$A$1）四种情况。但换个角度，其实也可以把四种引用简化为两种，无非就是看A1中代表列的A是否需要变化，以及代表行的1是否需要变化。而它们之间的差别就在于是否有“$”符号，以及“$”符号在哪里。“$”符号就是我们常说的“锁定”，即在公式复制的过程中，不允许引用随公式所在位置的变化而变化。在编辑时，可以用快捷键F4在这四种引用间进行循环切换。光说不练假把式，让我们来做一个练习，通过这个练习，你就能大致理解引用相对性的概念。如图3–21，试问当A7单元格分别引用了四种不同类型的A2，并且向右向下复制后，结果究竟如何？

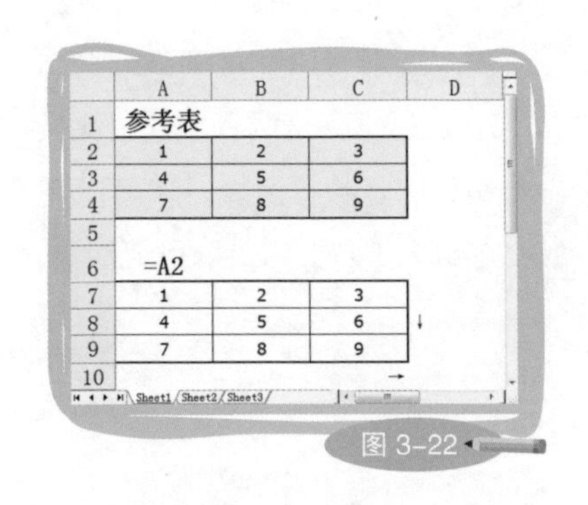

	A	B	C	D
1	参考表			
2	1	2	3	
3	4	5	6	
4	7	8	9	
5				
6	=A2			
7	1	2	3	
8	4	5	6	
9	7	8	9	
10				

图 3-22

以A7单元格=A2为例，当公式被复制后，A7:C9就得到了与参考表完全相同的数据（如图3-22）。可这是为什么呢？

首先，A7单元格引用了A2单元格的数据，所以得到了1这个结果。而A7与它所引用的A2相距5行0列，由于采用了相对引用，所以当公式被复制到其他单元格时，被引用单元格的行和列也随之变化，但与当前公式所在单元格的相对距离却不会发生变化。于是，B8引用了与之相距5行0列的B3，而C9引用了与之相距5行0列的C4，依此类推（如图3-23）。这就是单元格引用的相对性概念，即公式所在单元格与公式所引用单元格的位置关系。

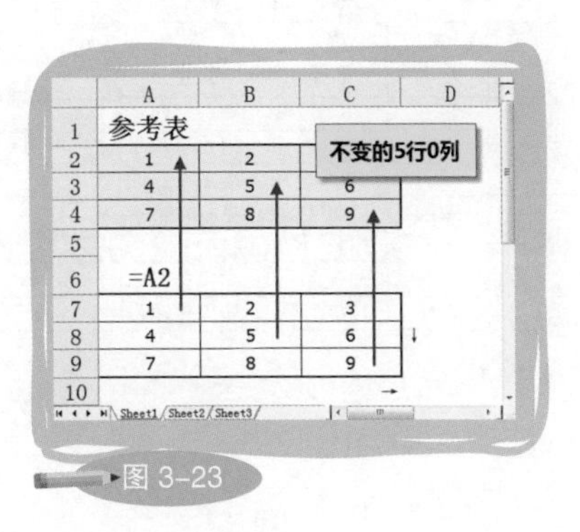

	A	B	C	D
1	参考表			
2	1	2		
3	4	5	6	
4	7	8	9	
5				
6	=A2			
7	1	2	3	
8	4	5	6	
9	7	8	9	
10				

图 3-23

如果引用的是一个数据区域，根据相对性概念，当采用相对引用时，数据区域大小不变，位置将随公式单元格的变动而整体移动。但在实际应用中，数据区域相对引用出现的概率非常低。因为有它作为参数的函数，无论是VLOOKUP（查找）、SUMIF（求和）、RANK（排序）还是COUNTIF（计数），通常都希望公式被复制后，依然引用到相同范围的数据（如图3-24）。

D2 =COUNTIF($C$2:$C$22,C2)

	A	B	C	D
1	姓名	年级	专业	专业出现次数
2	张三	2007	信息材料科学	2
3	李四	2007	微电子科学	7
4	王五	2007	微电子科学	7
5	李雷	2007	信息材料科学	2
6	韩梅梅	2007	应用化学系	12
8	Jim	2007	应用化学系	12

=COUNTIF($C$2:$C$22,C2)

源数据表

图 3-24

所以，对A1:B5这类参数而言，更常见的是绝对引用$A$1:$B$5，偶尔会采用混合引用A$1:A1。通常，这两者的使用比例大于8 ：2（我瞎估的）。也就是说，你可以认为只要见到参数引用的是数据区域，就可以毫不犹豫地先将其切换为绝对引用。如果这样做，有80%的概率不用再进行调整。养成习惯后，由于引用问题而导致的公式错误就会大大减少。

D2 =COUNTIF(C$2:C2,C2)

	A	B	C	D
1	姓名	年级	专业	专业出现顺序
2	张三	2007	信息材料科学	1
3	李四	2007	微电子科学	1
4	王五	2007	微电子科学	2
5	李雷	2007	信息材料科学	2
6				1
7	Polly	2007	微电子科学	3
8	Jim	2007	应用化学系	2

图 3-25

细心一点你会发现，上面列举的混合引用有点古怪，只锁定了数据区域起始单元格的行。其实根据引用的变化规律，这种样式是可以帮助函数实现累加计数和累加求和的。以图3–24为例，当我们将COUNTIF的第一参数改为图3–25的C$2:C2后，公式结果就发生了变化，得到的不再是每个专业在所有数据中重复的次数，而是它们出现的顺序。如：张三是第一个信息材料科学专业的学生，李雷是第二个该专业的学生……依此类推。

实现累加计数的原理是，混合引用使得公式向下复制时，引用的数据区域不断扩大。于是，D2只对C$2计数，D3则扩大为C$2:C3，D4再扩大为C$2:C4……逐渐累加，最终得到了我们看到的结果。如果将COUNTIF换成求和函数SUM，这就是计算累计金额的方法（如图3–26）。

C3 =SUM(B$2:B3)

	A	B	C
1	日期	收款金额	金额累计
2	2012/2/2	200	200
3	2	300	500
4	2	100	600
5	2012/2/5	120	720
6	2012/2/6	24	960
7			1460
8			2060
9	2012/2/9	800	2860
10	2012/2/10	240	3100

图 3-26

——F4一键切换引用类型

想要把相对引用B1:B5变成绝对引用$B$1:$B$5，如果采用手工输入“$”符号的方法，这将是一件非常麻烦的事情。用F4就简单了许多，只要在公式中将需要切换的单元格引用选中，Excel黑话叫“抹黑”，反复按F4，引用类型就会从绝对引用开始，进行循环切换（如图3-27）。

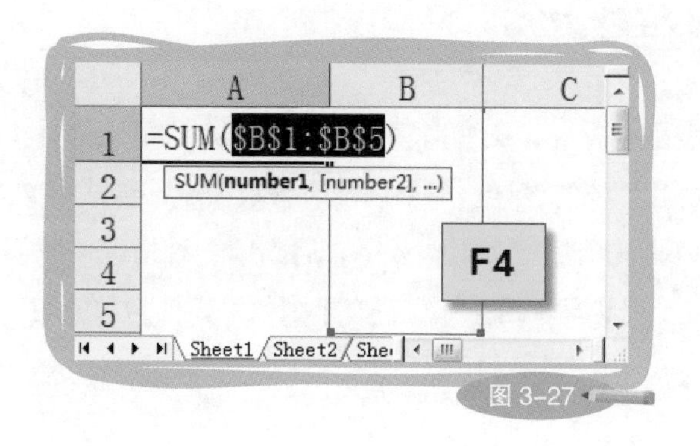

图 3-27

说起SUM函数，我不禁想到了一种特殊的数据类型——文本型数字。Excel是一个“眼见为虚”的工具，看起来像文本的数据有可能是数值，而看起来像数值的数据又可能是文本。我们来做一个实验，看看1和999谁比较大。如图3-28，A1单元格为1，B1单元格为999，在C1写公式=A1>B1。比较运算的结果为TRUE，Excel竟然告诉我们1比999大。这到底是为什么呢？

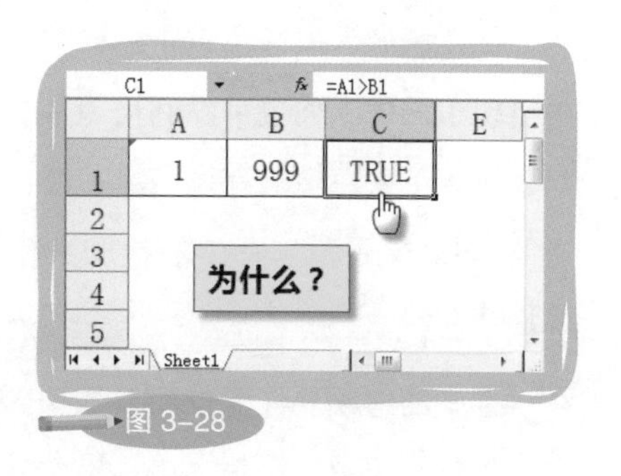

图 3-28

还记得Excel的排序规则吗？数值<文本<逻辑值。除非1是文本，否则，它怎么能大于999呢？没错，A1单元格中的1的确是文本，识别的方法是单元格左上角的小三角。如果单元格有这个标志，就表明其中的数据是文本型数字。文本型数字可以做简单的四则运算，如：=A1+B1，但不能以单元格引用的形式作为SUM、MAX、MIN等函数的参数。否则，它将被视为文本，从而导致函数结果出错（如图3–29）。

图 3–29

之所以会有文本型数字存在，某些时候是因为在录入前单元格格式就被设定成了文本，而更多时候则取决于企业系统的设计。如果设计时将数据全部默认为文本格式，那么只要是从系统里导出来的数值，就全都是文本型数字。遇到前一种情况，我们还可以想办法避免，可对于后者，就只能接受现状。于是，知道将文本型数字转换为数值的方法就十分必要了。

有四种方法提供给你：进行四则运算、利用函数查错工具、减负运算、VALUE函数。

如果你本来就打算对这些数值进行四则运算，而不是直接使用，那么就不必担心，运算后的数值就是真正的数值，不会再出现小三角。你也可以利用函数查错工具，先选中要转换的数据区域，然后在出现的◈菜单中，选择“转换为数字”完成批量转换（如图 3–30）。

选中的时候要注意技巧，数据区域左上角起始单元格一定要有小三角，只有这样，◈工具才会自动出现。

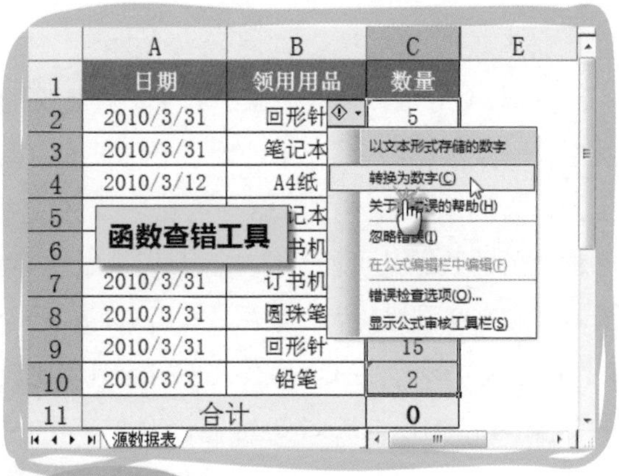

图 3–30

第三种方法是减负运算，它其实也相当于四则运算，只不过写法有点不同而已。如果要对C2进行转换，就写公式=－－C2，也就是我们常说的“负负得正”。通过这样的运算，C2的文本型数字就变成了数值。

你可能会问，既然使用查错工具那么方便，为什么还要用减负运算呢？这是个好问题，因为答案包含了三重信息。第一，Excel的乐趣在于同一件事有多种解决方案，你可以根据自己的兴趣和能力，以及当时的状况，选择最适合的。第二，在多种解决方案中，有每次都需要手工操作的，也有做一次就一劳永逸的。减负运算属于后者，这与牵一发而动全身的理念相符，所以有意义。第三，由这个问题可以引出参数表中参数的概念。参数是源数据以及分类汇总结果的辅助数据，如果从系统导出的数据必须经过转换才能使用，那么，这部分数据就不应该作为源数据，而应该以参数形式存在。

所以，源数据表中的数据，应该是系统数据经过减负运算得到的公式结果。而从系统导出的原始数据，则成了源数据的参数。经过这样的设计，未来只需要将系统数据复制到参数表，它就会自动转换形成源数据表。源数据再通过公式或者设置好的数据透视表，就能自动生成分类汇总表（如图3－31）。

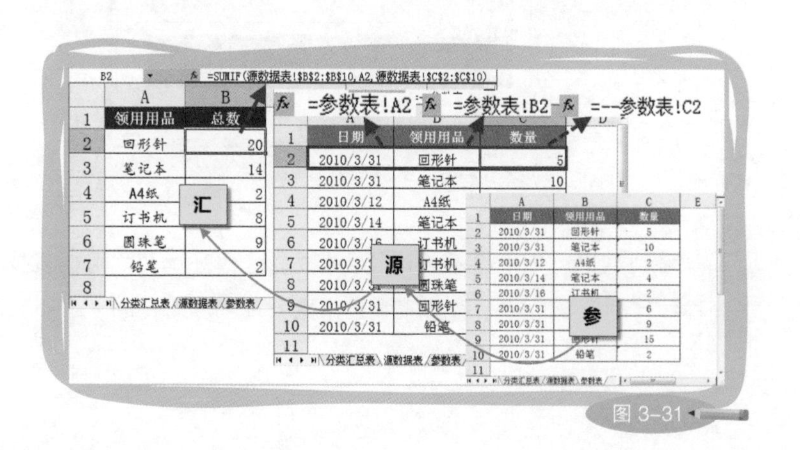

图3-31

于是你会发现，运用一劳永逸的技巧可以成就三表，而三表概念又可以反过来促使我们发掘技巧的价值。所以，只要围绕着三表核心，就能使技巧的学习变得有的放矢。

有了减负运算，第四种，也就是利用VALUE函数转换的方法就不用再提了，因为写函数反而使简单的事情变复杂了。倒是有一个从坊间收集来的快捷操作我觉得挺有意思，对单列数据进行转换时，用这个方法绝对很酷。操作很简单：选中待转换的一列，按Alt+D→E→F即完成。当操作足够熟练后，一旁的人只看到你的屏幕闪了一下，你却已经搞定文本型数字了。这其实就是分列的快捷键，利用了分列功能默认“列数据格式”为“常规”的特性，将文本型数字原地“切”成了常规（如图3–32）。

图 3–32

看到这里，你不得不承认Excel就是这么好玩儿，用很多技巧都能达成同样的目的，哪怕这个技巧原本是用来处理别的事情的。

按照条条款款死记硬背是最笨的学习方法，越枯燥的内容越需要用自己能理解的方式去记忆，哪怕这个方式很无厘头。这么多年过去，我还能清晰地记得中国陆上邻国的名字，全靠初中地理老师罗福俊编的两句顺口溜："哈老朝缅塔印尼巴，越阿蒙俄锡不吉妈。"他告诉我们：有一个叫哈老朝的人免（缅）费搭（塔）乘了印尼的巴士，另一个叫越阿蒙的小伙子有很恶（俄）劣的习（锡）惯，对他妈妈也不好（不吉）。（P.S."妈"是为了押韵而加上去的，"锡金"在当年是被中国承认主权的。）

4.其他函数。

最后，也是最复杂的参数，是其他函数。当一个函数以另外一个函数的结果为参数的时候，称为函数嵌套。想象一下，Excel上百个函数互相嵌套，可以产生多少种变化？答案几乎接近于正无穷，而函数的终极威力也是因为有嵌套的存在才能得以充分体现。但不用惊慌，过于复杂的东西与我们日常的工作基本无关。关于嵌套，知道以下几个基本概念就好：

◎ 为什么能嵌套？函数结果可以为常量、数组、逻辑值，这些都能再成为其他函数的参数。

◎ 能嵌套几层？不用关心，如果嵌套超过了5层，就停下来想想有没有更好的办法。

◎ 有嵌套函数的公式应该有几对括号？总共有几个函数就应该有几对括号。

◎ 怎么阅读嵌套函数？由外而内，由左到右，由大到小。

例如：=IF(OR(A1<30,A1>80),IF(B1<>"经理","好","不好"),"无所谓")，从左边开始读，先看第一个函数IF的主结构。函数表达的意思是，当满足条件OR(A1<30,A1>80)时，得到IF(B1<>"经理","好","不好")，否则得到“无所谓”。再展开小括号，函数的逻辑为当满足条件A1<30或者A1>80时，对B1进行判断，如果B1<>"经理"，则返回“好”，否则返回“不好”。如果A1条件不成立，则无视B1，直接返回“无所谓”（如图3–33）。

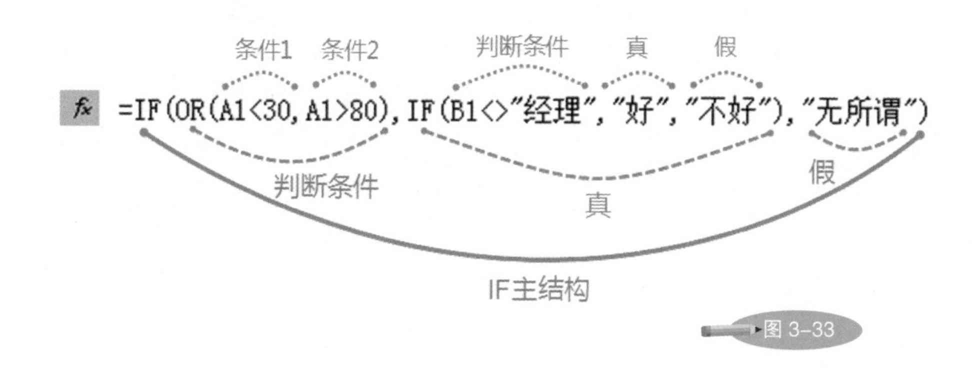

图 3–33

按部就班写出像样公式

道理都明白了，我们也来动手写写公式。和任何事情一样，写公式也有基本流程、关键技巧和注意事项，一起来看看。

✦基本流程

1.任务描述。

从18位身份证号码中提取员工的出生年份（如图3–34）。

	A	B	C	D
1	姓 名	性别	文化程度	身 份 证 号
2	黄蓉	女	大本	320325197001017121
3	郭靖	男	大本	420117197302175371
4	张无忌	女	大本	132801194705058361
5	张三丰	男		430225198001153597
6	黄国荣	女		320325198001018124
7	李树树	男	大本	220223196903223411
8	孙飞飞	男	大本	412823198005251216
9	赵思思	男	大本	430225198003113537
10	蒋虎虎	女	大本	43022519[illegible]511163527

人事

图 3–34

2. 确定函数类别。

当你并不知道有什么函数可以解决该问题时，应该先分析待处理数据的类型和任务描述，以便确定函数类别。在本例中，由单元格左上角的小三角得知，即将被处理的数据为文本型数字。任务是“提取”数据中段的信息，属于文本处理。所以，应该锁定“文本”类函数（如图 3–35）。

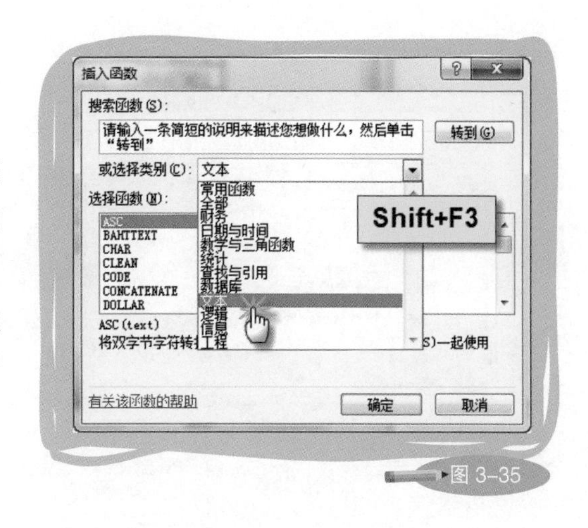

图 3–35

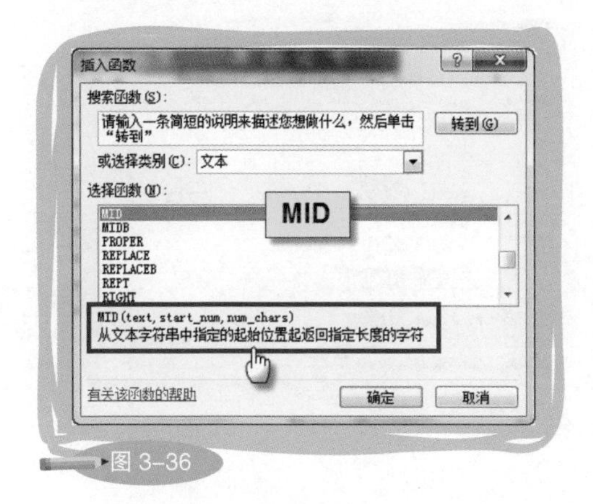

图 3–36

3. 确定函数。

在“文本”类别中，搜索可以提取文本中段信息的函数。最笨的方法是从头开始，逐条筛选，可这也是最聪明的方法。正如我们前面所说，浏览函数名称和用途是学习函数最有效的方法之一，一面之缘往往会让你受益无穷。通过筛选，就能找到最适合该任务的MID函数（如图 3–36）。

>>>>> >>>>> >>>>>

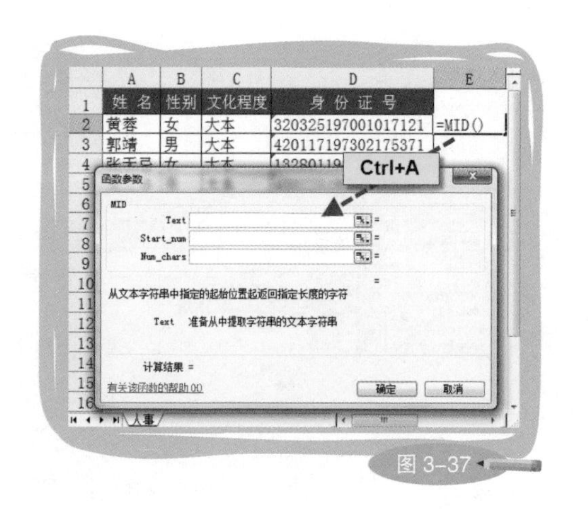

图 3-37

4. 建立公式。

找准了函数，开始写公式。在E2单元格输入=mid（注意：不分大小写），按Ctrl+A调出函数参数对话框面板（如图3-37）。你也可以在前面的步骤中，找到MID函数后双击函数名称进入编辑状态。这两种方法，根据你的个人喜好和对函数名称的熟练程度自由选择。

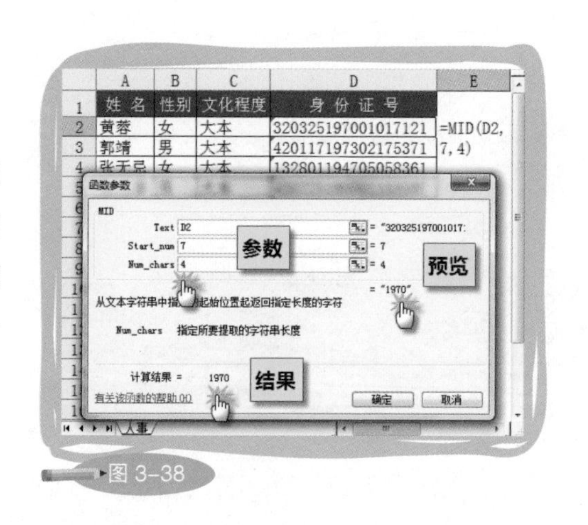

图 3-38

5. 填写参数。

参考面板所提供的参数说明，填写正确的参数，并根据预览信息进行核查（如图3-38）。MID函数的三个参数分别为：去哪里提取、从第几个字符开始提取、提取几个字符。

6. 切换引用类型。

填好参数后，要根据公式复制的方向切换引用的类型。在本例中，公式将向下复制，这代表第一参数的行号需要随公式位置的变化而变化。由于图 3-38 中的相对引用符合要求，所以无须切换。

<<<<< <<<<< <<<<<

7. 复制公式。

用任意你喜欢的方式将公式向下复制。通常，我会选中E2单元格，将光标移至边框右下角，在它变成黑色小十字后，双击鼠标左键进行复制。但是要注意，如果相邻列有空单元格，复制动作将在中途停止（如图3–39）。

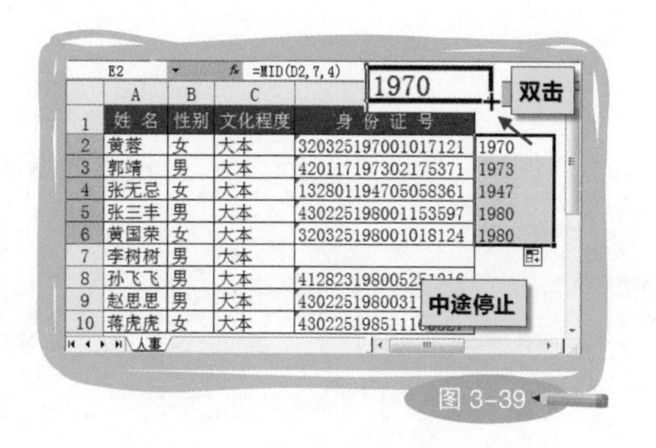

图 3–39

8. 公式复查。

公式能帮你（批量计算），也能害死你（批量出错）。很多人只做到上一步就宣告完成，这是非常危险的。在编写公式的整个流程中，对已经完成的公式进行复查才是最核心的步骤，这犹如产品出厂前的质量检验。

复查的内容包括：

- ◎ 引用是否错位——E2中的公式不能引用到D3。
- ◎ 结果是否正确——用任何（肉眼、计算器、纸笔）能验证公式结果的方法，至少抽查三个样本。
- ◎ 引用类型是否正确——不要死盯着某一个单元格的公式发呆，这样的检查方式过于抽象，效果非常差。正确的做法是，在公式单元格之间上下或左右反复移动光标，仔细观察参数行和列的变化是否符合公式预期。

只有做好了公式复查，你才可以放心大胆地使用公式结果。

9. 保护公式单元格。

有的时候，我们不希望别人随意修改已经设置好的公式。通过保护工作表功能，可以禁止有公式的单元格被选中，从而起到保护作用。操作如下：

第一步，选中待保护列以外的其他所有数据列，按Ctrl+1调出单元格格式设置对话框，切换至“保护”标签，取消勾选“锁定”(如图3–40)。

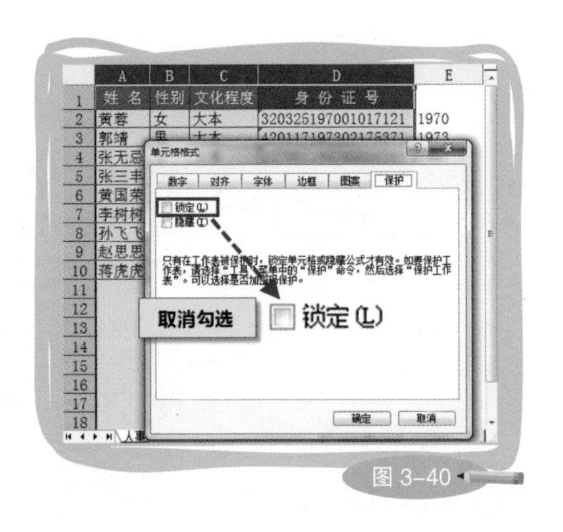

图3–40

第二步，打开“工具”菜单，在“保护”中选择“保护工作表”，然后取消勾选“选定锁定单元格”，最后点击“确定”完成（如图3–41)。注意，保护工作表时可以不设定密码。

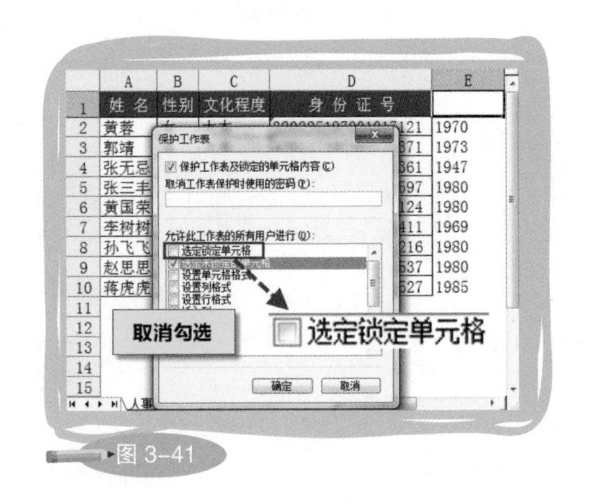

图3–41

以上就是从分析任务、选择函数到完成公式编写的全过程。这个流程并不能让你瞬间学会编辑复杂的公式，它只是体现了完整的思维过程以及具体操作时的关键方法。可思路和方法才是进步的基石，多数人爱问：“你这是怎么玩的？”懒人却爱问：“你怎么想到要这么玩？”两种问法的结果是，当多数人越来越忙时，懒人却越变越懒。

关键技巧

与公式相关，就离不开以下几项操作技巧：F2、F4、F9、Ctrl+A、Shift+F3、Ctrl+Z、双击鼠标左键、Ctrl+`。

F2

使单元格进入编辑状态的快捷键，同时也是在Windows界面中，修改Excel文档名称的快捷操作。使用方法：选中待编辑的单元格，按F2进入（如图3–42）。

	A	B	C	D	E
1	姓 名	性别	文化程度	身 份 证 号	
2	黄蓉	女	大本	320325197001017121	=MID(D2,7,4)
3	郭靖	男	大本	42011719730 175371	1973
4	张无忌	女	大本	13280 058361	1947
5	张三丰	男	大本	430225198001153597	1980

F2

人事

图 3-42

F4

使单元格的引用类型在相对、绝对、混合引用中循环切换，通俗点儿说，就是快速添加或删除“$”符号。使用方法：“抹黑”单元格引用，按F4切换。

F9

使Excel进行一次计算，对象可以是引用的数据区域（A2:A5）、函数（RAND()）或公式（=A1+B1）。F9通常有四种使用场景：

第一种，查看引用数据区域的计算结果，以确认公式的计算过程。这在稍微复杂的函数应用中经常用到，如计算(A2:A5)*(B2:B5)的结果（如图3-43）。使用方法：“抹黑”该数据，按F9。

P.S. 图3-43中的公式为数组公式，编辑完成后用Ctrl+Shift+Enter取代Enter才能得到正确的计算结果。

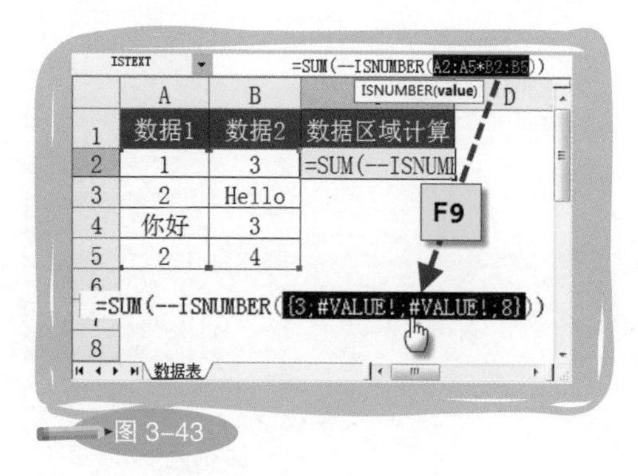

图 3-43

第二种，在有嵌套函数的公式中，查看其中某函数的计算结果，以简化公式，认清参数（如图 3-44）。

ISTEXT =SUM(--ISNUMBER(A2:A5*B2:B5))

SUM(**number1**, [number2], ...)

	A	B	C
1	数据1	数据2	嵌套函数计算
2	1	3	=SUM(--ISNUM
3	2	Hello	
4	你好	3	
5	2	4	

F9

=SUM({1;0;0;1})

数据表

图 3-44

对于以上两种应用，在使用F9之后，相应的数据就会显示为计算结果。若要维持这种显示结果，按回车键确定，如果想恢复原表达式，则按Esc键退出。

第三种，刷新易失性函数的计算结果。易失性函数是指RAND、TODAY、NOW这类函数，特点是它们会在工作簿被重新打开或任意单元格被编辑后进行重算。在以上情况之外，如果想让RAND函数得到一个新的随机数，就按F9（如图3-45）。使用方法：不用进行任何选择，直接操作。

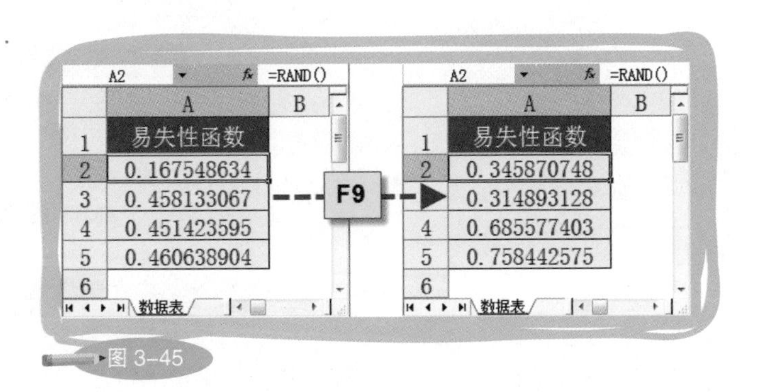

图 3-45

第四种，触发工作簿中的所有公式，使其进行一次计算。你有可能遇到过如图 3-46 的情况，当在C2写好公式后，向下复制，其他公式单元格都显示与C2 相同的计算结果。

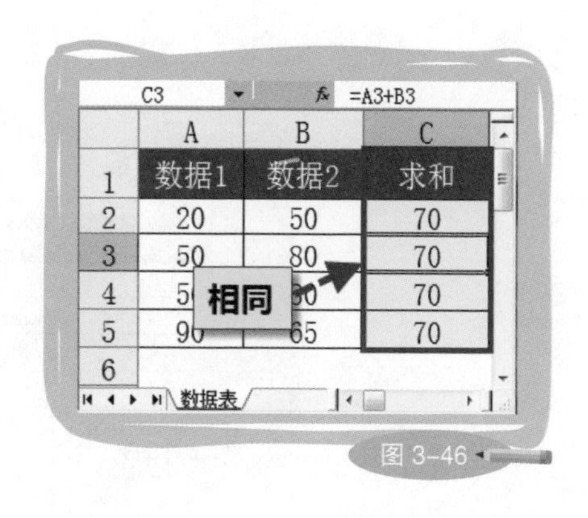

图 3-46

造成这种现象的原因，是Excel中设置了公式的“手动重算”。这项设置在“工具”菜单“选项”中的“重新计算”标签里（如图 3-47）。

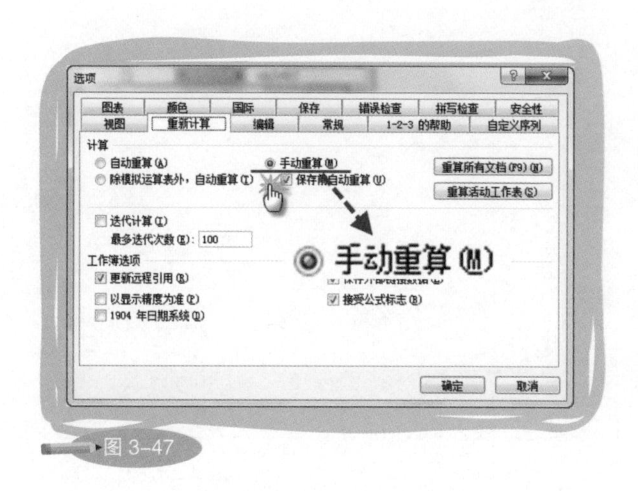

图 3-47

相比“自动重算”，“手动重算”有利有弊。当采用“自动重算”时，如果表格中的公式过多，那么每操作一次被引用的单元格，都会触发大面积的公式计算。假如每次操作后都需要经历漫长的等待，除非你具有“小强”般的不死精神，否则终将崩溃。而“手动重算”则可以让你在操作完所有单元格后，主动触发计算。你不用守在电脑前，去倒杯水、散个步、遛趟鸟，回来时一切已经搞定了。

不过，这么做的弊端也很明显，尤其是对于习惯了表格“自动重算”的人来说，常常会忘记还需要手动触发这回事。到头来又总是纳闷为什么计算结果频繁出错，其实是因为Excel根本就没重新计算过。而且，由于多了一步操作，也变相增加了工作的难度。所以，我的建议是，“手动重算”只针对计算缓慢且操作频繁的表格，并且偶尔用用就好。

了解了“手动重算”，就知道图 3-46 的解决方法是按F9（如图 3-48）。

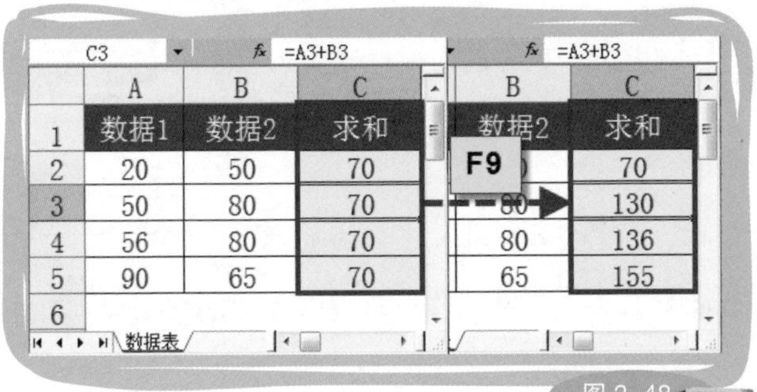

图 3-48

Ctrl+A

在知道函数名称的情况下，调用函数参数对话框面板。这是编辑函数时最常用到的快捷键之一。使用方法：输入“=函数名称”后，按Ctrl+A。

Shift+F3

相当于点击 *fx*，它有两种使用场景。

第一种，通过函数列表选择函数。通常是在不熟悉函数名称或用途的情况下才考虑使用。

第二种，需要调用函数参数对话框面板，对已有公式中相应函数的参数进行修改。使用方法：将光标插入该函数范围，按Shift+F3（如图3-49和图3-50）。

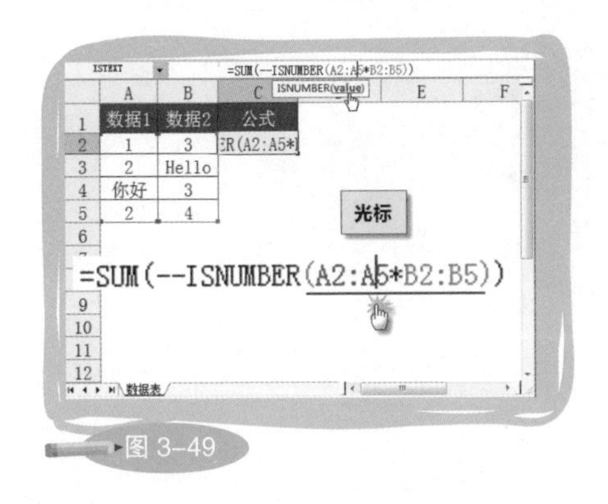

图 3-49

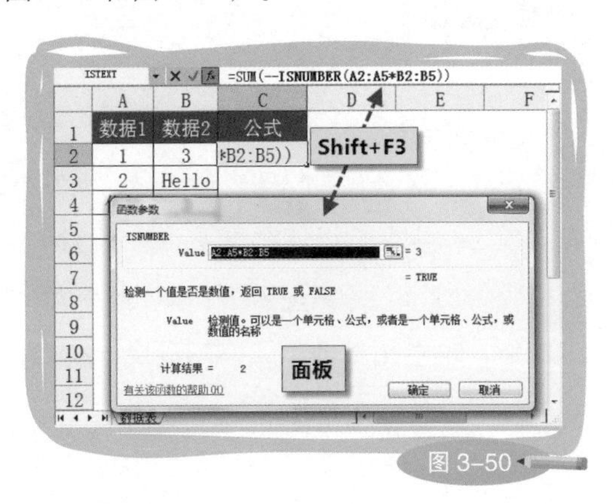

图 3-50

Ctrl+Z

“撤消”和公式的关系很妙，它能成为与公式相关的关键技巧之一，主要是源于修改公式时常遇到的一个麻烦。你应该有过这样的经验，当光标插入一个写有公式的单元格内时，不小心在其他单元格点击了鼠标左键。这时，公式单元格立即引用了“不小心”单元格，造成引用错误。避免产生这种错误的方法是，在修改公式时，克制自己没事就想乱点鼠标左键的欲望。但如果已经遇到了麻烦，千万别再继续错下去，马上按回车键，然后按Ctrl+Z将公式恢复原样（如图3-51）。

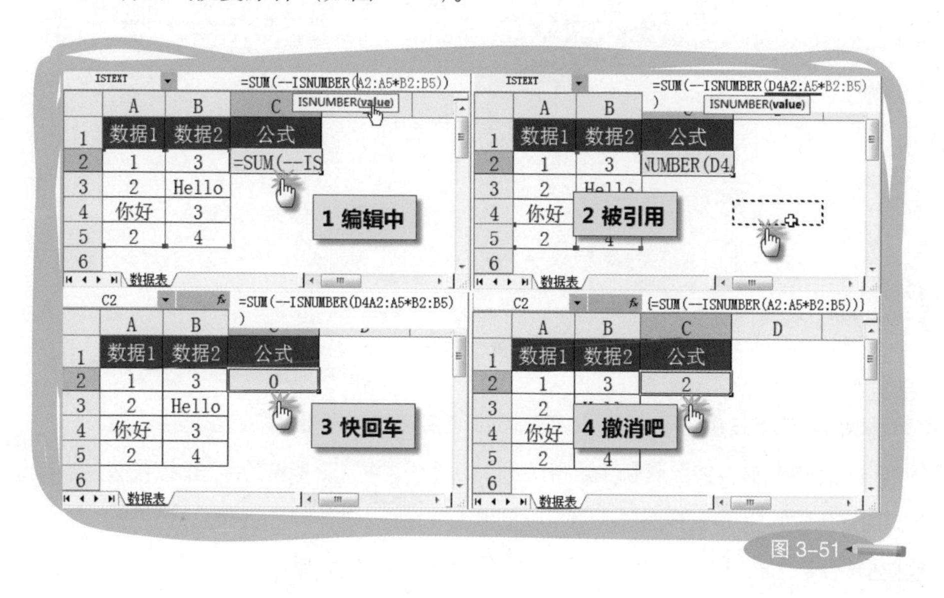

图 3-51

双击鼠标左键

公式最常向下复制，我在进行此操作时很少用到其他方法，主要是双击鼠标左键。可这有一个前提，那就是相邻左侧参照列的数据之间无空单元格。尤其是源数据，如果遵循了天下第一表的规范，就理应如此。使用方法：将光标移至首个公式单元格边框右下角，当光标呈黑色小十字形时，双击鼠标左键。

Ctrl+`

真不知道这个符号叫什么名字，网上介绍这可能是小句号或上句号，也有读者说这是重音符号。不管叫什么，能找到它就好，它在Tab键上面，1的左边。Ctrl+`可以将公式单元格从显示结果切换为显示公式，非常有利于对多个公式进行检查以及修改(如图3-52)。当然，你也可以用它捣个蛋，你懂的。

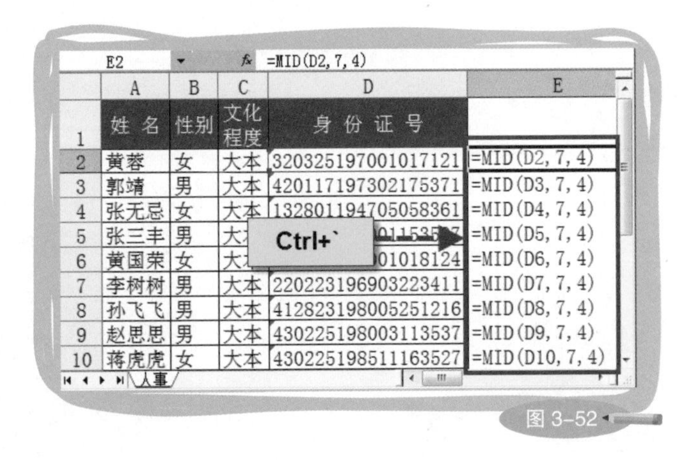

E2 fx =MID(D2,7,4)

	A	B	C	D	E
1	姓 名	性别	文化程度	身 份 证 号	
2	黄蓉	女	大本	320325197001017121	=MID(D2,7,4)
3	郭靖	男	大本	420117197302175371	=MID(D3,7,4)
4	张无忌	女	大本	132801194705058361	=MID(D4,7,4)
5	张三丰	男	大[illegible]	[illegible]01153[illegible]	=MID(D5,7,4)
6	黄国荣	女	大[illegible]	[illegible]01018124	=MID(D6,7,4)
7	李树树	男	大本	220223196903223411	=MID(D7,7,4)
8	孙飞飞	男	大本	412823198005251216	=MID(D8,7,4)
9	赵思思	男	大本	430225198003113537	=MID(D9,7,4)
10	蒋虎虎	女	大本	430225198511163527	=MID(D10,7,4)

图3-52

一技傍身
——在2007和2010版中选择函数

Excel高级版本的确提供了不少便利，它将选择函数与输入函数名称合二为一，这使函数的编辑显得更快捷，也更清晰。如图3-53，输入一个V，就能看到所有以V开头的函数，其用途也同时显示在了旁边。这时，可以用方向键在列表中上下移动，然后按Tab键选中函数。之后的操作与2003版相同，也是用Ctrl+A调出面板。

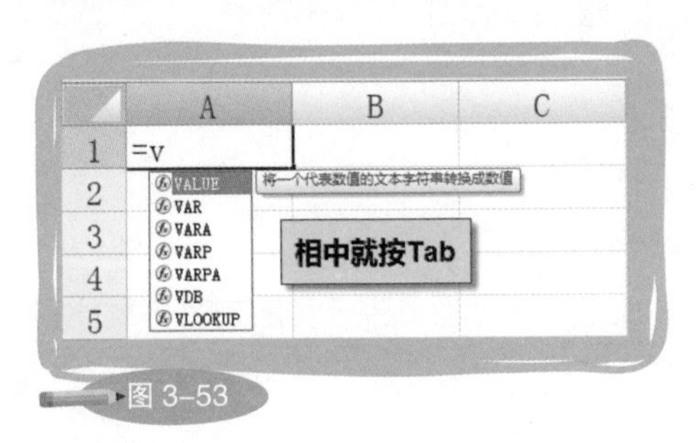

图3-53

✦注意事项

写公式在于熟能生巧，所以保持思考和实践是最重要的。操作方面要注意两点：控制好“$”符号，以及公式完成后认真复查。虽然只是简单的两件事，却值得给予足够的重视。

参数引用不可乱

我用两个常见的例子来说明“$”符号和公式复查的重要性。

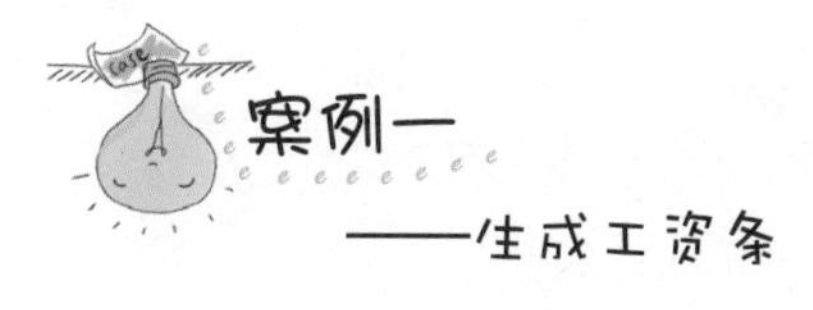

案例一

——生成工资条

这是人力资源的典型问题，在各大论坛或书籍里均被提及。任务描述：根据工资明细表（源数据表），批量制作工资条（如图3-54和图3-55）。

工资明细

	A	B	C	D	E	F	G	H	I	J
1	工号	姓名	部门	职务	性别	基础薪金	岗位工资	高温补贴	交通补贴	实发工资
2	A00662	张三	销售	经理	男	2,000.00	5,000.00	500.00	500.00	8,000.00
3	A00183	李四	销售	销售代表	男	1,000.00	3,000.00	600.00	100.00	4,700.00
4	A00782	王五	财务	会计	男	1,000.00	6,000.00	100.00	400.00	7,500.00
5	A00623	陈六	人力资源	经理	男	500.00	1,000.00	400.00	300.00	2,200.00
6	A00439	李七	销售	销售代表	[illegible]	[illegible]	2,500.00	200.00	800.00	4,300.00
7	A00827	冷七六	销售	销售代表	[illegible]	[illegible]	1,100.00	600.00	100.00	2,300.00
8	A00126	董八	销售	销售代表	男	300.00	1,000.00	500.00	400.00	2,200.00
9	A00787	杜九	销售	销售代表	女	500.00	2,000.00	400.00	500.00	3,400.00
10	A00903	屈十	人力资源	专员	男	100.00	1,100.00	100.00	700.00	2,000.00

制作工资条（示例） 制作工资条（求解）

图 3-54

工资条

	A	B	C	D	E	F	G	H	I	J
1	工号	姓名	部门	职务	性别	基础薪金	岗位工资	高温补贴	交通补贴	实发工资
2	A00662	张三	销售	经理	男	2000	5000	500	500	8000
3										
4	工号	姓名	部门	职务	性别	基础薪金	岗位工资	高温补贴	交通补贴	实发工资
5	A00183	李四	销售	销售代表	[illegible]	[illegible]	3000	600	100	4700
6										
7	工号	姓名	部门	职务	[illegible]	[illegible]	岗位工资	高温补贴	交通补贴	实发工资
8	A00782	王五	财务	会计	男	1000	6000	100	400	7500
9										
10	工号	姓名	部门	职务	性别	基础薪金	岗位工资	高温补贴	交通补贴	实发工资
11	A00623	陈六	人力资源	经理	男	500	1000	400	300	2200

制作工资条（示例） 制作工资条（求解）

图 3-55

大家通常会更关注用函数嵌套的方法，来自动获得工资条。可无论是复杂版还是简单版的函数嵌套，在我看来，都不那么容易掌握。我写的公式很复杂，“求解”工作表A1单元格的公式为=IF(MOD(ROW(),3)=0,"",IF(MOD(ROW(),3)=1,'制作工资条（示例）'!A$1,INDEX('制作工资条（示例）'!$A$1:$J$23,(ROW()+4)/3,COLUMN())))。简单版的公式要稍微短一点，可即便如此，能写得出来也绝非朝夕之事。如果你有兴趣研究如何用函数解决这类问题，当然有利于技术精进，但站在实际解决问题的角度，加入一点手工操作，有时也许更方便。毕竟，这种工作一个月才做一次。下面，我们换个角度，用一种更容易理解，并且看了就会的方法来玩玩看。

新的思路是：首先，隔行插入空白行；然后，批量添加标题行。需要注意的是，根据批量选中空单元格的特性，我们需要取消原本为了好看或裁剪方便而制作的每两个工资条之间的空白行。又因为该操作是在源数据表中进行，所以要注意另存一份源数据，以防万一。

>>>隔行插入空白行（排序技巧）

第一步，在K2和K3分别输入1和3，选中它们，当光标在K3单元格右下角呈黑色十字形时，双击鼠标左键，向下复制到与J列最后一个非空单元格同行（如图3-56）。

	A	B	C	D	E	F	G	H	I	J	K
1	工号	姓名	部门	职务	性别	基础薪金	岗位工资	高温补贴	交通补贴	实发工资	排序辅助列
2	A00662	张三	销售	经理	男	2,000.00	5,000.00	500.00	500.00	8,000.00	1
3	A00183	李四	销售	销售代表	男	1,000.00	3,000.00	600.00	100.00	4,700.00	3
4	A00782	王五	财务	会计	男	1,000.00	6,000.00	100.00	400.00	7,500.00	5
5	A00623	陈六	人力资源	经理	男	500.00			300.00	2,200.00	7
6	A00439	李七	销售	销售代表	女	800.00			800.00	4,300.00	9
7	A00827	冷七六	销售	销售代表	女	500.00	1,100.00	600.00	100.00	2,300.00	11
8	A00126	董八	销售	销售代表	男	300.00	1,000.00	500.00	400.00	2,200.00	13
9	A00787	杜九	销售	销售代表	女	500.00	2,000.00	400.00	500.00	3,400.00	15
10	A00903	屈十	人力资源	专员	男	100.00	1,100.00	100.00	700.00	2,000.00	17

制造奇数序列

制作工资条（示例） 制作工资条（求解）

图 3-56

第二步，在K24和K25分别输入2和4，选中它们并移动光标使其变成黑色十字，然后按住鼠标左键，将其下拉至数字超过奇数序列的倒数第二个数41（如图3-57）。

	A	B	C	D	E	F	G	H	I	J	K
1	工号	姓名	部门	职务	性别	基础薪金	岗位工资	高温补贴	交通补贴	实发工资	排序辅助列
21	A00591	杨过	人力资源	专员	男	100.00	1,100.00	100.00	700.00	2,000.00	39
22	A00156	胡斐	客服	专员	女	900.00	1,800.00	400.00	600.00	3,700.00	41
23	A00684	郑九	财务	经理	男	1,200.00	1,500.00	300.00	100.00	3,100.00	43
24											2
25											4
26											6
27											8
28											10
29											12

制造偶数序列

制作工资条（示例） 制作工资条（求解）

图 3-57

第三步，对K列按“升序”排序，完成空白行的插入（如图3-58）。

	A	B	C	D	E	F	G	H	I	J	K
1	工号	姓名	部门	职务	性别	基础薪金	岗位工资	高温补贴	交通补贴	实发工资	排序辅助列
2	A00662	张三	销售	经理	男	2,000.00	5,000.00	500.00	500.00	8,000.00	1
3											2
4	A00183	李四	销售	销售代表	男	1,000.00	3,000.00	600.00	100.00	4,700.00	3
5											4
6	A00782	王五	财务	会计	男	1,000.00	6,000.00	100.00	400.00	7,500.00	5
7											6
8	A00623	陈六	人力资源	经理	男	500.00	1,000.00	400.00	300.00	2,200.00	7
9											8
10	A00439	李七	销售	销售代表	女	800.00	2,500.00	200.00	800.00	4,300.00	9

制作工资条（示例） 制作工资条（求解）

图 3-58

>>>批量添加标题行（批量录入技巧）

第一步，选中AI：J44，即包含空白行的所有工资明细，按F5，选择“空值”为定位条件（如图3-59）。

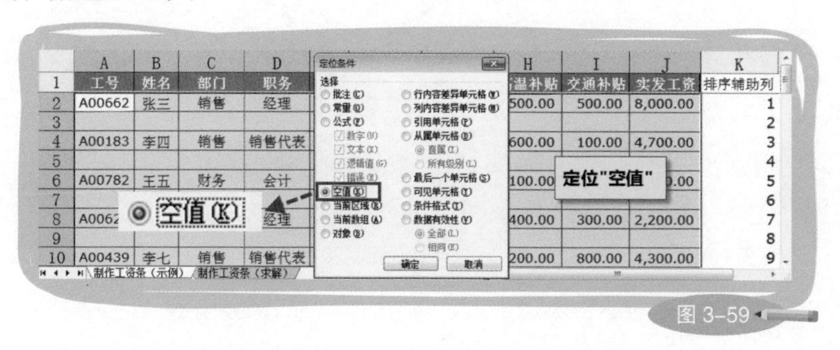

图 3-59

第二步，放开鼠标，直接输入=A1（确保已经选中了工资明细间的所有空白行，且公式输入在A3单元格，如图3-60）。

	A	B	C	D	E	F	G	H	I	J	K
1	工号	姓名	部门	职务	性别	基础薪金	岗位工资	高温补贴	交通补贴	实发工资	排序辅助列
2	A00662	张三	销售	经理	男	2,000.00	5,000.00	500.00	500.00	8,000.00	1
3	=A1										2
4	A00183	李四	销售	销售代表	男				100.00	4,700.00	3
5											4
6	A00782	王五	财务	会计	男				400.00	7,500.00	5
7											6
8	A00623	陈六	人力资源	经理	男	500.00	1,000.00	400.00	300.00	2,200.00	7
9											8
10	A00439	李七	销售	销售代表	女	800.00	2,500.00	200.00	800.00	4,300.00	9

在首个单元格输入公式

制作工资条（示例） 制作工资条（求解）

图 3-60

第三步，按Ctrl+Enter完成批量录入，于是，工资条就制作成功了（如图3-61）。

	A	B	C	D	E	F	G	H	I	J	K
1	工号	姓名	部门	职务	性别	基础薪金	岗位工资	高温补贴	交通补贴	实发工资	排序辅助列
2	A00662	张三	销售	经理	男	2,000.00	5,000.00	500.00	500.00	8,000.00	1
3	工号	姓名	部门	职务	性别	基础薪金	岗位工资	高温补贴	交通补贴	实发工资	2
4	A00183	李四	销售	销售代表	男	1,000.00	3,000.00	600.00	100.00	4,700.00	3
5	工号	姓名	部门	职务	性别	基础薪金	岗位工资	高温补贴	交通补贴	实发工资	4
6	A00782	王五	财务	会计	男	1,000.00	6,000.00	100.00	400.00	7,500.00	5
7	工号	姓名	部门	职务	性别	基础薪金	岗位工资	高温补贴	交通补贴	实发工资	6
8	A00623	陈六	人力资源	经理	男	500.00	1,000.00	400.00	300.00	2,200.00	7
9	工号	姓名	部门	职务	性别	基础薪金	岗位工资	高温补贴	交通补贴	实发工资	8
10	A00439	李七	销售	销售代表	女	800.00	2,500.00	200.00	800.00	4,300.00	9

制作工资条（示例） 制作工资条（求解）

图 3-61

你可以看到，制作“手工版”的工资条只用到了排序和批量录入两个基本技巧，相比编写一长串让人眼晕的公式，这种方法更简洁，也更具可操作性。

回顾一下引用的相对性，你就应该了解批量录入的原理。A3单元格的公式为=A1，即引用了与之相距2行0列的单元格。由于采用了相对引用，参数A1的行和列将随公式单元格位置的变化而变化。也就是说，所有公式单元格都引了与之相距2行0列的单元格。于是，就得到了一模一样的标题行。

>>>>> >>>>> >>>>>

——文本型公式

调皮鬼心血来潮，将所有单元格都设置成了文本格式。这下可好，同样的操作，没有得到标题行，却得到一大堆错误的公式。而且这与Ctrl+`无关，怎么弄也只显示公式，不显示结果（如图3-62）。

	A	B	C	D	E	F	G	H	I	J	K
1	工号	姓名	部门	职务	性别	基础薪金	岗位工资	高温补贴	交通补贴	实发工资	排序辅助列
2	A00662	张三	销售	经理	男	2,000.00	5,000.00	500.00	500.00	8,000.00	1
3	=A1	=A1	=A1	=A1	=A1	=A1	=A1	=A1	=A1	=A1	2
4	A00183	李四	销售	销售代表	男	1,000.00	3,000.00	600.00	100.00	4,700.00	3
5	=A1	=A1	=A1	=A1	=A1	=A1	=A1	=A1	=A1	=A1	4
6	A00782	王五	财务	会计	男	[illegible]	[illegible]00.00	100.00	400.00	7,500.00	5
7	=A1	=A1	=A1	=A1	=A[illegible]	[illegible]	[illegible]1	=A1	=A1	=A1	6
8	A00623	陈六	人力资源	经理	男	[illegible]00.00	1,[illegible]00.00	400.00	300.00	2,200.00	7
9	=A1	=A1	=A1	=A1	=A1	=A1	=A1	=A1	=A1	=A1	8
10	A00439	李七	销售	销售代表	女	800.00	2,500.00	200.00	800.00	4,300.00	9

制作工资条（示例） 制作工资条（求解）

错、错、错

图 3-62

遇到这种情况，首先应该检查单元格格式是否为文本，其次检查是否与Ctrl+`有关。如果是文本格式，但公式本身没错，那么就将单元格格式改为常规，再用“=”号替换“=”号，以触发公式运算，从而得到计算结果（如图3-63）。（P.S.此时F9无效。）

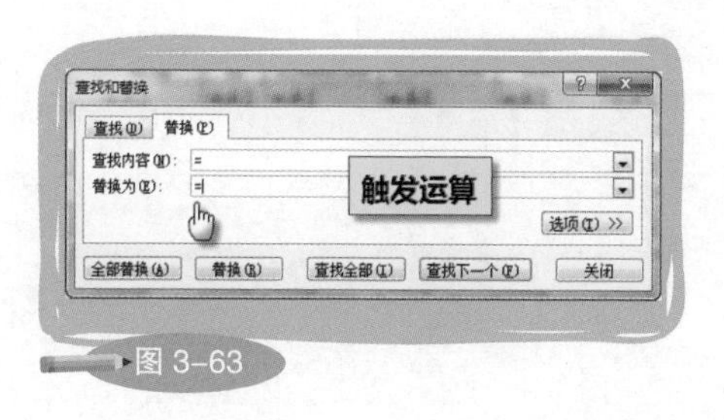

图 3-63

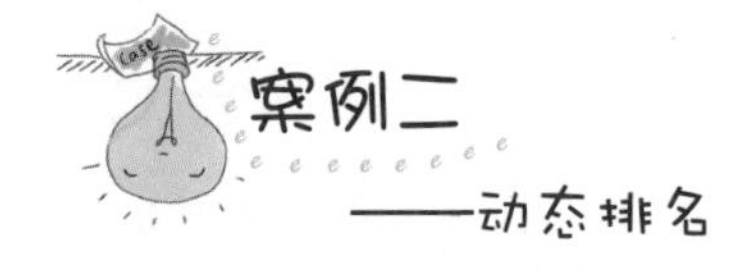

案例二
——动态排名

作为一名合格的“表”哥或“表”姐，你一定被要求过对一组数据进行排名。希望你用的不是这样的方法：首先，对该数据列排序；然后，手工输入1、2、3……至无穷。说起这个，我想到一个“表”哥的故事，讲述的是他如何快速成长为——小键盘操作速度能秒杀银行柜员的猛男的经历。故事情节大概就是编一份500人的人员名单，而序号全部是靠手工输入的：1、回车，2、回车，3、回车……可如果用前面刚刚提到的批量制造序列的方法，就不会经历这种痛苦。

不过，对排名这件事来说，制造序列的效率高低还在其次，关键是当数据发生变化时，排名是否能自动随之变化。相比而言，浪费时间事小，得到错误的结果事大。其实，Excel早有准备，借用RANK函数就能克服以上所有问题，实现动态排名。

先认识一下RANK函数，它由三个参数组成，分别为：用什么排名、去哪里排名、升序或降序（如图3-64）。

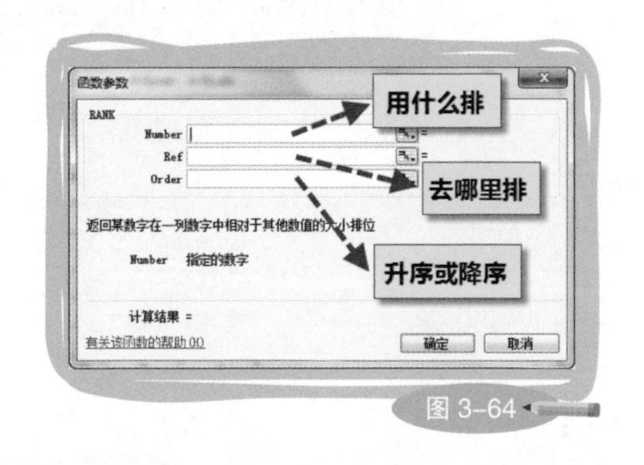

图 3-64

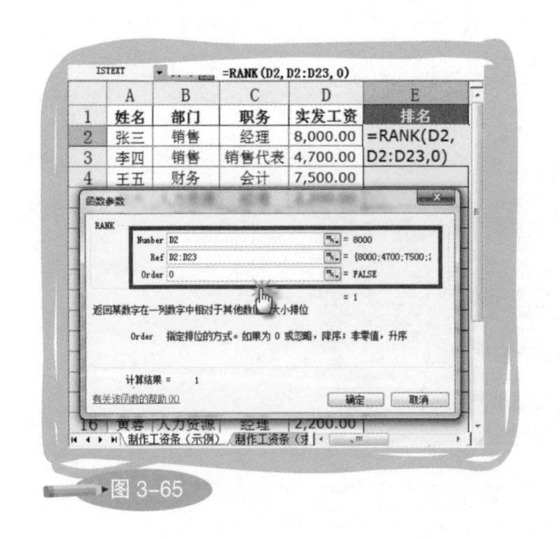

图 3-65

我们现在要对图3-65中的“实发工资”进行排名。由于工资越高，名次越靠前，所以为降序。根据RANK函数的参数填写要求，在E2单元格输入=rank后，按Ctrl+A调用面板，然后在参数栏中分别输入：D2、D2:D23、0。翻译成人类语言则是：用D2在D2:D23中进行降序排名。

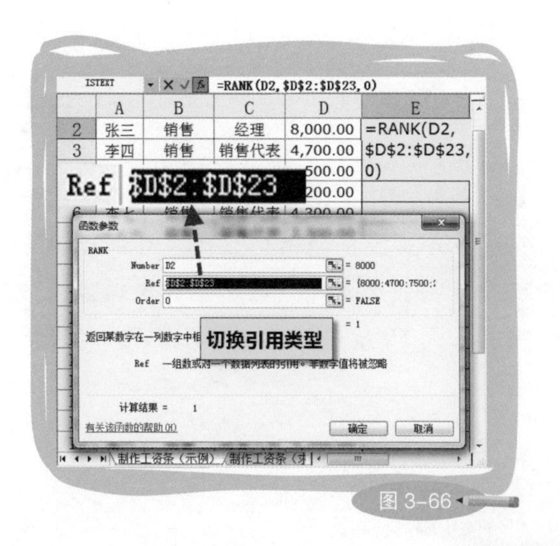

图 3-66

点击“确定”之前，需要考虑引用类型是否正确。由于E2的公式将向下复制，E3应该用D3去排名，所以，第一参数D2的行标2不能被“$”符号锁定。但是D3依然要在D2:D23里排名，而非D3:D24，所以，第二参数D2:D23的行标2和23应该被锁定。方便起见，只需按F4一次，切换为绝对引用即可（如图3-66）。

E2的公式写好后，双击E2右下角的黑色十字将公式向下复制，得到动态排名结果（如图3-67）。用RANK函数得到的排名，结果将随D列数据的变化而变化，既省事，又准确。

	A	B	C	D	E
1	姓名	部门	职务	实发工资	排名
2	张三	销售	经理	8,000.00	1
3	李四	销售	销售代表	4,700.00	5
4	王五	财务	会计	7,500.00	3
5	陈六	人力		2,200.00	17
6	李七	销		4,300.00	7
7	冷七六	销售	销售代表	2,300.00	15
8	董八	销售	销售代表	2,200.00	17
9	杜九	销售	销售代表	3,400.00	11
10	屈十	人力资源	专员	2,000.00	21

动态排名

图 3-67

如果你没来得及调整引用类型就复制了公式，那也没关系，只要记得复查就好。在E列公式单元格之间上下移动，仔细观察第一、第二参数的变化规律，然后再做适当的修改。以上两种操作顺序，你可以根据自己的喜好进行选择，没有绝对的标准，只要自己用得顺手就好。

通过这两个案例，我们回顾了运用公式时最重要的两点注意事项，即控制“$”符号和复查公式，这在平时操作的时候要多多留心。

训练自己用一句话翻译函数，如：VLOOKUP是用一个数据去一堆数据里面找并返回同行指定列的数据；IF是当条件满足时返回真值，否则返回假值。当你翻译得熟练以后，不仅记得了函数的参数，还能反过来通过任务描述迅速定位函数。例如：听到"当"字，IF就会在第一时间浮现。

一点就通，函数嵌套并不难

在函数的最后一个部分，我想提一下嵌套的问题。我知道有不少人一听到嵌套函数就头晕，不仅不敢写，也不会读。虽然往深了研究，嵌套函数确实非常难，但就日常的使用而言，倒没那么可怕。怎么读我们已经在前面讲过了，这里只简单说说写的思路。

总结为一句话：分头行动，中央汇合。"分头行动"的意思是将每一个函数分开写，让其在各自的单元格内得到结果。"中央汇合"就是将这些单元格的内容组合起来，得到嵌套函数。这么做其实是将必须一口气完成的编写工作，分解成多个步骤，不仅降低了编写的难度，也让每一个计算过程变得更可控，并且更容易调整。

我们来看一个生成动态数组的例子，这是在源数据表中实现二级有效性设置的其中一种前置步骤。关于二级有效性，后面会讲到，本例也算为它提前做一个铺陈。

任务描述：根据E列不同的省份名称，生成对应城市的数组。如：当E2为"四川省"时，得到数组A2:A17（如图3−68）。

这个任务涉及的函数有三个：OFFSET、MATCH、COUNTA。

OFFSET是完成该任务的主体函数，其用途是得到以指定单元格为参照，偏移N行、N列的N行高、N列宽的数据区域（如图3-69）。

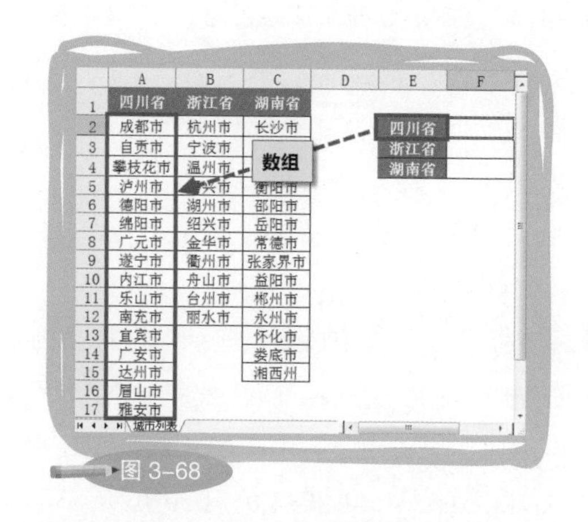

图3-68

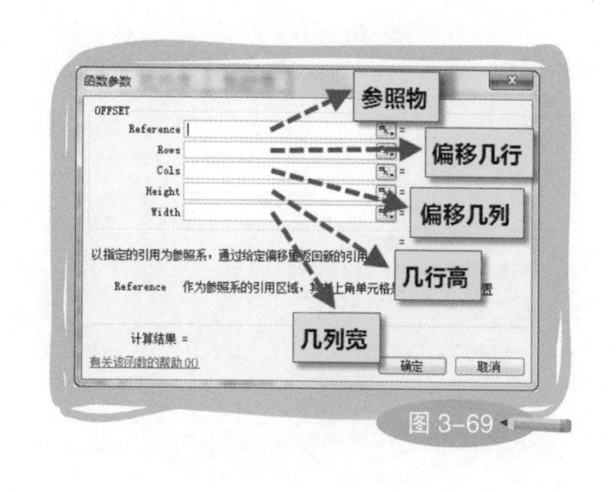

图3-69

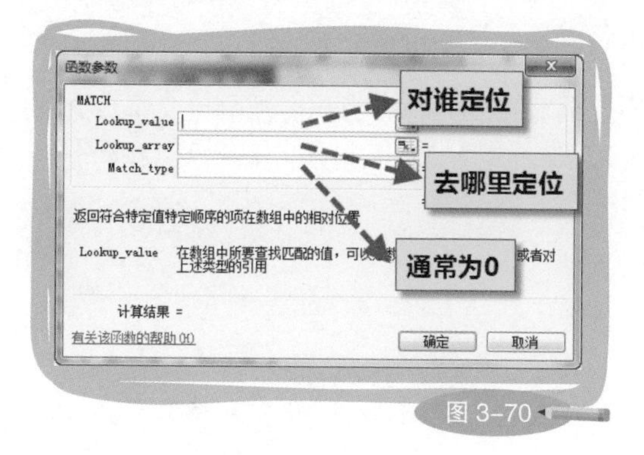

图3-70

MATCH的用途是，返回一个数据在指定的一维数组中的位置（如图3-70），一维指单行或单列。我们用它的结果作为OFFSET第三参数，即偏移几列，因为不同的省份名称在A1:C1中的位置是不同的。

COUNTA的用途是，返回一组单元格区域中非空单元格的个数（如图3-71）。以它的结果作为OFFSET第四参数，即几行高，因为不同省份对应的城市列表高度不同。

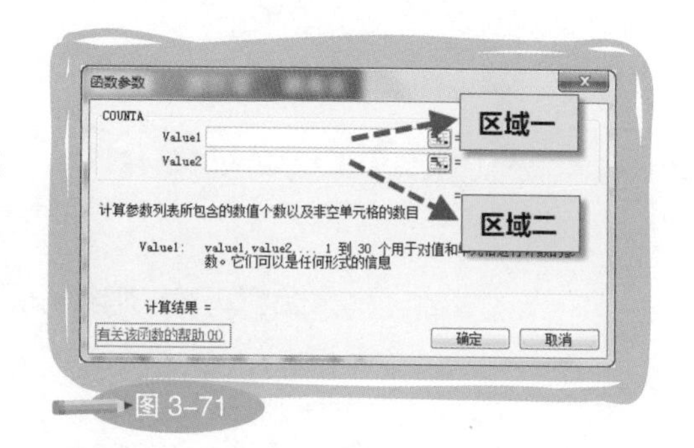

图3-71

但同时，另一个OFFSET的结果又将作为COUNTA的参数，以便在确定“省份”后得到相应列的非空单元格个数。

综合以上分析，在F6写公式=MATCH(E2,$A$1:$C$1,0)，在F7写公式=COUNTA(OFFSET(A2,0,F6−1,50))（如图3−72）。所以，主体函数为=OFFSET(A2,0,F6−1,F7)。

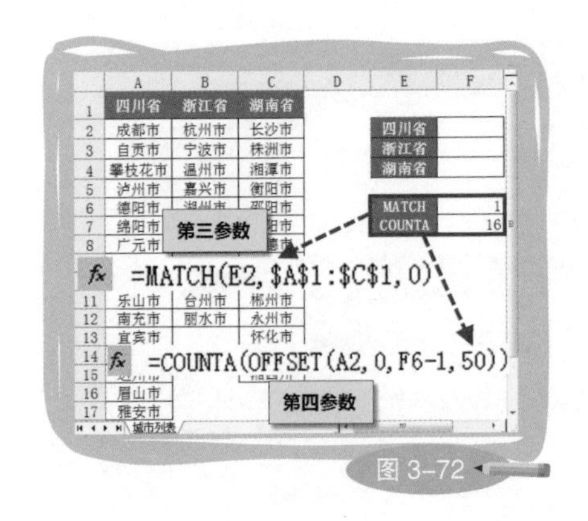

图 3−72

P.S. 嵌套在COUNTA函数中的OFFSET函数的第四参数之所以为50，是因为假设列表中一个省所属的城市不超过50个。你也可以用100或者1000代替。

最后，将主体函数中所有的F6和F7替换为这两个单元格中的内容，就得到嵌套函数=OFFSET(A2,0,MATCH(E2,$A$1:$C$1,0)−1,COUNTA(OFFSET(A2,0,MATCH(E2,$A$1:$C$1,0)−1,50)))。

这的确是一个冗长的公式，你没看晕，我也写晕了。但结果如何并不重要，只要看懂了过程就好。试想一下，要一口气把它写出来，还是挺有难度的。可当我们把每一步都分开以后，也就把编辑的难度降到了最低。因为单独看一个函数，其实并不难。这就是函数嵌套之“分头行动，中央汇合”。

第2节 三表锦囊之“数据有效性”

《爱情买卖》唱得好：“爱情不是你想卖，想买就能卖。”正如数据有效性告诉你：单元格不是你想录，想记就能录。

鬼斧神工，单元格录入想错都错不了

对源数据而言，准确和一致是最基本的要求。这也是“天下第一表”的必备条件之一。可就是这么简单的要求，也并不容易做到。他们要么把“李四”全部录成了“李斯”，错得很一致；要么前一个单元格还是“李四”，后一个单元格突然就变成了“李斯”。一旦源数据出现这样的错误，情节严重的会使之前做的所有工作变得毫无价值。别说得不到正确的分析结果，就连想拿着纸质文档做数据核对都会困难重重。如果你曾经历过这样的尴尬，对它应该是印象深刻的（如图3–73）。

	A	B	C	D
1	省份	地市	行业	收入
2	四川省	内江市	住宿业	639.14
3	贵粥省	遵义市	铁路运输业	464.25
4	贵胄省	遵义市	食品制造业	3.23
5	跪周省	六盘水市	食品加工业	8.54
6	思穿省	成都市	餐饮业	652.43
7	四串省	南充市	[illegible]	168.51
8	丝串圣	自贡市	[illegible]	176.46
9	桂州省	遵义市	食品制造业	87.92
10	云南省	昆明市	餐饮业	203.52
11	云男生	昆明市	房地产开发业	55.65
12	四川省	德阳市	土木工程建筑业	7.94
13	试穿省	南充市	土木工程建筑业	513.98
14	寺川省	内江市	造纸及纸制品业	286.56
15	晕难省	绵阳市	住宿业	24.56

图 3–73

但是，为什么我要说出错的是“他们”，而不是“我们”？因为假如出错的是我们，下次可以让自己注意一点；但如果出错的是他们，我们就根本束手无策。作为管理者或者收集报表的上级单位，你只能千叮咛万嘱咐“千万不要填错了”“一定要按照规则填写”，甚至还特意新建一个工作表，事无巨细地写上“填写须知”。结果呢，他们还是一如既往地出错。但你又不能为了这事儿把别人给开了，而且就算换一拨人来做，效果也是一样。总而言之就是无法控制。

其实，在我看来，这事儿怪不得他们。这和提醒地滑却不擦地，提醒有坑却不修补，提醒过马路要小心却不设红绿灯一样。与其嘴上说，不如动手做。除了告知，我们还应该为他们提供便利的工具，让他们想错都错不了，最终大家都受益。而规范数据录入所用的工具，正是数据有效性。

它的作用是，只有当单元格内容符合预设的条件时，才允许录入，否则阻止录入完成并报错。在工作中，只要是对录入行为进行管理，并且需要掌控单元格内容，就要第一时间想到数据有效性。

顾名思义，数据有效性的调用路径是“数据”→“有效性”，使用快捷键更方便，Alt+D→L，这在更高级的版本中依然适用（如图 3–74）。

它在日常工作中的使用很简单，当选择了单元格“允许”的数据类型后，根据提示填好内容并确定即可（如图 3–75）。

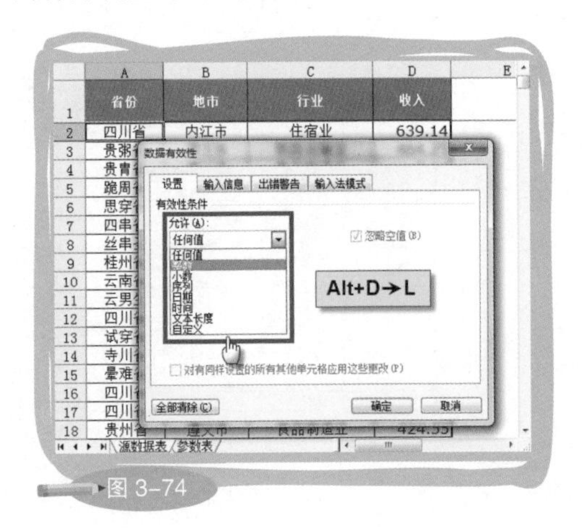

图 3–74

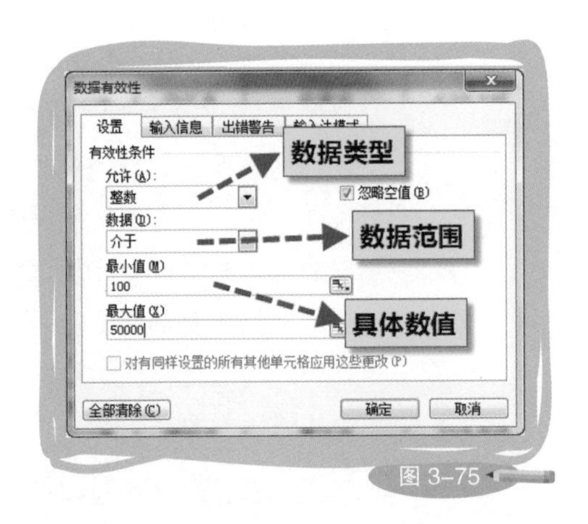

图 3–75

在“允许”的类型中，最重要也最常用的是“序列”，它可以为单元格提供待录入内容的下拉选项。当选定“序列”时，编辑“来源”的方法通常有两种：手工输入或选择数据区域。这两种方法，各自有需要注意的地方。采用手工输入的方法，各个选项间要用半角的逗号隔开；采用选择数据区域的方法，只能选择同一张工作表中的数据，不能跨表操作（如图3–76）。

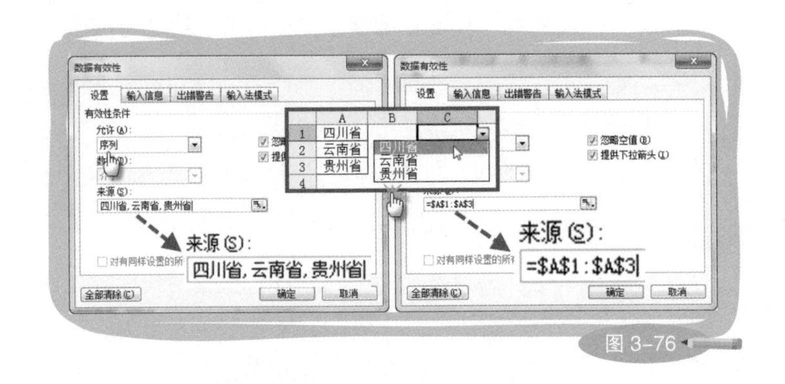

图 3–76

除了“序列”，控制“整数”“日期”“文本长度”的录入也很有实际意义：

整数——控制财务报表中的金额或运营报表中收发货物的数量，使其不超过实际的数量级；

日期——控制报表中不出现错误的日期格式，以及不必要的过去或未来的日期；

文本长度——控制如合同号、序列号、手机号等数据，使录入内容的位数一致。

如上所述，以常量或单元格引用作为数据有效性参数的用法，只要动手试试，一分钟就会。此外，要知道函数也可以作为它的参数。两者结合起来，就会变化无穷。我们通过两个案例，来看看函数在数据有效性中的用法以及功能实现后的管理意义。

案例一

——今日事今日毕

如果你管理着一个测试小组，要求每个组员每天必须完成规定量的测试，并记录在表格中；或者你管理着一组客服人员，要求每个人每天必须完成不少于规定量的客户回访。想一想，如何保证他们定时、定量完成任务，而不是像小时候赶暑假作业那样，忙三天就可以玩两个月。不用尝试累死自己不偿命的每日每人检查法，让Excel替你做好监督。

>>>具体操作

选中待录入日期的单元格区域，调出数据有效性设置面板，在“允许”中选择“自定义”，然后在“公式”输入栏中输入=A2=TODAY()，点“确定”（如图3-77）。

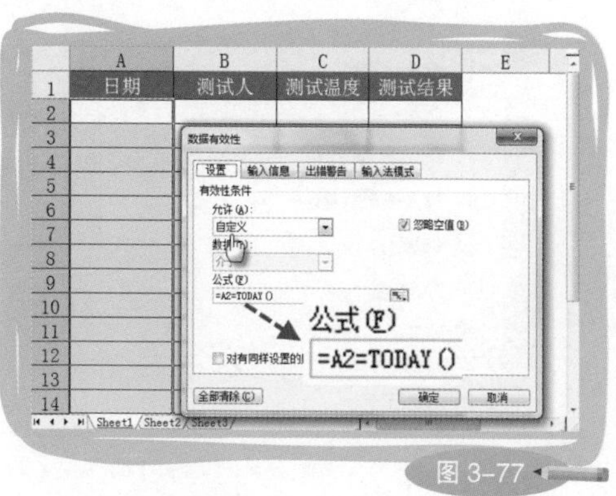

图 3-77

公式的写法要注意，第一个“=”号引起公式，第二个“=”号引起比较运算。由于设置有效性后的单元格默认只有两种情况：允许录入或不允许录入，因此，在编写公式时，要保证公式结果为逻辑值，即TRUE、FALSE。于是，=TODAY()、TODAY()、A2=TODAY()均为错误的写法。另外，还需要注意引用单元格的位置。因为A2为当前激活单元格，所以，公式中要用A2进行比较。根据引用的相对性，其他单元格也会相应地引用到自己。

经过设置，在A列单元格录入的日期必须与当天的计算机日期一致。也就是说，如果今天没有完成工作，明天是无法补录的。一旦录入的内容不符合条件，Excel会不断报错，直至录入正确或者取消（如图3-78）。

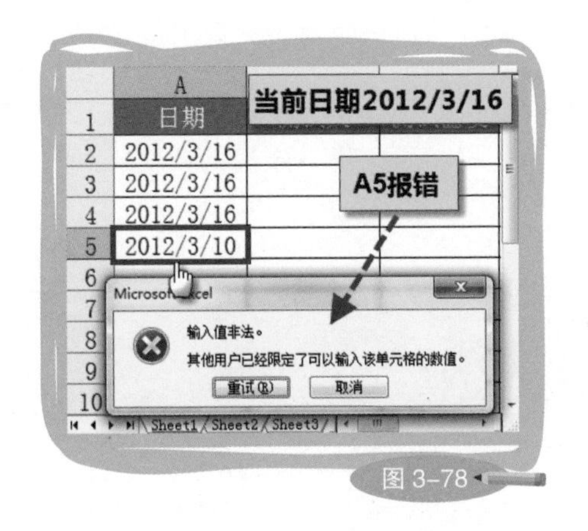

图 3-78

为了让设置后的单元格更安全，不容易被修改，可以使用“保护工作表”功能。在被保护的工作表中，“有效性”选项呈灰色状态，无法被选中，也就无法被修改（如图3-79）。

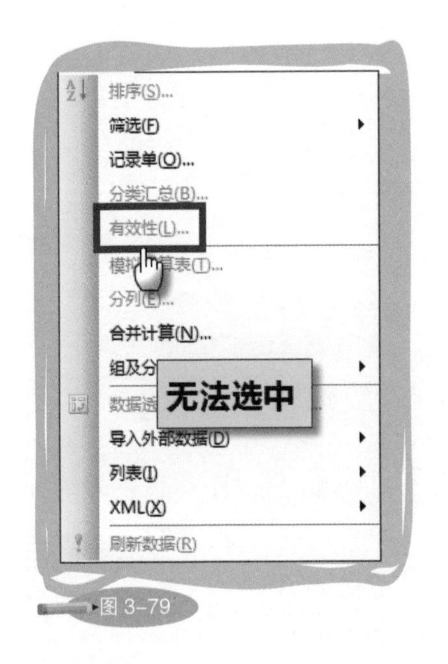

图 3-79

那么，修改计算机日期行不行？行。Excel的所有安全设置都只防君子，不防有心人。如果真有人动这种脑筋，最好先进行团队管理。

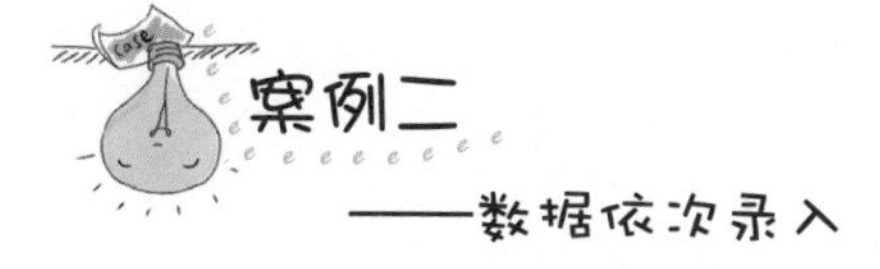

天下第一表的特点是数据密密麻麻，不留空隙，为的是保证数据的连贯性。这可是一个不容小视的话题，因为它关系到排序、筛选、复制、数据选择甚至公式计算等诸多数据处理手段的过程或结果。但如果只是对操作者提出填写要求，显然无法控制成品表格的质量。借助数据有效性，我们不仅能够保证数据间不留空白，甚至可以让它严格按照设定的顺序进行录入。

>>>具体操作

选中待录入数据的单元格区域，调出数据有效性设置面板，在“允许”中选择“自定义”，然后在“公式”输入栏中输入=LEN(A1)<>0（A2为当前激活单元格），最后也是最重要的一步，取消勾选“忽略空值”，点“确定”（如图3-80）

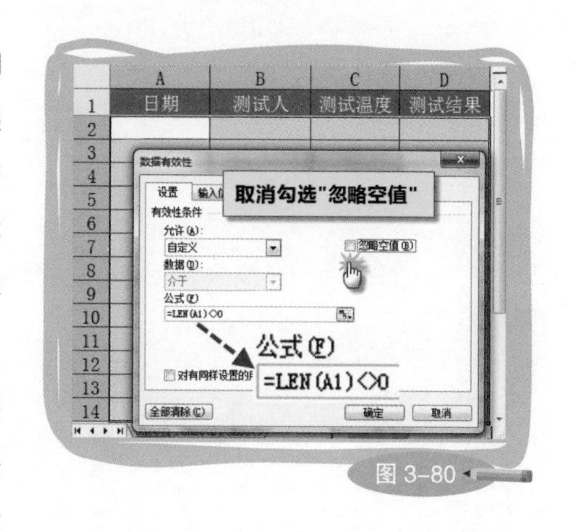

图 3-80

公式使用了前面提到的判断空单元格的Excel语言LEN(A1)<>0。该技巧的思路为：当上一个单元格有数据时，才允许录入，以此确保不会空格、跳行。这符合我们对数据连贯性的一般理解。在设置的时候，“忽略空值”是默认打勾的，而它恰好与该公式冲突。由于默认选项具备比后来填写的公式更高的执行优先级，如果不取消勾选，就会导致公式无效。因此，最后这一步尤其要注意。当然，如果有复查的好习惯，即便遗漏掉一些细节，也可以在正式使用前检查出来并及时修改。这是我一直强调，也希望引起你足够重视的“偷懒”理念。

经过设置，随心所欲的录入顺序被限制了。操作者只有一行行依次录入数据，才能通过Excel的审核（如图3-81）。不花一分钱就能请到这么一个24小时工作，并且全年无休的忠实助理，你还不乐开了花？

图 3-81

如果这还不够，你可以连从左到右的录入顺序也一起规定了。引入AND函数，设置双条件，在B2的有效性公式栏中输入=AND(LEN(A2)<>0,LEN(B1)<>0)。这样，不仅上一个单元格要有数据，左侧相邻的单元格也要有数据，才能在B2中实现录入。同理，AND函数还能帮助A列单元格兼顾“今日事今日毕”和“数据依次录入”两项需求（如图3-82）。

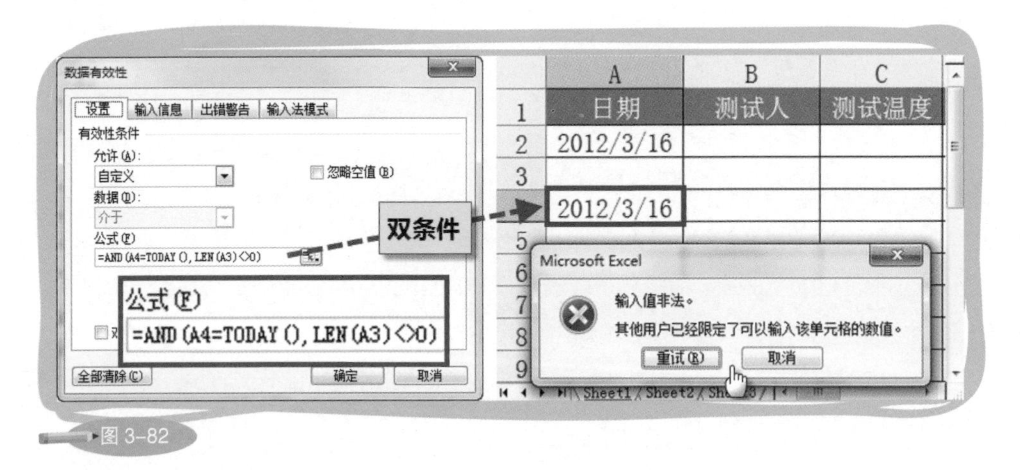

图 3-82

看过这两个案例之后，你有没有对已经是老生常谈的数据有效性产生一点点新的兴趣？Excel的玩法有很多，你可以追求更多的技巧，也可以像我一样在简单的功能中寻找乐趣。真正要玩转的其实不是技巧，而是我们的心态。

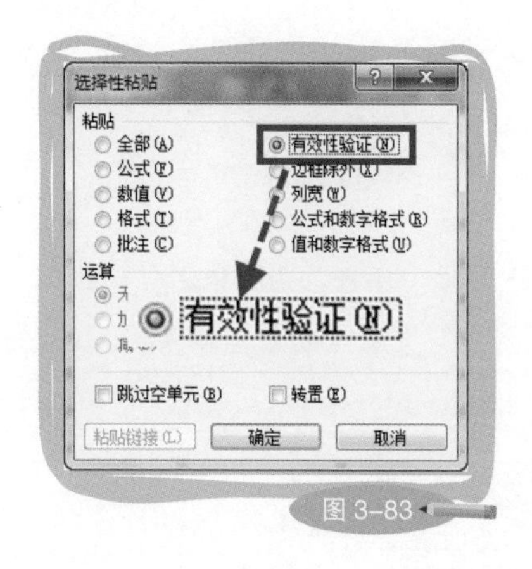

图 3-83

前面都是对一组单元格区域进行批量设置，没有涉及复制的问题。所以，我们还要谈谈与复制、删除有效性设置有关的小技巧。

复制分两种情况：向未设置有效性的单元格复制，以及将新的设置向有相同有效性的单元格复制。

前者要注意的是，针对已经有数据的单元格，不能直接粘贴，而要用“选择性粘贴”中的粘贴“有效性验证”（如图 3-83）。

后者是在修改了设置以后，勾选“对有同样设置的所有其他单元格应用这些更改”。此时，有相同有效性的单元格将被自动选中，点击“确定”就完成批量修改（如图 3-84）。

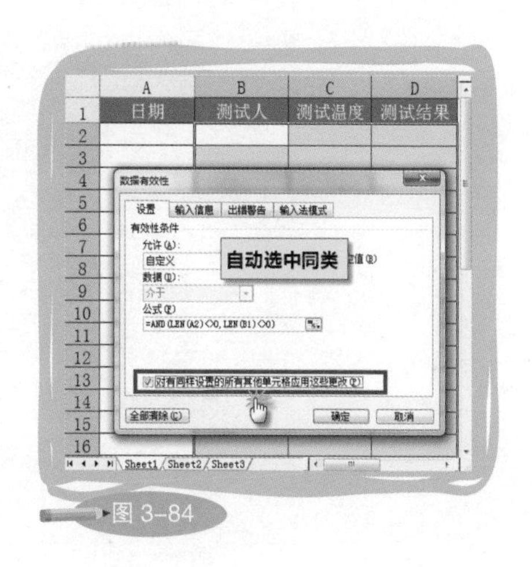

图 3-84

删除有效性时，可以借用第二种复制方法的步骤。选中一个设置了有效性的单元格，调出数据有效性设置面板，勾选“对有同样设置的所有其他单元格应用这些更改”，然后点击左下角的“全部清除”按钮，完成同类型有效性设置的批量删除（如图 3-85）。

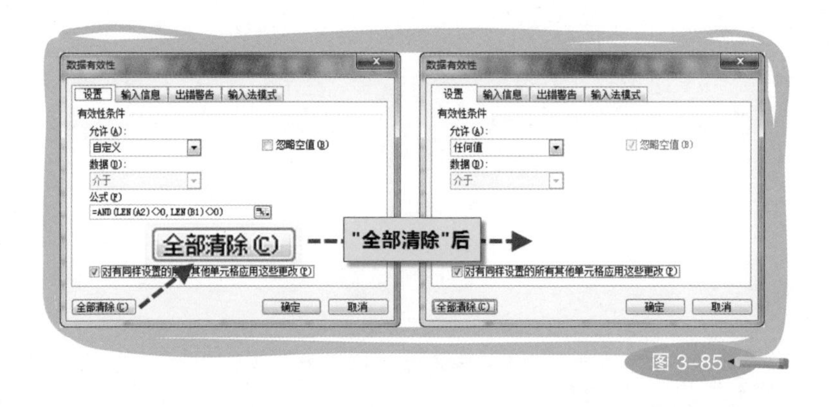

图 3-85

如果要删除所有单元格的有效性设置，则更简单。选中整张工作表，调用数据有效性功能，根据弹出的不同提示选择“否”或“确定”，然后点“确定”完成（如图 3-86）。

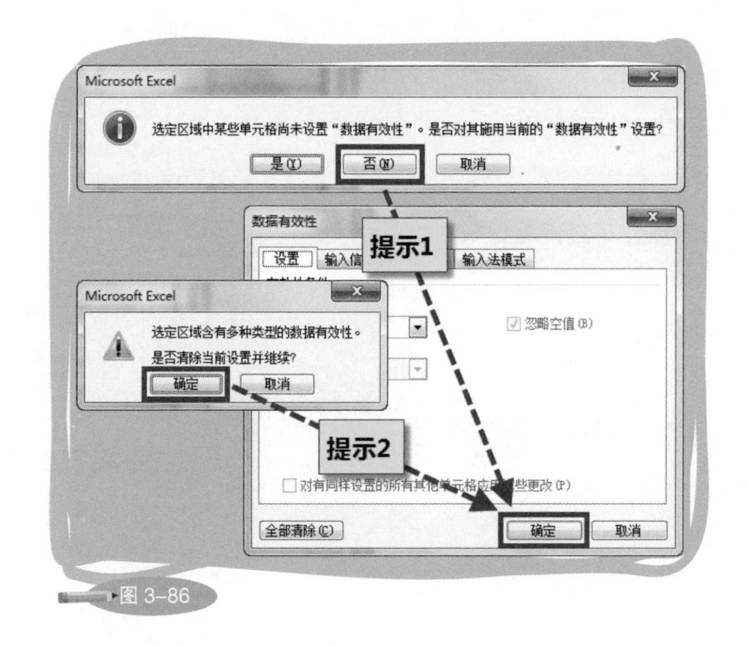

图 3-86

——有效性跨表引用

Excel 2003和2007版的遗憾，在2010版中得到了弥补。该版本允许数据有效性进行跨表引用，而不需要用户再去熟悉“名称”的用法（如图3-87）。

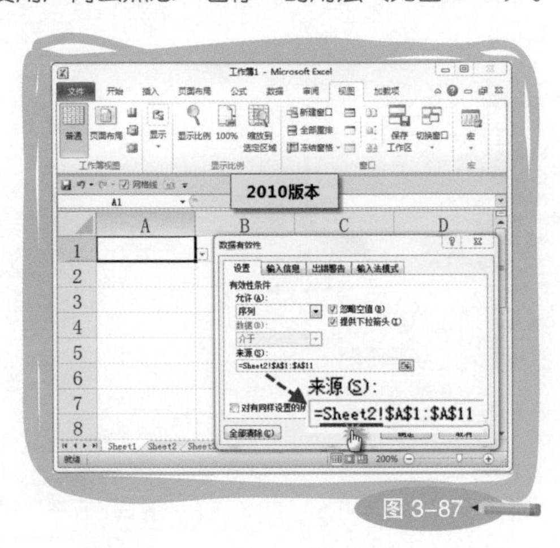

图 3-87

另类批注，表格传话一看就明

除了提供的有下拉选项的设置以外，数据有效性本质上是一种事后响应系统。因为只有在操作者完成录入行为以后，他才知道录入的内容是否符合单元格要求。由于不能提前得知录入规则，这势必会导致无谓的重复劳动。尤其对于同一张表格需要多人填写的情况，当人数越多时，规则就越不容易传达到位，也就会出现越多反复的操作。所以，从某种意义上来说，事后响应并不合理，我们应该让操作者事先就知道填写规则。

作为一个管理工具，Excel替我们想得很周到。它在有效性设置中加入了另类批注功能，使单元格在被选中时就能显示填写规则，而规则的描述方式，则是由我们自己编写的。

这项设置在数据有效性设置面板的“输入信息”标签中，需要编辑的只是标题和内容。如提醒在图3–88的A列单元格里只能依次录入当天日期。标题可以写为：依次录入；内容则是：请录入当天日期。

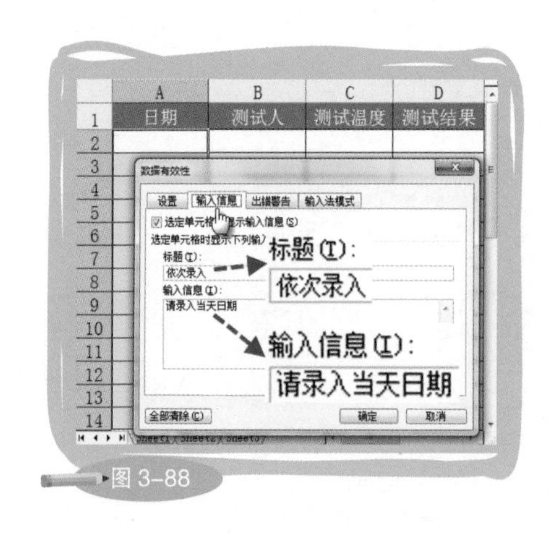

图 3–88

这样，在录入之前，当操作者选中相应的单元格时，就能通过出现在单元格附近的提醒，提前知道填写规则（如图 3–89）。

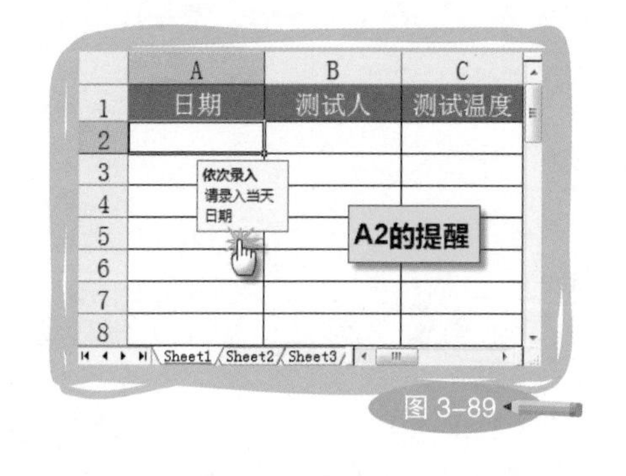

图 3–89

单就技术难度而言，这项功能似乎完全不用多费口舌。但如果你深信Excel其实是一个有趣并且有效的管理工具，那么它就显得意义非凡。仅仅是一项小小的设计，就能改善做一件事的流程。它对效率提升以及管理规范所带来的意义，远远超过了实现这个技巧本身。

除了事先告知，我们还能设置更人性化的“出错警告”，让事后的提醒变得更有人情味，同时也为枯燥的工作增添几分乐趣。在“出错警告”标签中，默认的设置如勾选项以及

“样式”都不用去修改，只用编辑警告的标题和内容即可。如图3–90，A列单元格出错警告的标题可以写为：“亲！貌似填错内容了有木有！”内容为：“上面的单元格填了吗？日期真的是今天吗？”

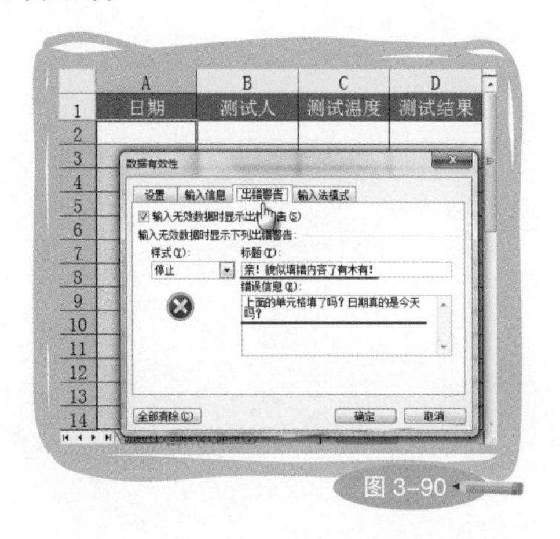

图 3–90

真到出错时，短短两句话就能让别人感受到一丝温暖、一份用心、一点有趣（如图 3–91）。

图 3–91

企业系统之所以显得可靠，是因为它可以指导并限制操作者的行为，从而将错误最大可能地扼杀在摇篮之中。不必羡慕嫉妒恨，咱Excel也有这些，虽不及系统来得高级，可平时用用也足够对付了。

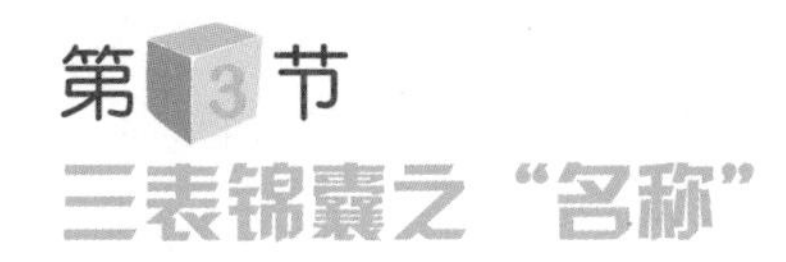

第3节 三表锦囊之“名称”

玩转三表，离不开名称。它是数据有效性的好搭档，也是函数公式的好帮手。在三表结构中，它与数据有效性联手实现了参数表与源数据表之间的巧妙关联。

物以类聚，取个名字好归类

✦名称是什么

名称就是名字，是我们为常量、单元格、公式取的名字，是由我们创造的能够与Excel进行沟通的暗号。在人类世界，我叫张三，你叫李四，他叫王老五；在Excel世界，5%可以叫“比率”。在人类世界，十八个天天耍棍子的少林僧人叫十八铜人；在Excel世界，十八个花枝招展的单元格可以叫“十八格格”。在人类世界，F2+H2===2HF（阴暗处爆炸）叫化学方程式；在Excel世界，MATCH(E2,$A$1:$C$1,0)可以叫“定位函数”（如图3–92）。

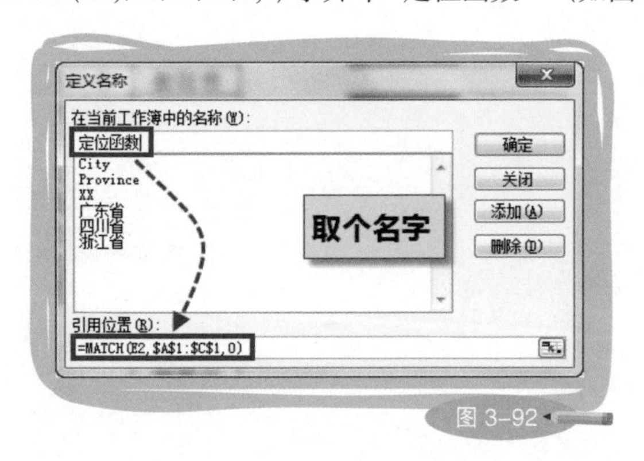

图 3–92

既然名称就是名字，我对名字的理解是：对特指的某些属性的统一称呼。例如听到“老王”就想到“同事”“身高180厘米”“住隔壁”“爱音乐”……名称也一样，“定位函数”让Excel想到的就是MATCH(E2,$A$1:$C$1,0)。但是与人类世界有所不同，Excel世界里的名称都是唯一的，而且所指代的属性更加准确。

✦名称用来做什么

简单来说，使用名称是为了缩短描述。例如将一组单元格A1:B10称为“区域一”，将一长串嵌套函数称为“函数一”。利用这些简化后的描述方式与Excel进行沟通，能够让相同的引用在被重复调用时变得更容易识别，也更容易操作。如果将名称用在公式里，也能让公式变得简洁、明了。

但别以为名称的意义只是换汤不换药地图个新鲜叫法。取个名字不打紧，随之而来的是除了方便描述以外的更多惊喜：

首先，当一组单元格用一个名称代替时，Excel允许数据有效性跨表引用；

其次，当一长串嵌套函数用一个名称代替时，可以突破公式只能有7层嵌套的限制。

P.S. 7层嵌套限制只针对2003版本，2007版本为64层。如有兴趣，在Excel帮助文档中搜索“Excel规范与限制”，可以了解更多。

不是说Excel数据有效性不能跨表引用吗？那好，我们就来个曲线救国。想要直接引用其他工作表中的单元格，Excel不让选，那就先给这些单元格取个名字，将“参数表!$A$1:$A$3”命名为“省份”（如图3–93）。

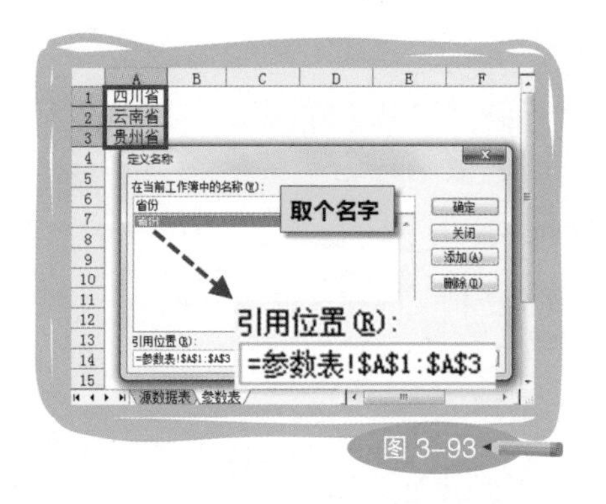

图 3-93

然后，不引用其他工作表中的单元格，而是引用代表其他工作表单元格的名字——“省份”(如图 3-94)。这样就实现了跨表引用，参数表与源数据表也因此被联系在了一起（如图 3-95)。

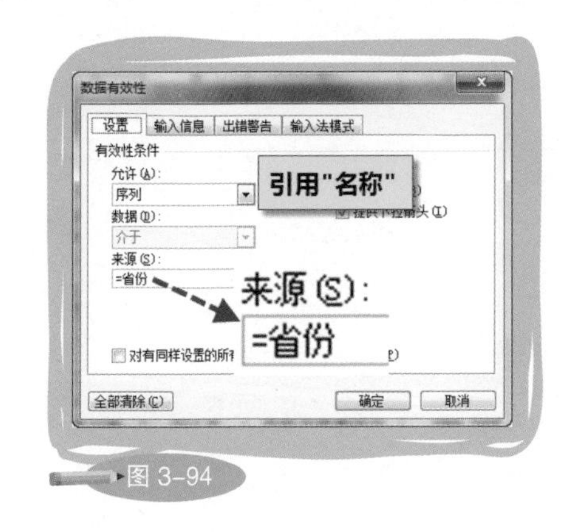

图 3-94

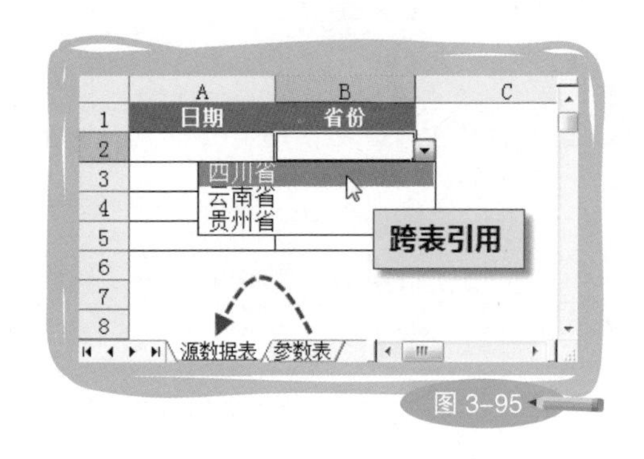

图 3-95

瞧，这是不是有点借钱借不到，换个马甲叫融资就能成功的意思?

关于突破嵌套限制，名称的作用是将嵌套函数变成“一个”参数。由于公式不计算该名称下函数的嵌套层数，从而使得它可以拥有更多层的函数嵌套。比如被用得最多也错得最多的IF函数，公式为=IF(B1=1,100,IF(B1=2,90,IF(B1=3,80,IF(B1=4,70,IF(B1=5,60,IF(B1=6,50,IF(B1=7,40,IF(B1=8,30,0))))))))。

这个公式其实没有写完，还应该有当B1=9的时候，返回20，以及B1=10的时候返回10。但由于7层嵌套的限制，后面两个IF函数已经无法再添加进公式了。如果利用名称，将其中的“IF(B1=2,90,IF(B1=3,80,IF(B1=4,70,IF(B1=5,60,IF(B1=6,50,IF(B1=7,40,IF(B1=8,30,0)))))))”命名为“公式IF”，那么原来的公式就立即简化为=IF(B1=1,100,公式IF)。于是，缺少的部分可以写入新的公式=IF(B1=1,100,IF(B1=9,20,IF(B1=10,10,公式IF)))。此时，函数实际的嵌套层数已经超过7层，但公式依然生效，这就是名称发挥的作用。

不过，以上这种公式的写法其实是错误的示范。不少人在刚学会编写函数的时候，最常写的就是这种“无尽版IF函数”。因为就函数嵌套而言，IF是逻辑最清晰，也最容易被想到的，所以，一旦遇到N个判定结果分别对应N种值的情况，我们都会下意识地选择IF函数。事实上，针对这类问题，建立一个对应关系表，用查找与引用函数如MATCH结合INDEX，或直接使用VLOOKUP都能更好地解决。

在日常使用中，一旦发现函数嵌套超过5层，你就应该停下来思考一下是否还有更好的方法。其实，我们所遇到的大多数情况，都不会需要突破嵌套限制。名称在公式中的运用，更多还是为了简化公式或者减少重复编辑。

——MATCH与INDEX

在A列输入数值，B列自动返回对应的得分。对于这类问题，应该先建立一份数据关系表。关系表是辅助B列数据获取的，并且不用对其进行操作，所以，它属于参数，应该存放在参数表中。假设数据的对应关系为：数值1~10分别对应分数100~10（如图3-96）。

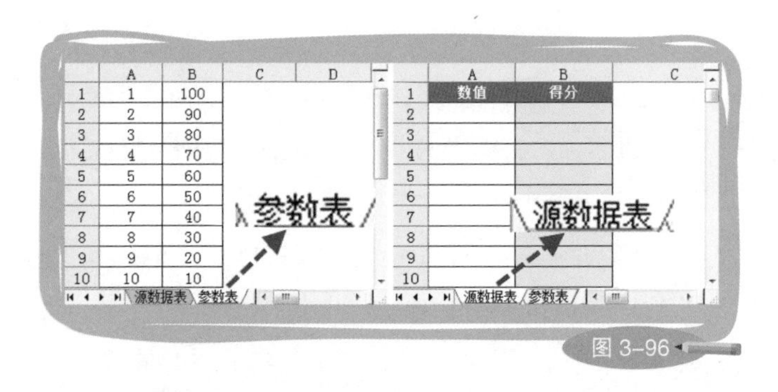

图 3-96

选择函数时，以查找与引用类函数为目标，MATCH可以对数据进行定位，而INDEX则可以通过行和列的位置，找出选定区域的某数据。两者结合，就能先确定A列数值在参数中的行位置，并根据此位置找到对应的得分（如图3-97）。

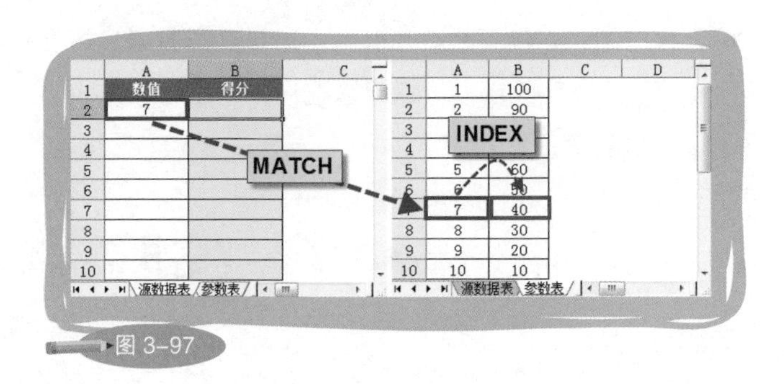

图 3-97

由于这涉及函数嵌套，我们采用的编辑方法是：分头行动，中央汇合。

先将源数据表C列作为辅助列，在C2写公式=MATCH（A2,参数表!$A$1:$A$10,0），得到A2数值7在参数中位于第7个位置。然后在B2写公式=INDEX（参数表!$A$1:$B$10,C2,2），意思是返回参数表中A1:B10数据区域第C2行，第2列的数据，即40（如图3-98）。

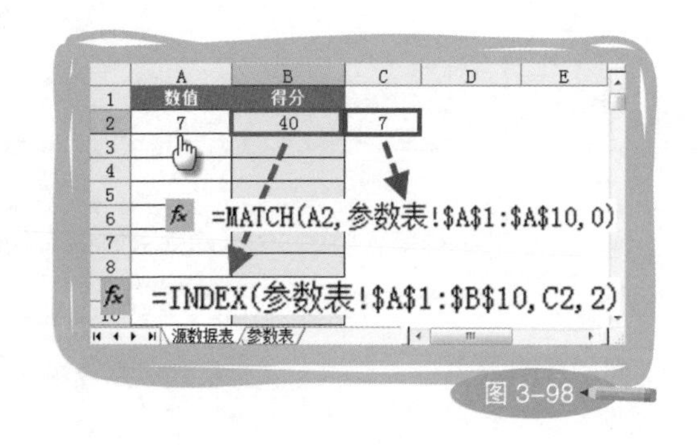

图 3-98

最后，合并函数，将B2公式中的C2替换为C2单元格中的公式，得到=INDEX(参数表!$A$1:$B$10,MATCH(A2,参数表!$A$1:$A$10,0),2)。相比需要嵌套9层的IF函数，这种解决方案显然更有效。当然，要达成同样的目的，最简单的莫过于使用VLOOKUP函数。可为了介绍INDEX以及函数嵌套的步骤，我只能暂时忍痛割爱。

INDEX函数有两种参数面板可选，我介绍的这一种是比较常用的。它的三个参数分别为：去哪里找、找第几行的、找第几列的。两个方向在指定的数据区域内一交叉，返回交叉点的数据（如图3—99）。

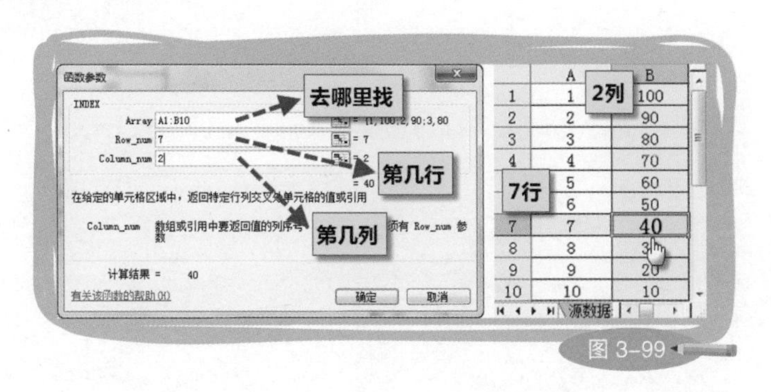

图 3-99

✦名称的操作

我们用一个制作动态下拉选项的案例，来说明名称的相关操作以及它与数据有效性的配合。

任务描述：在源数据表B列制作下拉选项，选项的多少随参数表中省份列表的变化而变化（如图3—100）。

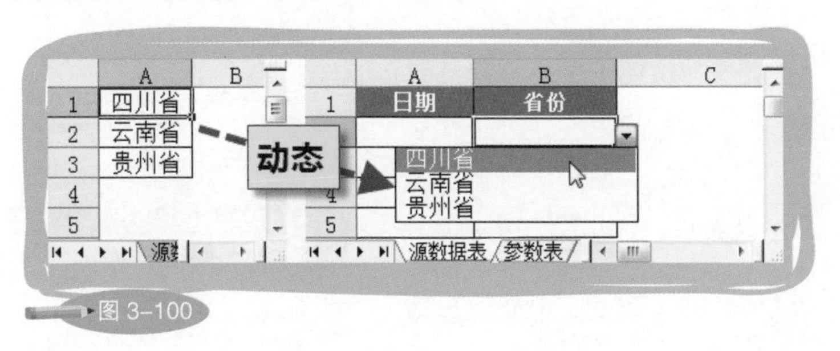

图 3-100

首先，我们要为代表省份列表的动态引用定义名称。由于名称用于源数据表中，并且引用的是函数，所以定义名称的操作最好在源数据表中进行。有一件事需要注意，在不同的单元格使用相同的名称时，如果该名称包含除绝对引用以外其他类型的单元格引用，则必须考虑引用的相对性变化。例如：在B2定义了一个名称叫“引用”，引用位置为A2。当在B3使用该名称时，如公式=5+引用，则相当于=5+A3。因此，定义名称最安全的做法是像写公式一样，应该先选到对应的单元格，如本例就要选择源数据表中的B2。

为了避免在定义名称对话框中编辑复杂的函数时出错，我们可以先将动态引用的公式=OFFSET(参数表!$A$1,,,COUNTA(参数表!$A$1:$A$500))写在B2单元格。该公式的意思是以参数表A1单元格为参照，从偏移0行0列（第二、第三参数省略代表0）的单元格开始，得到以COUNTA(参数表!$A$1:$A$500)的计算结果为高度的数据区域。如图3–100，因为COUNTA函数的结果为3，所以相当于引用了参数表中A1:A3的数据。当COUNTA的结果发生变化时，引用区域的大小随之变化，于是就实现了对参数的动态引用。

公式写好后，保持选中B2单元格，并复制其中的公式。然后，在“插入”菜单中找到“名称”，选择“定义”调出定义名称对话框。将公式粘贴到“引用位置”栏，并为它取个名字，如“动态省份”，点击“确定”或“添加”按钮均可完成命名（如图 3–101）。

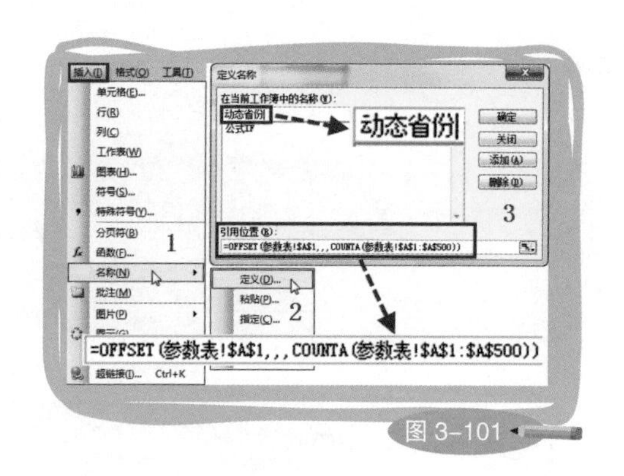

图 3–101

Excel对取的名字是有一些要求的，诸如：不能以数字开头；不能用单元格地址如B3；不能用R、C（大小写均是）；不能有空格；不能有古怪的符号；不能超过255个字符；不区分英文大小写。这么多要求你不用死记硬背，与其记住什么不能用，不如记住什么常用。前面我们说过定义名称是为了缩短描述，那么，用简短、直观的中文（省份）或者英文单词（Province）作为名称最好。

如果对已经定义的名称不满意，修改时有两件事需要注意。第一，名字不是直接改的，实际操作是添加一个新名称，再删除以前的旧名称（从2007版开始就可以修改了）；第二，修改“引用位置”时，最好先按F2进入文本编辑状态，否则，当你试图用方向键移动光标时，会引用到新的单元格，从而造成错误（如图3–102）。

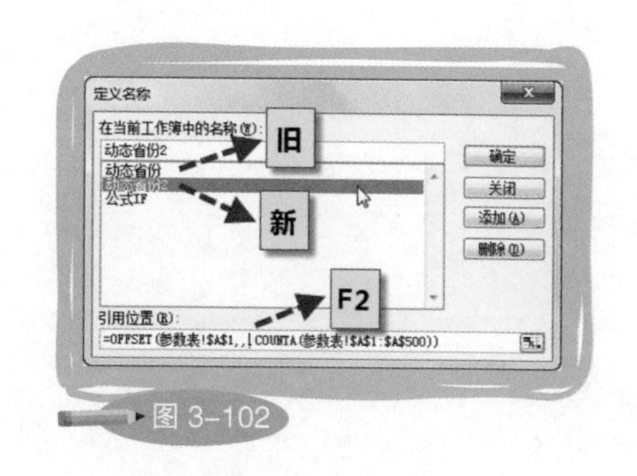

图 3–102

在 2003 版里定义名称要有节制，因为不能批量删除。之后的版本就不存在这个问题。不过没关系，名称通常也不会超过 10 个，再说，谁会没事成天定义一大堆名称，转头又把它们全部删掉？

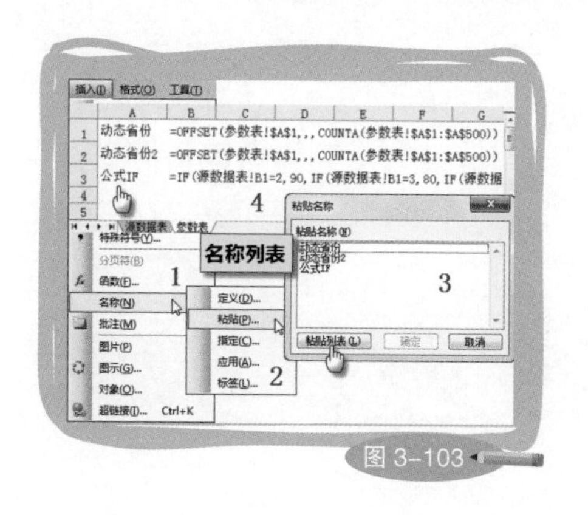

图 3–103

定义了名称，有时候还需要查看名称。可是通过定义名称对话框只能逐条查看，并且受“引用位置”显示宽度的限制，无法看全较长的引用。将名称列表粘贴到表格中是一个不错的方法。在“插入”菜单的“名称”中，选择“粘贴”，点击“粘贴列表”，你就可以完整而直观地查看所有名称的详情（如图 3–103）。

回到当前任务，接下来要将“动态省份”运用到数据有效性中。在B2单元格调用数据有效性设置面板，将“允许”的类型选为“序列”。与直接引用数据区域不同，当“来源”是名称的时候，需要用“=”号作为引导。所以，在“来源”处先输入“=”号，然后，调用“粘贴名称”对话框，选择“动态省份”（也可以手工输入），最后点击“确定”完成（如图3–104）。

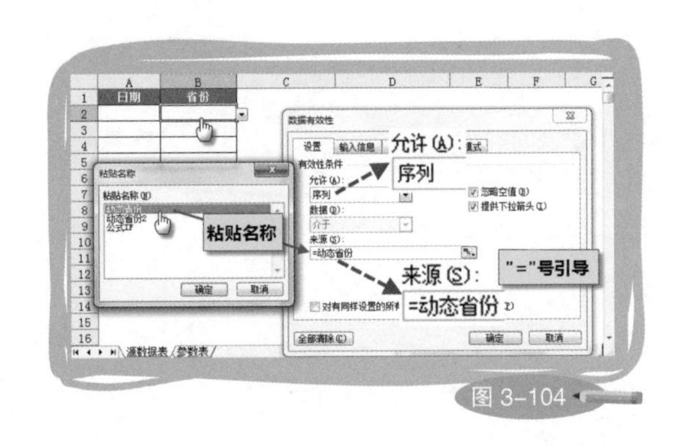

图 3–104

至此，动态的下拉选项就制作好了。这在三表结构中是最常用的技巧之一，用来联系参数表与源数据表，并且一劳永逸。它普遍适用于对人员名单、供应商列表、产品目录等随时可能更新的数据进行录入管理。

这就是名称与数据有效性的经典结合，也是名称对于三表结构最大的意义。

与名称息息相关的F3

看了前面对名称的操作，不知道你是否觉得调用各种与名称相关的对话框很麻烦。有时候，正是因为麻烦我们就记不住，因为记不住就不常用，因为不常用最终就忘记了如何使用。这是一种本能的自我保护机制，也是学习过程中的选择性失忆。或许还有另外一个问题：名称只能一个一个地定义吗？

以上这些，F3都能帮助我们解决，因为它是与名称息息相关的快捷键。

定义名称用Ctrl+F3，不用再到“插入”菜单中找“名称”，在“名称”中找“定义”（如图3–105）。

在数据有效性与公式中使用名称，或者在表格中粘贴名称列表用F3，不用再到“插入”菜单中找“名称”，在“名称”中找“粘贴”（如图3–106）。

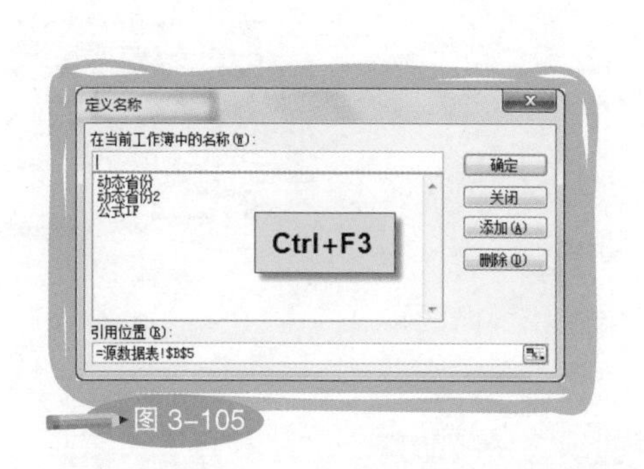

图3–105

图3–106

批量定义名称是可以的，选中包含标题的数据区域，用Ctrl+Shift+F3。按照数据记录的习惯，名称通常创建于“首行”（如图3–107和图3–108）。

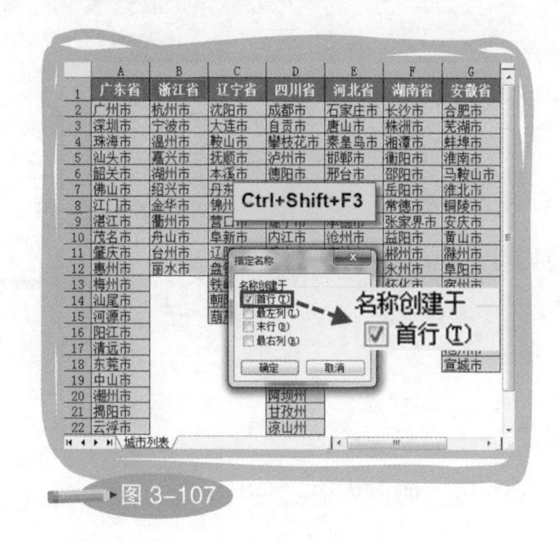

图3–107

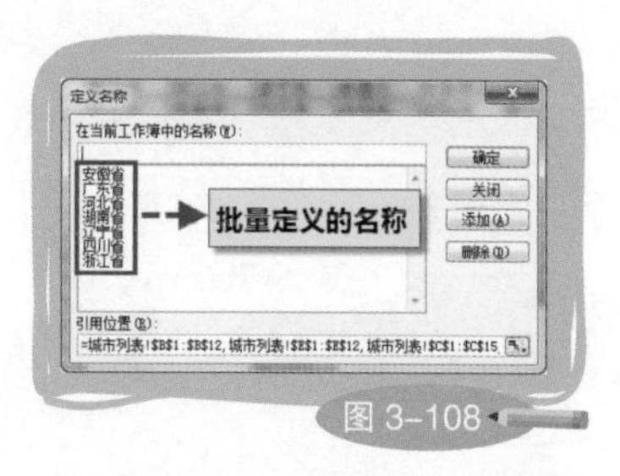

图3–108

选择不规则的数据区域要活用F5（定位），图3–107的定位条件应该为“常量”（如图3–109）。

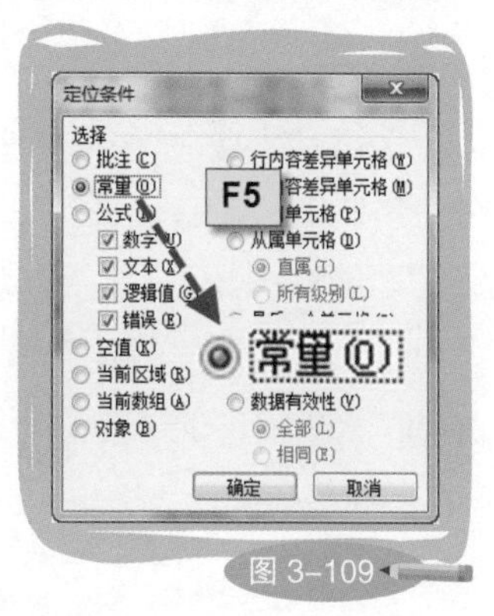

图3–109

重拾被遗忘的“名称框”

天天对着Excel操作界面看，有一个区域却很容易被忽略。它在编辑栏的左边，A1单元格的上面，叫“名称框”（如图3–110）。

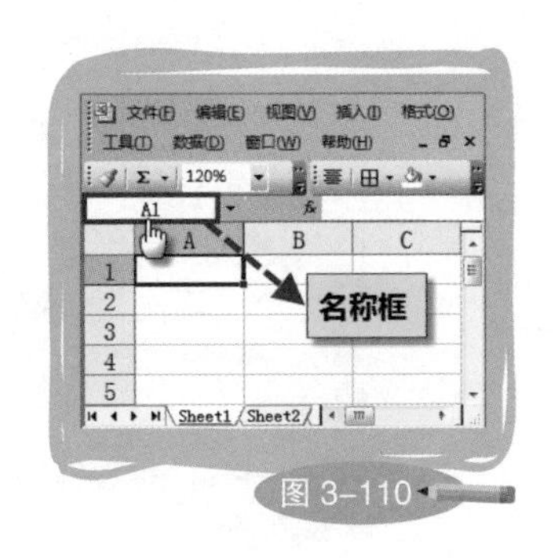

图 3–110

看名字就能猜到它与名称有某种联系，的确，这里是定义名称的第三种途径，前面两种分别是使用定义名称对话框和批量定义。除此以外，它还提供数据区域选择提示，并帮助我们进行便捷且快速的单元格个性化选中及跳转。

我先解释一下后面这句话。“提供数据区域选择提示”是指当我们选择一个数据区域时，名称框会在过程中随时报告当前区域的大小，如10R×3C，代表选中的数据区域为10行3列（如图3–111）。最早接触Excel时，我通常要在选择完成以后，才用“11–2+1”这种小学数学的方法来计算总共有多少行。

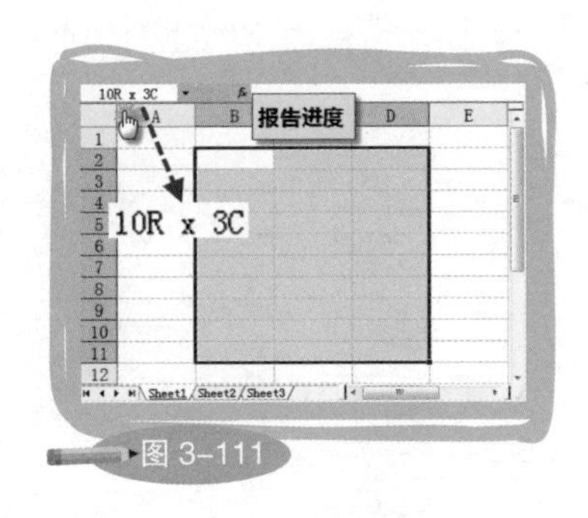

图 3–111

“便捷且快速的单元格个性化选中及跳转”有两部分内容，一是选中，二是跳转。所谓个性化选中，即选中已知的连续或非连续数据区域，如同时选中A1:B3和C4:D8。常规的做法是先选中A1:B3，然后按住Ctrl键添加C4:D8。可当待选择的数据区域较大且相对复杂时，用这种方法就显得比较吃力，并且容易出错，而且按Ctrl键不能反选单元格。对于这种情况，名称框提供了很好的选中方式：在名称框中输入A1:B3，用逗号进行分隔，再输入C4:D8，完整的表达式为：A1:B3,C4:D8。输入完成后，按回车键，Excel就能快速而准确地选中目标（如图3–112）。

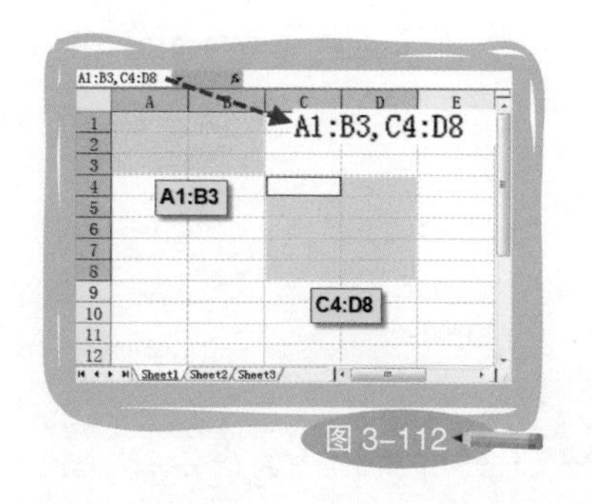

图 3-112

然后就是关于跳转。我一直试图传递给大家一个信息——别忽视Excel里的小操作，因为它们往往对效率和心情起决定作用。比如，在一张庞大的源数据表里选中K27834单元格。如果用鼠标加肉眼扫描，这其实是一件麻烦事，要做多久谁也不知道。但是在名称框中输入K27834，按回车，则可以瞬间直达。

还没结束，这些只是名称框在数据选择时提供的便利。假设表格中有18个特殊单元格，它们都是某数值乘以相同百分比的结果。为了能方便地找到它们，你可能会想到为它们设置区别于其他单元格的格式，但这也意味着如果有10类单元格就需要设置10种格式。这样的表格是没法看的，况且，这种做法也并没有解决批量选中某类单元格的问题。

想让Excel再次快速找到这18个特殊的单元格，可以使用名称。这次是用名称框来完成名称的定义。首先选中这些单元格，点击名称框；然后输入名称，如“十八格格”，按回车完成（如图3–113）。

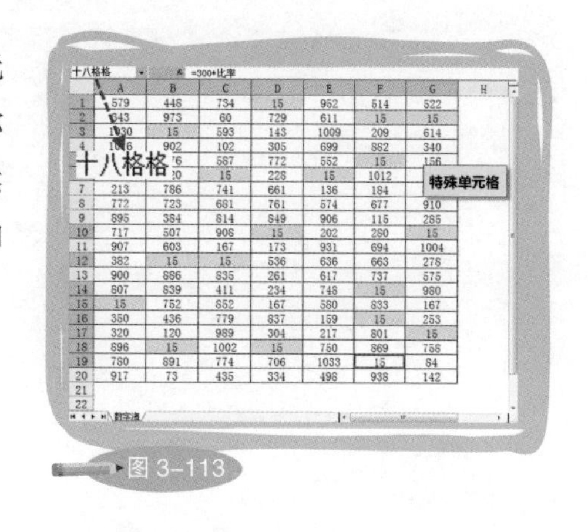

	A	B	C	D	E	F	G
1	579	448	734	15	952	514	522
2	343	973	60	729	611	15	15
3	1030	15	593	143	1009	209	614
4	[illegible]	902	102	305	699	882	340
5	[illegible]	[illegible]	587	772	552	15	156
6	[illegible]	[illegible]	15	228	15	1012	[illegible]
7	213	786	741	661	136	184	[illegible]
8	772	723	681	761	574	677	910
9	895	384	814	849	906	115	285
10	717	507	908	15	202	280	15
11	907	603	167	173	931	694	1004
12	382	15	15	536	636	663	278
13	900	886	835	261	617	737	575
14	807	839	411	234	748	15	980
15	15	752	852	167	580	833	167
16	350	436	779	837	159	15	253
17	320	120	989	304	217	801	15
18	896	15	1002	15	750	869	758
19	780	891	774	706	1033	15	84
20	917	73	435	334	498	938	142

图 3–113

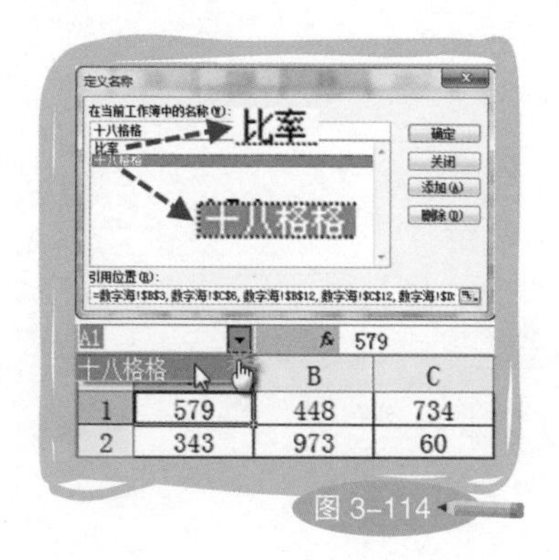

图 3–114

于是，在该表中就多了一个叫“十八格格”的名称，代表着这18个特殊的单元格。只要点击名称框右侧的下拉箭头，选中“十八格格”，也就再次选中了这些单元格（如图3–114）。

那么，图 3–114 中的“比率”又是什么呢？假设“十八格格”的公式是某数值乘以相同的百分比。当百分比需要由 5%变成 6%时，我们可以想到用替换。但这是有风险的，万一公式中有两个 5%，而我们只需要替换一个，那就不好办了。

所以，要在公式中引入代表常量的名称。通过定义名称对话框，将 5%命名为“比率”，然后将公式写为=300*比率+100*5%。在这之后，只要修改“比率”的引用，就能让所有使用了该名称的公式结果随之变化。

要将图 3–113 中的公式由=300*比率，批量改为=300*比率+100*5%，首先要通过名称框中的“十八格格”对单元格进行定位，然后直接输入=300*比率+100*5%，按 Ctrl+Enter 完成批量录入（如图 3–115）。

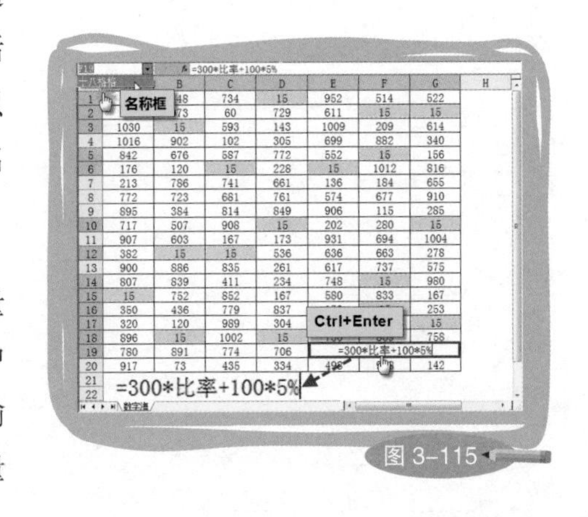

图 3–115

正如名称与数据有效性是好搭档一样，它与单元格批量录入也可以成为好搭档。

第 4 节 三表锦囊之“条件格式”

智慧的表格除了会计算，会指导录入，还要会自动标记。标记的意义在于提醒操作者“符合条件的单元格在这里”“这个数据有误”或者“该进行第二次回访了”。

肉眼不如“电”眼，大脑不如“电”脑

在茫茫数据中想要挑一两个数据出来已经有困难了，更别说还要挑那些符合特定条件的数据。当条件简单，数据量也不大的时候，手工做做其实也无妨。找到了符合条件的单元格就做好标记，如把单元格底纹改为浅黄色之类。但有一个问题存在，那就是每当数据发生一次变化，就需要重新对它进行一次判断。这样的话，即使是小规模的数据筛选，也会给我们造成很大困扰。

与其白白消耗自己的精气神，不如将这项工作授权给Excel，用它24小时待命全年无休的“电”眼替代我们宝贵的肉眼。Excel拥有的这项能力叫作“条件格式”，即满足设定的条件就使单元格显示为设定的格式。

读懂学生成绩表是条件格式界最具代表性的经典案例之一，由于它实在太经典，我也不愿意免俗。常量的设定就不提了，说说函数与条件格式的配合吧。

案例一

——标出每门学科的最高分

如图3-116，这是一份成绩表。

	A	B	C	D	E	F	G	H	I	J
1	姓名	马克思主义哲学	政治经济学	社会主义市场经济	大学英语	体育	微积分	物理	化学	平均分
2	张三	91	61	56	78	65	83	65	93	**74**
3	李四	89	57	71	92	74	87	57	87	**77**
4	王五	67	71	78	91	70	76	80	62	**74**
5	李雷	94	86	58	75	89	62	67	72	**75**
6	韩梅梅	91	94	93	62	55	61	58	75	**74**
7	Polly	84	97	66	68	83	89	80	67	**79**
8	Jim	65	96	85	59	56	70	75	61	**71**
9	Lucy	59	69	90	83	55	76	65	86	**73**
10	Lily	64	61	95	82	69	84	72	79	**76**
11	Tom	57	55	57	61	73	96	78	79	**70**
12	Jason	63	78	67	56	82	61	67	68	**68**
13	Jack	91	65	70	67	93	58	94	90	**79**
14	张花花	94	94	74	79	92	83	83	94	**87**
15	李树树	92	97	61	71	93	73	83	57	**78**
16	孙飞飞	83	73	93	61	83	60	71	72	**75**
17	赵思思	82	92	68	57	95	94	68	87	**80**
18	蒋虎虎	57	75	69	88	81	55	72	96	**74**
19	钱多多	62	62	67	56	94	94	79	70	**73**
20	范吃吃	65	67	82	74	55	78	70	88	**72**
21	蔡香香	56	63	88	79	85	95	87	92	**81**
22	史溱溱	80	64	86	70	67	66	75	87	**74**

学生成绩单

图 3-116

与大多数源数据一样，它看上去让人眼花缭乱，无法聚焦。要通过条件格式从中找出每门学科的最高分，需要借助MAX函数。判断最高分的逻辑为：用本单元格的数据与同列数据的最大值进行比较，如果相同，则判定为本列最大值，即最高分。然后，将预设的格式赋予该单元格。条件格式与名称相同，当参数涉及除绝对引用以外其他类型的引用时，必须考虑引用的相对性变化。如：B2引用了B2，B3则会引用B3。

选中B2单元格，调用“格式”菜单中的“条件格式”（Alt+O→D），在打开的条件格式对话框中将“单元格数值”选项改为“公式”。既然是公式，就要用“=”号作为引导，于是公式写为=B2=MAX(B$2:B$22)。曾经有人问我：“我也是这么写的公式，为什么就不显示格式呢？”原来，由于太激动，他还没有设定格式就点了“确定”。所以，下一步应该进入“格式”，告诉Excel当条件为真时，你想要单元格如何表示。最后，再点“确定”完成（如图3-117）。

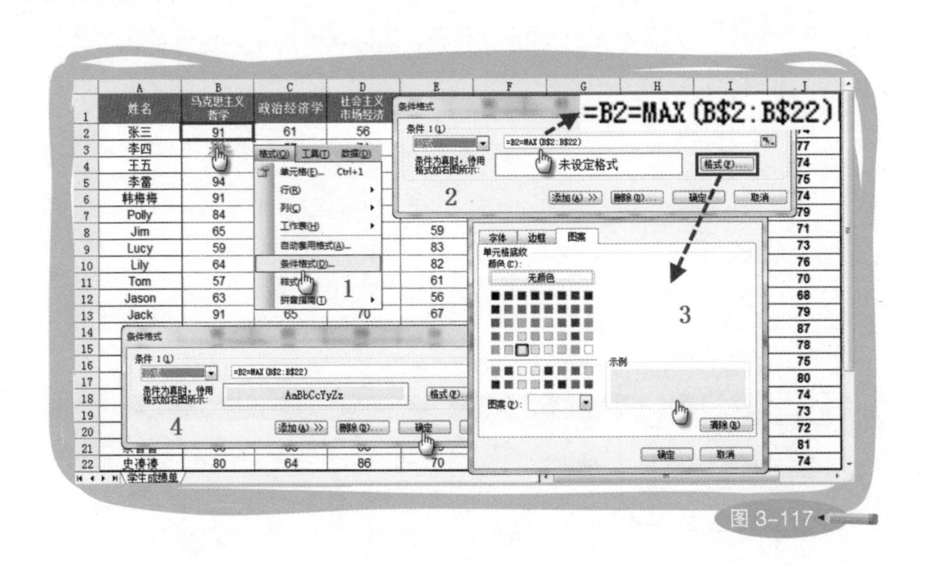

图 3-117

条件格式是一种格式，复制格式要用格式刷。在B2单元格点击“格式刷”，获取当前格式，拖动光标将该格式复制到其他单元格。于是，就能看到每门学科的最高分被Excel自动用浅黄色底纹标记了出来（如图3-118）。

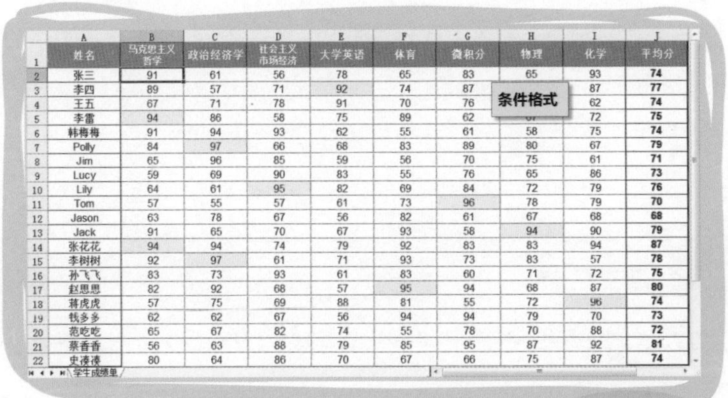

姓名	马克思主义哲学	政治经济学	社会主义市场经济	大学英语	体育	微积分	物理	化学	平均分
张三	91	61	56	78	65	83	65	93	**74**
李四	89	57	71	92	74	87	[illegible]	87	**77**
王五	67	71	78	91	70	76	[illegible]	62	**74**
李雷	94	86	58	75	89	62	[illegible]	72	**75**
韩梅梅	91	94	93	62	55	61	58	75	**74**
Polly	84	97	66	68	83	89	80	67	**79**
Jim	65	96	85	59	56	70	75	61	**71**
Lucy	59	69	90	83	55	76	65	86	**73**
Lily	64	61	95	82	69	84	72	79	**76**
Tom	57	55	57	61	73	96	78	79	**70**
Jason	63	78	67	56	82	61	67	68	**68**
Jack	91	65	70	67	93	58	94	90	**79**
张花花	94	94	74	79	92	83	83	94	**87**
李树树	92	97	61	71	93	73	83	57	**78**
孙飞飞	83	73	93	61	83	60	71	72	**75**
赵思思	82	92	68	57	95	94	68	87	**80**
蒋虎虎	57	75	69	88	81	55	72	96	**74**
钱多多	62	62	67	56	94	94	79	70	**73**
范吃吃	65	67	82	74	55	78	70	88	**72**
蔡香香	56	63	88	79	85	95	87	92	**81**
史凑凑	80	64	86	70	67	66	75	87	**74**

条件格式

学生成绩单

图 3-118

回头看看公式=B2=MAX(B$2:B$22)，B2与MAX函数结果进行比较运算，得到的是逻辑值。而条件格式对话框说得很清楚——条件为真时，待用格式如右图所示。也就是说，只有当公式结果为逻辑值“TRUE”时，设定的格式才能生效。这与数据有效性对公式结果的要求是完全一样的，也就是说，公式的结果应该是逻辑值。在写公式时需要特别注意这一点。

既然写了公式，就还要分析公式中引用类型的使用。不用去管那四种类型，只要想明白行和列分别的变化就行。先看B2，向下复制时应该变为B3，而向右复制时应该变为C2，行和列都需要随单元格位置而变化，所以均不锁定。再看MAX(B2:B22)，向下复制时依然只能为MAX(B2:B22)，而向右复制时应该变为MAX(C2:C22)，只有列需要变化，于是锁定行，得到MAX(B$2:B$22)。

大功告成，不过别忘记复查。这时你可以用任意方法，更好的是原始的方法，检验一下结果是否正确。检验没问题，才算真正完成。

案例二

——标出至少三门学科成绩大于85分的学生

沿用图3-116的成绩表，设置条件格式的步骤与案例一一致。在这个案例中，我们主要分析形成判断条件的思路。首先，这与计数有关，并且是条件计数。从描述来看，与案例一不同的是，案例二并不是用当前单元格的数值做比较，而是对一行数据进行判断，然后，将格式显示在同行的单元格中。查看函数类别，没有计数类，与之最接近的是统计类。于是，找到了COUNTIF函数。从字面上理解，COUNT代表计数，IF代表条件，合在一起就是条件计数。

COUNTIF有两个参数，分别为：在什么数据区域进行计数、计数的条件是什么（如图3-119）。

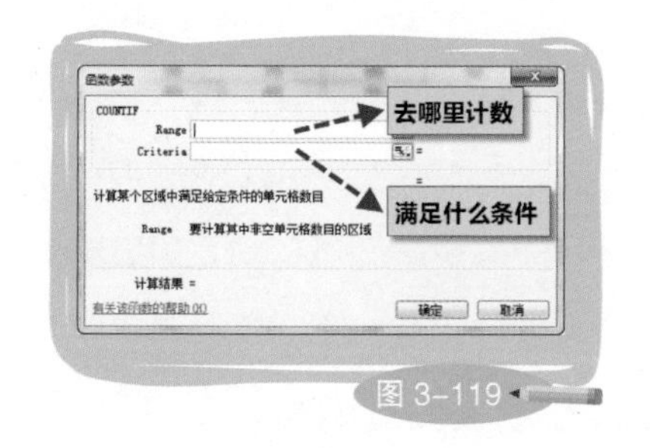

图 3-119

对于这份成绩表，应该在B2:I2各科成绩中计数，条件是>85。由于条件格式向右复制时依然要引用B2:I2，因此需要锁定列，将引用类型切换为$B2:$I2。于是，在A2进行设置，条件格式中的公式写为=COUNTIF($B2:$I2,">85")>=3，格式设定为浅黄色底纹。注意，COUNTIF中的第二参数“>85”要置于半角双引号内。因为对第二参数的描述是“以数字、表达式或文本形式定义的条件”，A1>85才是表达式，而>85实际是一种文本形式的描述，所以需要添加双引号。这一点很容易被忽略，在使用COUNTIF函数时要特别小心。最后，复制条件格式，有三门学科成绩大于85分的数据行就会被标记出来（如图3-120）。

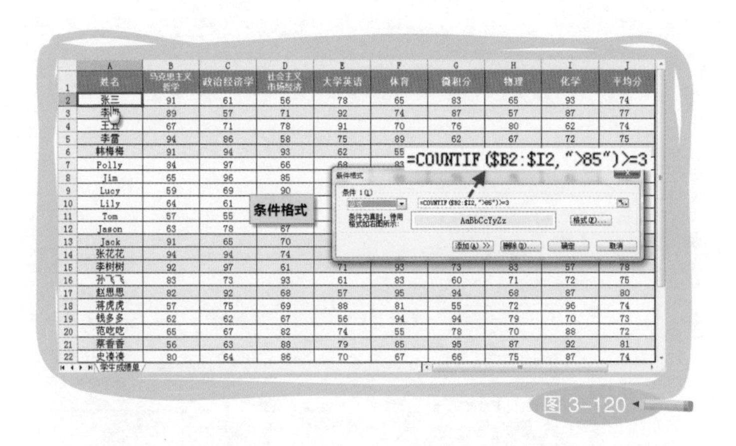

图 3-120

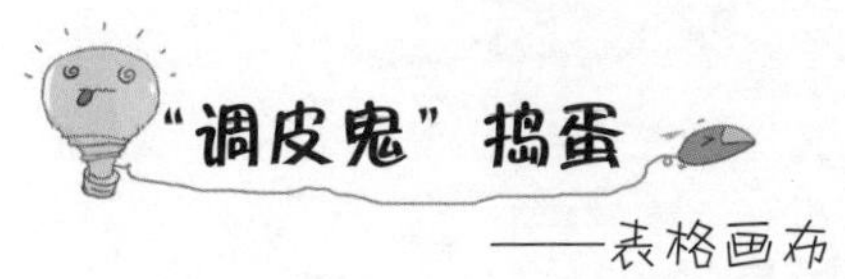

“调皮鬼”捣蛋

——表格画布

调皮鬼在网上看到一篇与条件格式有关的技术帖。别人在那儿讨论技术，他的心却已经飞到千里之外，只想着如何捣蛋了。“把严肃的Excel搞得花里胡哨的，一定很好玩。”他心想。于是，照着技术帖的内容，他开始捣鼓一张表。只见他在A1设置条件格式，第一条件为=MOD(MOD(MOD(ROW()^2+COLUMN()^2,17),7),2)=MOD(ROW()+COLUMN(),2)，格式为浅绿；第二条件为=MOD(MOD(MOD(ROW()^2+COLUMN()^2,17),7),2)<>MOD(ROW()+COLUMN(),2)，格式为红色。然后回到表格中，按住Ctrl滚动滑轮，将表格变小、变小、再变小（如图3-121）。

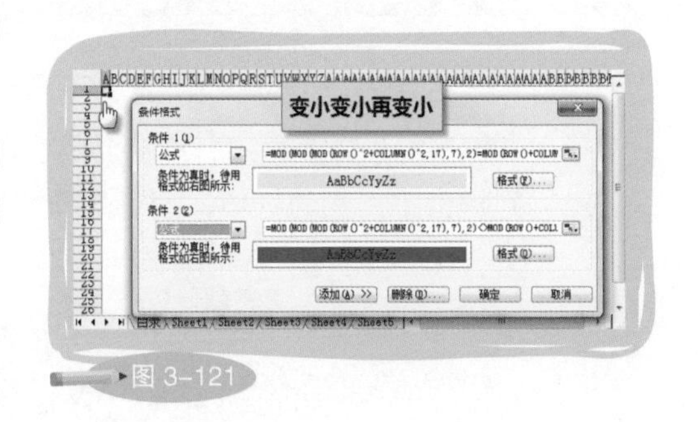

图 3-121

检验“成果”的时候到了，他从A1开始选中一大片区域，按Ctrl+D将A1向下复制，再按Ctrl+R将A列向右复制。此时，单调而枯燥的Excel表格不见了，呈现在调皮鬼眼前的俨然就是一张精美的画布（如图3-122）。

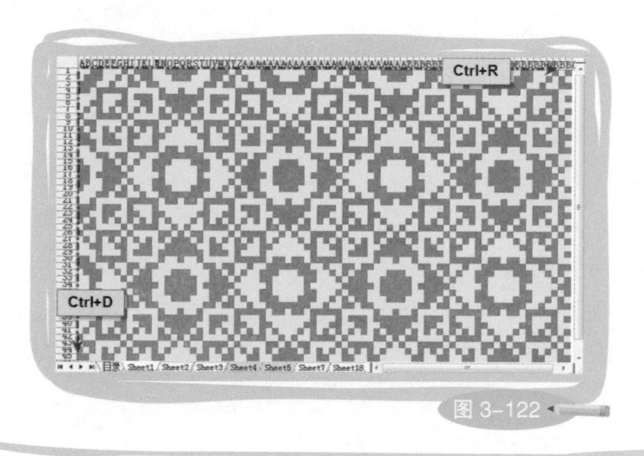

图 3-122

版本差异与新花样

从2003版到2007版，Excel的条件格式发生了很大变化。相对来讲，2003版显得更简洁，但效果不够华丽，且实现有些功能时不够便捷；2007版则提供了大量的选项，通过选择就能完成原本复杂的设定。在条件的个数上，2003版只能包含3个条件，而2007版则可以包含64个条件。此外，2007版新增的数据条、色阶、图标集等效果，是2003版无法企及的。不过，话又说回来，无论你使用的是什么版本，数据准确、分析到位、付诸行动才是最要紧的。能兼顾美观固然不错，但无须将其作为毕生奋斗的目标。

来看看2007版条件格式的新花样：

数据条——在单元格区域内以不同长短的数据条直观地体现数据大小（如图3–123）。

姓名	马克思主义哲学	政治经济学	社会主义市场经济	大学英语	体育	微积分	物理
张三	91	61	56	78			65
李四	89	57	71	92			57
王五	67	71	78	91			80
李雷	94	86	58	75			67
韩梅梅	91	94	93	62			
Polly	84	97	66	68			
Jim	65	96	85	59			
Lucy	59	69	90	83			
Lily	64	61	95	82			
Tom	57	55	57	61			78
Jason	63	78	67	56			67
Jack	91	65	70	67			94
张花花	94	94	74	79			83
李树树	92	97	61	71	93	73	83

图 3–123

色阶——以渐变的、不同深浅的底纹体现数据大小（如图 3–124）。

姓名	马克思主义哲学	政治经济学	社会主义市场经济	大学英语	体育	微积分	物理
张三	91	61	56				65
李四	89	57	71				57
王五	67	71	78				80
李雷	94	86	58				67
韩梅梅	91	94	93				
Polly	84	97	66				
Jim	65	96	85				
Lucy	59	69	90				
Lily	64	61	95				
Tom	57	55	57				78
Jason	63	78	67				67
Jack	91	65	70				94
张花花	94	94	74	79	92	83	83
李树树	92	97	61	71	93	73	83

图 3–124

P.S. 不推荐使用色阶，效果让人眼晕。

>>>>>　>>>>>　>>>>>

图标集——用一组有关联的图标体现数据大小（如图 3–125）。

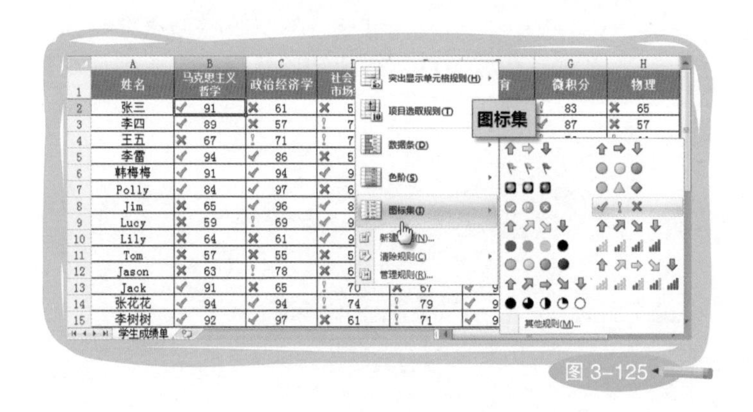

图 3–125

以上这些，就是玩转三表必备的锦囊：函数、名称、数据有效性、条件格式，四者缺一不可。将它们用于实战，在三表结构中又会发生哪些有趣的连锁反应？摩拳擦掌继续往下看吧！

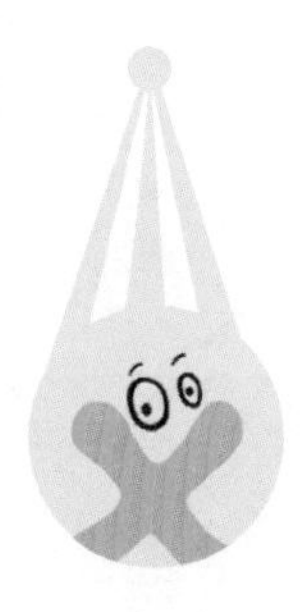

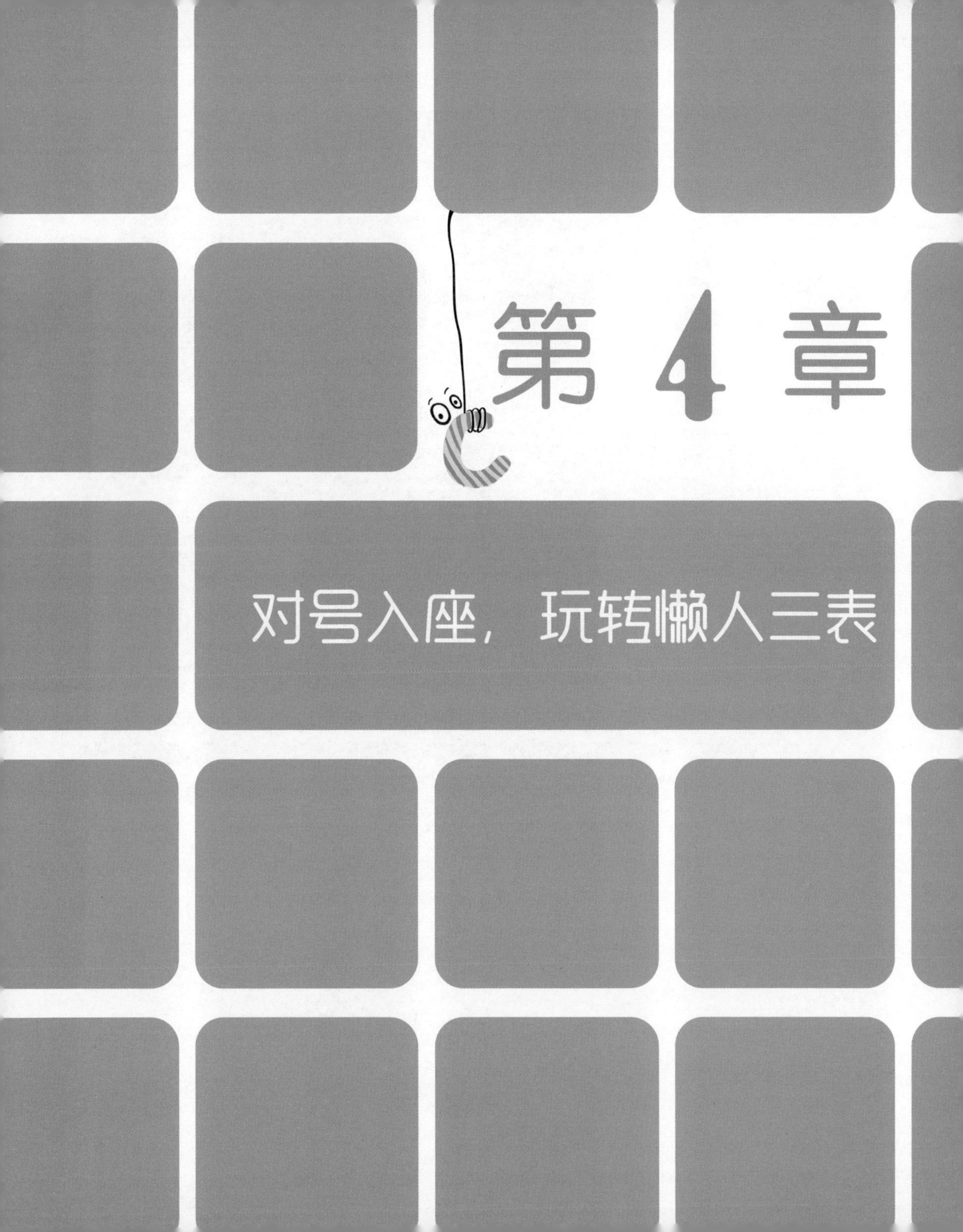

第4章

对号入座，玩转懒人三表

一份三表，代表一个工作内容。工作内容可以很多变，但三表结构却始终如一。

很多人会告诉你表格类型应该按照职能或岗位进行划分，例如：销售使用的表格、人力资源使用的表格、物流管理使用的表格、财务使用的表格等。但我认为，学习这些表格，只是学会了“这张表”“那张表”，还远远不叫“会做表”。因为这样的分类方法，并未触及表格的本质——数据。

本章将从天下第一表的数据特性入手，让表格的分类回归到数据本身。只有这样，才能冲破职能和岗位的界限，掌握最根本的制表思路和方法。基于数据的某些特性以及“表”哥、“表”姐们在日常工作中的普遍遭遇，我将表格归纳为以下五类：有东西进出型、同一件事多次跟进型、汇总“汇总表”型、一行记录型，以及存放基础信息型。每一种类型的表格都有一个套餐，包含不同的数据特色、处理技巧和使用意义。五个套餐合在一起，就是参、源、汇三表全景。

第1节 有东西进出型

说到进销存，你也许首先想到的是库存管理。事实上，它不只是库存管理的专有名词，任何事物的进出以及停留都可以被看作是某种意义上的进销存。

“有东西进出”是个啥

这个名字我想了很久，本打算用一些文绉绉的字眼，但最终还是决定用“有东西进出”。因为它最贴切，也最容易理解。如果按照传统的分类，销售明细表、采购明细表、办公用品领用表、库存管理表、现金日记账应该属于不同类型的表格。因为它们被用于不同的部门，完成不同的工作。从数据内容来看，它们也没有任何交集。销售明细表关注经销商和产品数量，现金日记账则关注科目和金额。这就意味着，让一名出纳接手销售明细表，会是一个糟糕的主意。

有一件事需要提前确认，这里所提到的表格都是源数据表，应该符合天下第一表的设计规范。当我们说到“办公用品领用表”时，你的脑海中可不能浮现图4-1所示的表格样式。

标准的领用表应该如图4-2所示，规范、完整地记录日期、领用者、领用物品、领用数量等信息。

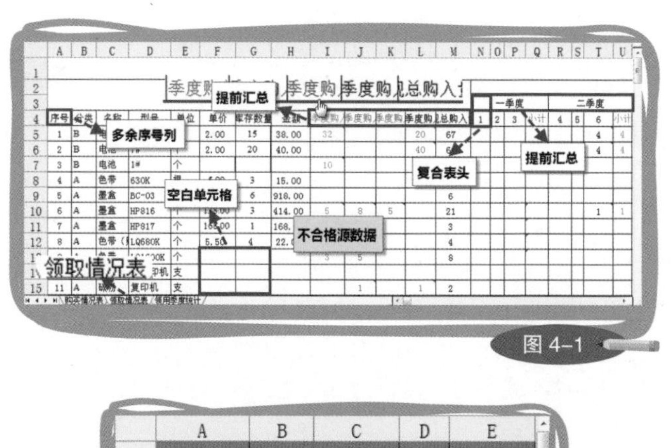

图 4-1

	A	B	C	D	E
1	日期	科室	领用用品	数量	用品单位
2	2010/3/31	综合处	回形针	5	盒
3	2010/3/31	投资处	笔记本	10	本
4	2010/3/12	核算处	A4纸	2	包
5	2010/3/14	财务处	笔记本	4	本
6	2010/3/16	信管处	订书机	2	个
7	2010/3/31	交通处	订书机		
8	2010/3/31	核算处	圆珠笔		

汇总表 源数据表 参数表 — 领用表

图 4-2

可是，前面所说的几种表格真的不一样吗？为了弄清楚它们之间内在的联系，我们来看看表格中的源数据。在销售明细表中，记录了销售日期、销售产品、客户、销售数量等信息（如图 4-3）。

在现金日记账中，记录了日期、科目、摘要、金额等信息（如图 4-4）。

	A	B	C	D	E	F
1	销售日期	货品名称	客户	销售数量	单价	销售金额
2	2005/3/10	机箱	莱山	5	2200	11000
3	2005/3/10	显示器	莱山	10	1800	18000
4	2005/3/10	主板	牟平	8	550	4400
5	2005/3/11	主板	海阳	4	600	2400
6	2005/3/12	机箱	海阳	2	2050	4100
7	2005/3/12	机箱	牟平	2	1980	
8	2005/3/12	显示器	牟平	10	1650	

销售明细表 采购明细表 存货明细表 — 销售表

图 4-3

	A	B	C	D	E	F
1	日期	凭证号	摘要	科目名称	收入	支出
2	2005/7/18	1	个人借款	其他应收款		5000.00
3	2005/7/18	2	个人还款	其他应收款	5000.00	
4	2005/7/19	3	个人借款	其他应收款		2000.00
5	2005/7/19	4	个人还款	其他应收款	2000.00	
6	2005/7/20	5	提现	银行存款	8000.00	
7	2005/7/20	6	提现	银行存款	2000.00	
8	2005/7/22	7	提现	银行存款	6000.00	
9	2005/7/22	8	发放工资	应付工		12000.00
10	2005/7/25	9	支付办公费	管理费		3000.00

现金日记账 — 现金日记账

图 4-4

如果抛开每张表代表的不同意义，只关注数据特征、数据之间的联系以及表格所关心的结果，那么就不难发现，它们其实惊人地相似。

相似点一：数据特征——均由日期、一样东西（产品、科目）、多少数量（销售数量、金额）组成。

相似点二：数据之间的联系——均是在某日期有一样东西进来，在另一个日期有相同的东西出去（有销售就有采购，有收入就有支出）。

相似点三：表格所关心的结果——均要计算进来的总和、出去的总和以及进出相抵的当前余额（可售产品数、可用金额）。

基于以上这些特点，我将这类表格统称为“有东西进出型”。可以认为，它们仅仅在具体的数据内容上有区别，而制表的思路和运用的技巧则完全相同（如图 4–5）。

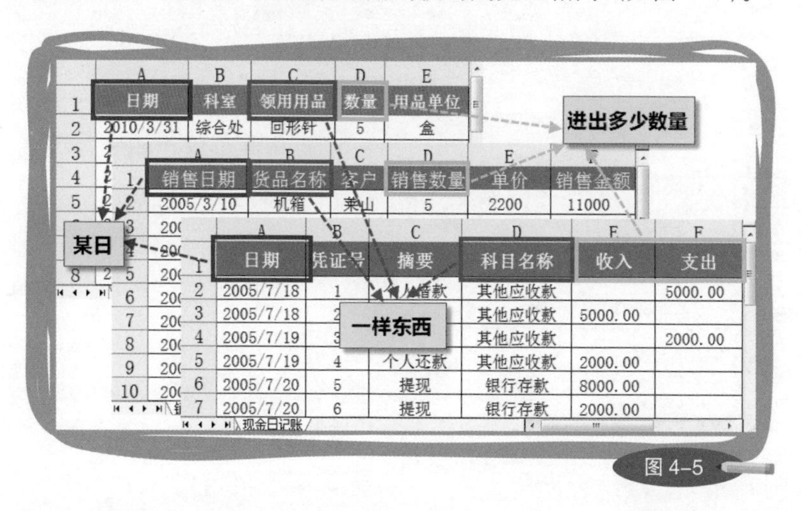

图 4–5

不过，你现在所看到的这几张表，还只是“有东西进出型”表格的雏形，并非最终成品。办公用品领用表和销售明细表都还只有东西往外出，尚欠缺往里进的部分。而现金日记账的数据记录方式仍然以纸质格式为参照，收入、支出被分为两列记录。

对于与财务相关的报表，我有一种看法，供大家参考。财务上使用的纸质文档都有固定的格式，如果是做纸质记录，一定要按照规范填写，因为这是财务准则，乱不得。但如果将数据记录在电子表格中，则最好遵照Excel对数据结构的要求，也就是符合天下第一表样式，而非纸质样式。当然，这有两个前提：第一，表格中的数据并非为导入设定好格式的财务软件而准备；第二，表格并非为打印出与纸质文档格式相同的纸质报表而制作。

当做好了这张天下第一表，我们前期的基础数据录入才会变得更有意义，也才能正常发挥Excel的数据处理和分析功能，从而高效地得到各种需要的结果。否则，单是现金日记账的日期格式就能让Excel晕两天。如果硬要照着格式写，还得将金额分成N列记录，典型的吃力不讨好（如图 4–6）。

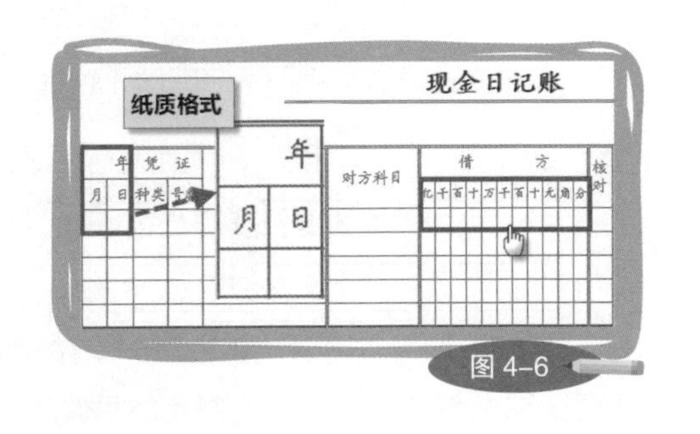

图 4–6

但并非所有“有东西进去，有东西出来”的事件都属于这一类型，判断的关键在于“东西”和“流程”是否相同。打个比方，一家工厂生产电子设备，输入的是各种零件，输出的是产品。数据特性和事件描述乍一看似乎很符合“有东西进出型”——进来零件，出去产品。可由于零件与产品是两样不同的东西，不仅与之相关的数据涉及的字段不同，它们之间也不能直接做加减，并且不存在“当前余额”的概念（如图 4–7）。

	A	B	C	D	E	F
1	日期	订单号	状态	名称	入库数量	QA合格数
2	2011/4/1	1001-4	进料	感光鼓	120	
3	2011/4/1	1001-4	进料	边钉	30	
4	2011/4/1	1001-4	进料	骑马钉	30	
5	2011/4/1	1001-4	进料	转印带	30	
6	2011/4/1	1001-4	进料	主板	30	
7	2011/4/1	1001-4	进料	硬盘	30	
8	2011/4/1	1001-4	产出	DC9000打印机	10	9
9	2011/4/8	1001-6	进料	220V定影组件	30	
10	[illegible]	[illegible]	进料	输纸辊轮组件	60	
11	[illegible]	[illegible]	进料	FG主板	60	
12	2011/4/8	1001-6	进料	CB3型激光头	60	
13	2011/4/8	1001-6	产出	FG8500打印机	5	3

源数据表

"东西"不同

图 4–7

>>>>> >>>>> >>>>>

所以，“东西”不同不能归类为“有东西进出型”。它应该被看作两件事情，用两份表格来体现（零件管理表和产品管理表），只不过相互间存在一些数据关联，如某八种零件制成一件产品。管理零件的表格，可以始于向零件供应商下订单，之后工厂收到货物并检验入库，最后根据生产订单从库房发送零件至生产线，这不正是零件的进销存吗（如图 4–8）？

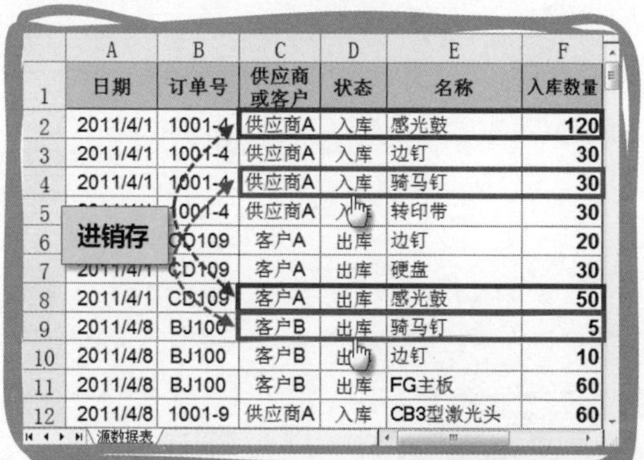

进销存

	A	B	C	D	E	F
1	日期	订单号	供应商或客户	状态	名称	入库数量
2	2011/4/1	1001-4	供应商A	入库	感光鼓	120
3	2011/4/1	1001-4	供应商A	入库	边钉	30
4	2011/4/1	1001-4	供应商A	入库	骑马钉	30
5	[illegible]	1001-4	供应商A	入库	转印带	30
6	[illegible]	CD109	客户A	出库	边钉	20
7	2011/4/1	CD109	客户A	出库	硬盘	30
8	2011/4/1	CD109	客户A	出库	感光鼓	50
9	2011/4/8	BJ100	客户B	出库	骑马钉	5
10	2011/4/8	BJ100	客户B	出库	边钉	10
11	2011/4/8	BJ100	客户B	出库	FG主板	60
12	2011/4/8	1001-9	供应商A	入库	CB3型激光头	60

源数据表

图 4–8

再看产品也是一样，从生产线下来才是产品生命周期的开始，它要经历检验、入库、储存、出库等过程，这又属于另一张进销存表格。

然而，只有“东西”相同还不够，进和出的业务流程也必须相同，具体体现在字段数量和属性要一致。在前文提到的美容院业务明细表中，假设将主角换成“使用产品”。由于客户消费时，使用的是产品，美容院进货时，采购的也是产品，“东西”是相同的，那么，这样是否可以将产品的进出在一张明细表中体现呢（如图 4–9）？

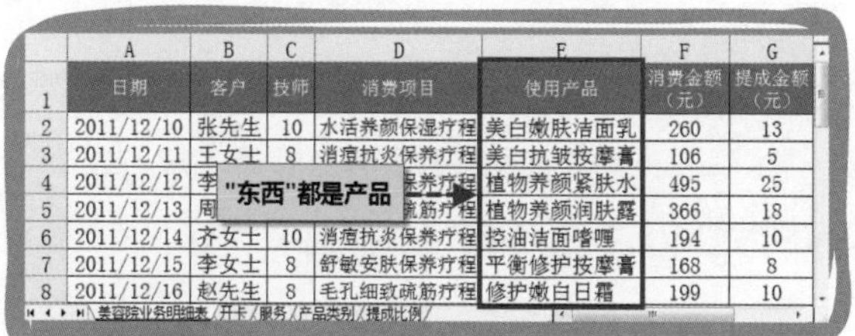

"东西"都是产品

	A	B	C	D	E	F	G
1	日期	客户	技师	消费项目	使用产品	消费金额（元）	提成金额（元）
2	2011/12/10	张先生	10	水活养颜保湿疗程	美白嫩肤洁面乳	260	13
3	2011/12/11	王女士	8	消痘抗炎保养疗程	美白抗皱按摩膏	106	5
4	2011/12/12	李[illegible]	[illegible]	[illegible]保养疗程	植物养颜紧肤水	495	25
5	2011/12/13	周[illegible]	[illegible]	[illegible]疏筋疗程	植物养颜润肤露	366	18
6	2011/12/14	齐女士	10	消痘抗炎保养疗程	控油洁面啫喱	194	10
7	2011/12/15	李女士	8	舒敏安肤保养疗程	平衡修护按摩膏	168	8
8	2011/12/16	赵先生	8	毛孔细致疏筋疗程	修护嫩白日霜	199	10

美容院业务明细表 / 开卡 / 服务 / 产品类别 / 提成比例

图 4–9

答案是否定的，因为业务流程不同。消费流程关注的是，产品在某一天被一个服务于某客户的技师用在了某消费项目中，同时，技师从消费金额中应得多少提成。而采购流程关注的是，某一天收到由某供应商送达的产品，数量、金额分别是多少。可以看到，采购流程与技师、消费项目、提成金额完全无关。如果强行将两个不同的流程合并到一张表中，必然会导致数据失衡，从而违反天下第一表的规则（如图4-10）。

	A	B	C	D	E	F	G	H	I
1	日期	供应商/客户	产品状态	技师	消费项目	使用产品	数量	总金额（元）	提成金额（元）
2	2011/12/10	张先生	出	10	水活养颜保湿疗程	美白嫩肤洁面乳	1	260	13
3	2011/12/11	王女士	出	8	消痘抗炎保养疗程	[illegible]	1	106	5
4	2011/12/12	李先生	出	9	舒敏安肤保养疗程	[illegible]	2	495	25
5	2011/12/13	供应商A	入			[illegible]	5	1300	
6	2011/12/14	供应商B	入			控油洁面啫喱	6	2400	
7	2011/12/15	供应商C	入			平衡修护按摩膏	2	567	
8	2011/12/16	赵先生	出	8	毛孔细致疏筋疗程	修护嫩白日霜	1	199	10

图 4-10

	A	B	C	D	E	F
1	销售日期	货品名称	客户	销售数量	单价	销售金额
2	2005/3/10	机箱	莱山	5	2200	11000

	A	B	C	D	E	F
1	采购日期	货品名称	供应商	采购数量	单价	采购金额
2	2005/3/1	机箱	长生	10	2000	20000
3	2005/3/1	主板	[illegible]	[illegible]	500	5000
4	2005/3/1	主板	[illegible]	[illegible]	450	2250
5	2005/3/2	显示器	[illegible]	12	1400	16800
6	2005/3/3	主板	华峰	10	425	4250

图 4-11

所以，符合条件的“有东西进出型”表格一定要两者都具备，既有相同的“东西”，也有相同的“流程”，如图4-11所示。

一技傍身

——批量删除有空单元格的行

如图4-12所示，表格中有许多不规则的空单元格。如果要删除这些空单元格所对应的整行的数据，靠一列一列地筛选和删除可并不是好主意。Excel支持以点及面的操作，即删除某单元格时可以选择删除整行或整列。利用这个特性，就能快速完成批量删除。

	A	B	C	D	E	F	G
1	日期	供应商/客户	技师	消费项目	数量	总金额（元）	提成金额（元）
2	2011/12/10	张先生	10	水活养颜保湿疗程	1	260	13
3	2011/12/11	王女士	8	消痘抗炎保养疗程		106	5
4	2011/12/12	李先生	9	舒敏安肤保养疗程	2	495	25
5	2011/12/13	供应商A			5	1300	
6	2011/12/14	供应商B			6	2400	
7	2011/12/15	供应商C			2	567	
8	2011/12/16	赵先生	8	毛孔细致疏筋疗程	1	199	10
9		张先生	8	消痘抗炎保养疗程	2	307	15
10	2011/12/18	王女士	9	舒敏安肤保养疗程	2		16

美容院业务明细表 / 开卡 / 服务 / 产品类别 / 提成比例

图 4-12

首先，选定包含所有空单元格的数据区域，定位（F5）空值；然后，点右键选择“删除”，在弹出的对话框中选择“整行”（如图4—13）。

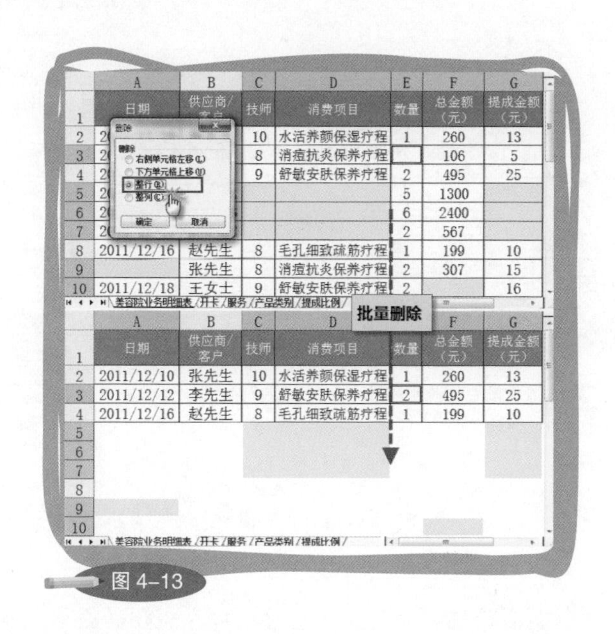

图 4-13

“调皮鬼”捣蛋

——让表格滚不动

既然有以点及面的删除，就有以点及面的插入。在Excel中插入几个空白行，本来是很容易的事，可如果你用的表格是调皮鬼提供的，那就不好说了。很多人都没想过插入的行是从哪里来的，调皮鬼可清楚它不是凭空冒出来，而是从表格末端滚动上来的。于是，在把表格给你之前，他在最后一行填了点儿数。这下可好，表格滚不动了，行也就插入不了了（如图4-14）。

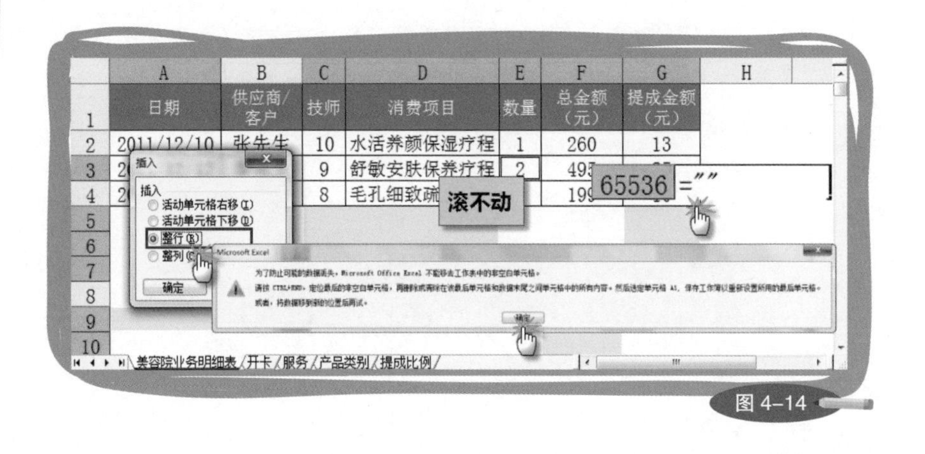

图 4-14

调皮鬼虽然喜欢捣蛋，但做事还是挺严谨的。为了验证滚动理论，他只在倒数第二行填上数。结果证明，当倒数第二行有数据的时候，在表格中插入一行成功，插入两行就会失败。而插入了一行以后，有数据的单元格便移到了最后一行，由此说明平时插入的空白行真是“滚”上来的。可想而知，列的插入也是一样的道理。

进、出分家可不妥

我常听人说，不知道进销存报表应该如何做。他们说的不是不知道如何设计，而是不知道如何方便地使用，尤其是期初、期末库存量的计算和即时库存的获取。事实上，恰恰是由于设计的不合理，才造成了使用上的困难。

进销存报表经常被设计成三张表，一张叫进货明细表，一张叫出货明细表，一张叫库存表（如图4-15）。

进销存？

存货明细表

月份	货品名称	期初存货		本月采购		本月销售	
		数量	金额	数量	金额	数量	金额
[illegible]	[illegible]	[illegible]	[illegible]	[illegible]	[illegible]	15	33760.00
3	主板	[illegible]	0.00	40	19930.00	15	8390.00
3	显示器	5	8400.00	33	49350.00	25	42000.00

销售明细表 / 采购明细表 / 存货明细表

图 4-15

这种看似“合理”的分工，可不是我们所说的三表结构，也不是最恰当的进销存数据管理方式。一个工作簿中拥有三张源数据表，本身就与三表概念冲突。正是由于源数据被切割成了几个部分，才会导致数据处理的困难。不过，的确也有需要用到三张源数据表的时候，但那是对大公司而言。大公司各个部门的职能划分得很清晰，采购部门负责进货明细表，销售部门负责出货明细表，物流部门负责库存表。但你能看到，它们被当作三件事分别对待。这样的表格，已经不是这里所说的进销存概念。大公司做进销存管理，一般都已经借助于企业系统了。但对于中小企业或者私人摊贩，如杂货铺，在系统不完善，甚至没有系统的情况下，独自一人要做好进销存管理，就得在Excel表格的设计上下点工夫。否则，一旦设计出了问题，只能靠掌握更多的技巧，做看上去很炫，实际是多余的工作。

说“进销存”和“表格设计”，似乎显得太专业，也太严肃。要说我们没见过好的设计，我看还真不是，标准的范本在生活中随处可见。从家庭记账到充值消费记录，凡是有东西进出的数据清单，都可以作为参考的对象。其中一个比较经典的范本，不光我们见过，我们的父辈也见过，甚至爷爷奶奶见得比我们还要多。不信，你看看这张存折，正是不折不扣、完美无瑕的进销存表样（如图 4-16）。

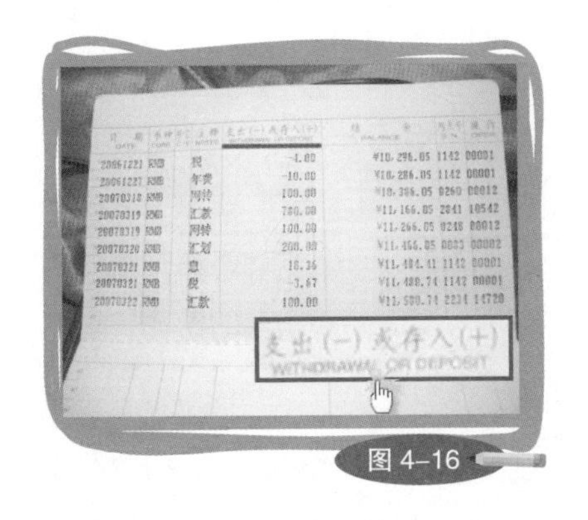

图 4-16

系统中的设计也是一样（如图 4-17）。归根结底，把进和出的数据放在一张表中是设计这类表格的精髓，而它们的计算结果就是存。合并以后的源数据表，是进销存，即“有东西进出型”表格的标准样式。除了共用原有的字段以外，通常还要添加一个代表状态（进或出）的字段以示区分（如图 4-18）。

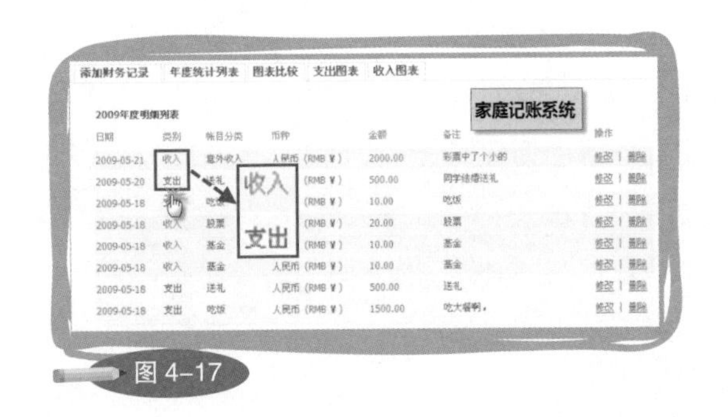

图 4-17

	A	B	C	D	E	F	G
1	日期	货品名称	客户/供应商	进出	数量	单价	销售金额
2	2005/3/12	机箱	海阳	出	2	2050	4100
3	2005/3/12	机箱	[illegible]	出	2	1980	3960
4	2005/3/15	[illegible]	[illegible]	出	3	530	1590
5	2005/3/8	主板	长生	进	3	210	630
6	2005/3/11	主板	海阳	出	4	600	2400
7	2005/3/10	机箱	莱山	出	5	2200	11000
8	[illegible]	[illegible]	莱山	出	5	1500	7500
9	[illegible]	主板	华峰	进	5	450	2250
10	[illegible]	机箱	海阳	出	6	2450	14700

源数据表

进出不分家

图 4-18

Excel有一个特性，叫“分手容易，牵手难”。相比从多处合并数据，把一个工作表的数据分成多个工作表更容易。只要有需求，“一张表”随时可以变回独立的进货表和出货表。虽然这件事本身很简单，但我还是要介绍两种方法，其中涉及一个我们经常遇到的问题。

“分手”方法一：筛选法

这是最常规的做法，先筛选数据，再复制、粘贴到不同的工作表。筛选谁都会，但也有操作快慢之分，用鼠标找菜单就不如快捷键来得方便。使用快捷键的意义不只是进行一次快速的操作，而是掌握这种方法后，可以抵御Excel版本更新换代时界面变化带来的困扰。因为在2007和2010版中，虽然界面发生了很大的变化，但仍保留了大量2003版的快捷键操作。也就是说，菜单会过时，而快捷键却能沿用。

用键盘调用菜单功能最重要的按键是Alt，它可以使光标进入菜单选项。然后只要按照功能按钮旁提示的字母依次敲击，就能实现对各种功能的调用（如图4-19），如：Alt+D→F→F为“自动筛选”。

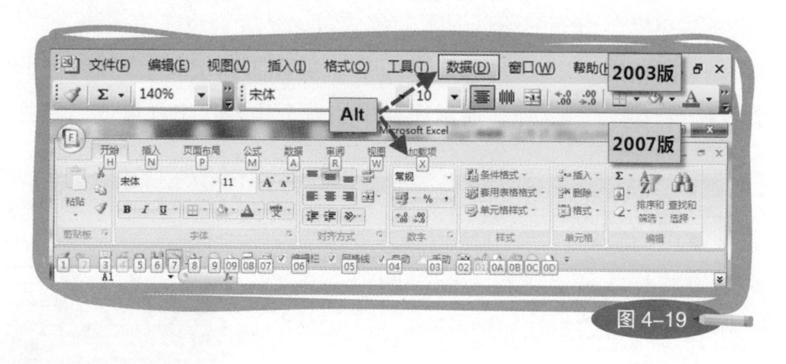

图 4-19

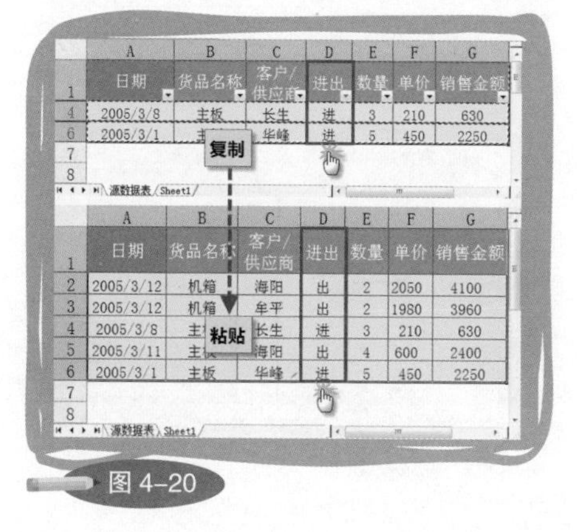

图 4-20

如何筛选不是大问题，真正造成困扰的是将筛选后的数据复制、粘贴到新的单元格区域。明明只复制了可见的数据，粘贴时隐藏的数据却会自动跑出来（如图4-20）。这让很多人头痛不已。

要解决这个问题，只需要在复制之前增加一步操作，那就是选中数据后按Alt+；（分号）定位“可见单元格”。由于准确地选定了看到的单元格，就能使复制与粘贴的数据保持一致。

尽管“筛选法”是我们能想到的最直接的数据分离方法，大家对筛选和复制、粘贴操作也很熟悉，但我并不推荐这种做法。因为它有两个问题：一是操作环节多，二是需要新建工作表。这样一来，不仅效率低下，还要做很多重复操作，严重影响心情。这种事，懒人可不愿意做。下面介绍另一种方法，显然更适合完成这类任务。

“分手”方法二：查看透视表明细法

我们其实可以利用数据透视表来分离源数据。要知道，透视表是允许查看汇总数据明细的。当双击汇总数时，Excel将自动生成一张新的工作表，里面的数据，正是获得该汇总数的明细数据。

透视表很容易制作，通过拖拽字段，不到一分钟就能完成。剩下的只是双击一个个单元格而已。如图4–21所示，这是由源数据变出的汇总结果，B5、B6分别是出和进数量的总和。

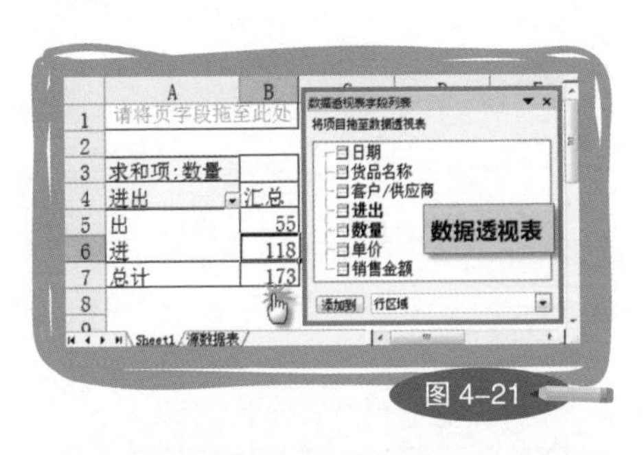

图 4–21

双击B5、B6单元格，就能分别得到出和进的源数据（如图4–22）。

采用这种方法，不仅操作便捷、可靠，还符合源数据表的玩法——不破坏源数据。被分离出来的数据存放于新建的工作表中，每双击一次汇总数，都会有一份新的明细产生，而且丝毫不影响三表核心——源数据表。这里只是用进、出举例，当需要分离的数据类型越多时，该方法的优势就越明显。

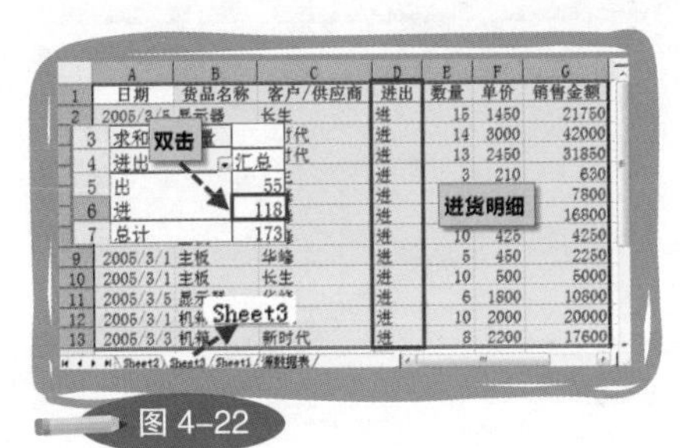

图 4–22

消极和积极的区别在于，消极的人常想："这对我没啥用！"而积极的人常想："怎么才能让它为我所用？"

咬文嚼字理清设计思路

看过了"有东西进出型"的基本规则，我们就来动手做一套这样的表格。为什么叫一套呢？因为这次做的不仅仅是源数据表，也包括参数表和分类汇总表。通过对一个案例的详细分解，我们一起来经历三表诞生的全过程。

我选择的案例是"办公用品管理表"，没有叫它领用表，是因为要把它打造成集进销存管理为一体的综合报表。这是极具代表性的"有东西进出型"表格，几乎囊括了这类表格所有的特性以及技术要求。只要会做办公用品管理表，就会做库存的进销存、销售的进销存等各种进销存报表。

故事要从如图 4-23 所示的反面案例说起，这是一张累死人不讨好的表格。

	A	B	C	D	E	F	G	H	I	J	K	L	M	N	O	P	Q	R	S	T
1																				
2																				
3														一季度				二季度		
4	序号	分类	名称	型号	单位	单价	库存数量	金额	季度购	季度购	季度购	季度购	总购入	1	2	3	小计	4	5	6
5	1	B	电池	5#	个	2.00	15	38.00	32			20	67							4
8	4	A	色带	630K	根	5.00	3	15.00					3							
9	5	A	墨盒	BC-03	个	153.00	6	918.00					6							
10	6	A	墨盒	HP816	个	138.00	3	414.00	5	8	5		21							1
11	7	A	墨盒	HP817	个	168.00	1	168.00	2				3							
12	8	A	色带（	LQ680K	个	5.50	4	22.00					4							
13										5			8							
15	11	A	碳粉	复印机	支					1		1	2							

序号 分类 名称 型号 单位 单价 库存数量 金额 季度购 季度购 季度购 季度购 总购入

购买情况表 领取情况表 领用季度统计

累死人的表

图 4-23

每个工作表都是一张手工填制的汇总表，不但录入数据困难，对数据进行分析更加困难，耗时费力全做了无用功。我们接下来要做的“办公用品管理表”，就是基于这份表格。

首先，在心里确定完成这项任务只需要三张表：参数表、源数据表、分类汇总表。其次，由于购买和领取的“东西”以及“流程”相同，确定进和出的数据可以放在一张表中。然后，根据图4–23，找出关键字段。排除汇总类的字段，如：库存数量、季度购入、一季度等，留下与数据明细有关的，如：分类、名称（产品大类）、型号、单位、单价、金额（购买金额、领取金额）。初选完成后，再根据购买或领取的流程，加入日期、购买/领取、数量、部门、姓名等相关字段（如图4–24）。

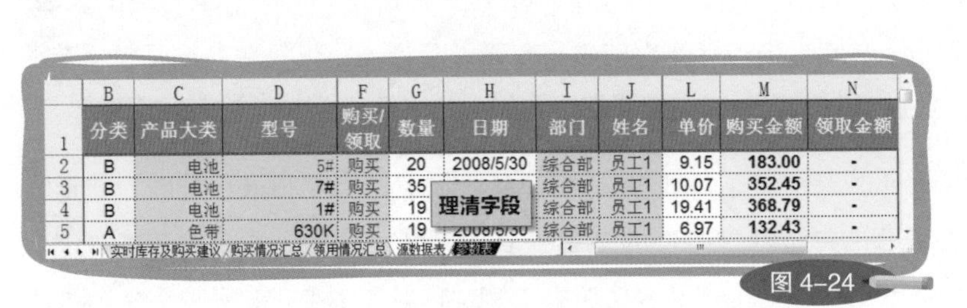

	B	C	D	F	G	H	I	J	L	M	N
1	分类	产品大类	型号	购买/领取	数量	日期	部门	姓名	单价	购买金额	领取金额
2	B	电池	5#	购买	20	2008/5/30	综合部	员工1	9.15	183.00	-
3	B	电池	7#	购买	35	[illegible]	综合部	员工1	10.07	352.45	-
4	B	电池	1#	购买	19	[illegible]	综合部	员工1	19.41	368.79	-
5	A	色带	630K	购买	19	2008/5/30	综合部	员工1	6.97	132.43	-

图 4–24

选定字段名称以后，要将数据进行分类，确定哪些需要手工填写，哪些属于参数，可以做成有效性下拉选项或通过公式自动匹配。需要手工填写的只有数量、日期、单价，因为数据内容是随机的；产品大类、型号、购买/领取、部门以及姓名的数据列表几乎是固定不变的，属于参数，这些单元格应该用有效性控制；分类也属于参数，但应该通过公式自动匹配得到；购买金额、领取金额则应根据产品数量和单价而定。

手工填写的部分，不用考虑设置有效性。因为这种性质的表格通常是自用，自己小心点一般不会出错。用有效性控制的字段，普通的没什么好说，但“产品大类”与“型号”以及“部门”与“姓名”要特别设计，因为它们有父子关系——选定了某产品大类或部门后，对应的单元格应该提供相应的型号或姓名选项，如：电池对应电池型号，综合部对应该部门的员工（如图4-25）。

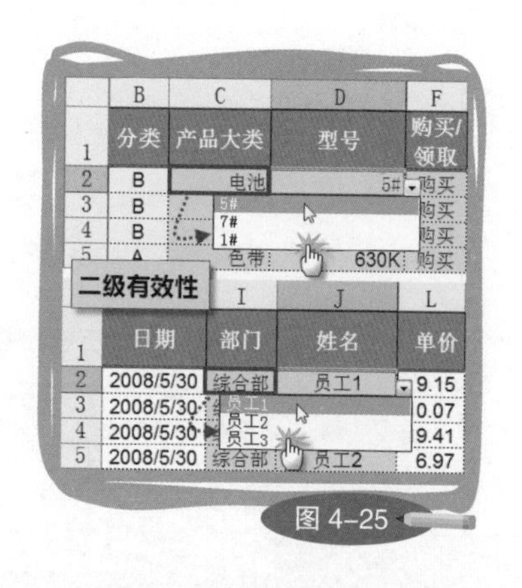

	B	C	D	F
1	分类	产品大类	型号	购买/领取
2	B	电池	5#	购买
3	B			购买
4	B			购买
5	A	色带	630K	购买

		I	J	L
1	日期	部门	姓名	单价
2	2008/5/30	综合部	员工1	9.15
3	2008/5/30			0.07
4	2008/5/30			9.41
5	2008/5/30	综合部	员工2	6.97

图 4-25

根据工作流程，有人来领办公用品，我们必须先确认是否有足够的库存。有才能让他领走，没有就得及时购买。所以，提示当前库存是这类表格不可或缺的设计。“当前库存”应该紧挨着“型号”，数据的计算由公式完成（如图 4-26）。

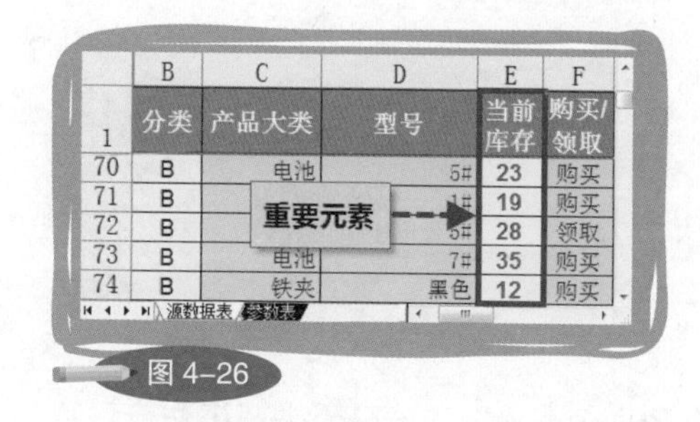

	B	C	D	E	F
1	分类	产品大类	型号	当前库存	购买/领取
70	B	电池	5#	23	购买
71	B		1#	19	购买
72	B		5#	28	领取
73	B	电池	7#	35	购买
74	B	铁夹	黑色	12	购买

图 4-26

再进一步考虑，可以为每种型号的用品设定最大、最小库存量。一旦Excel察觉当前库存小于最小库存量，就自动发出补货提示，并根据最大库存量计算出需购买的数量（如图 4-27）。

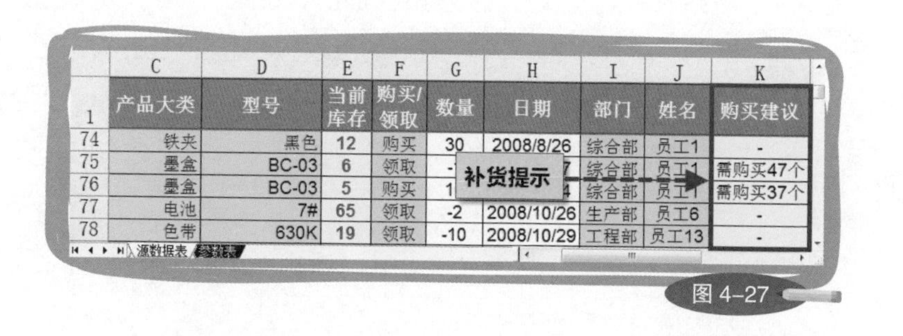

	C	D	E	F	G	H	I	J	K
1	产品大类	型号	当前库存	购买/领取	数量	日期	部门	姓名	购买建议
74	铁夹	黑色	12	购买	30	2008/8/26	综合部	员工1	-
75	墨盒	BC-03	6	领取	-	7	综合部	员工1	需购买47个
76	墨盒	BC-03	5	购买	1	4	综合部	员工1	需购买37个
77	电池	7#	65	领取	-2	2008/10/26	生产部	员工6	-
78	色带	630K	19	领取	-10	2008/10/29	工程部	员工13	-

图 4-27

最后，考虑到每次购买相同的用品有可能价格不同，所以需要记录单价。该数据存在的意义是为了事后对采购成本进行分析，同时，通过它还能得到购买的总金额（如图 4-28）。

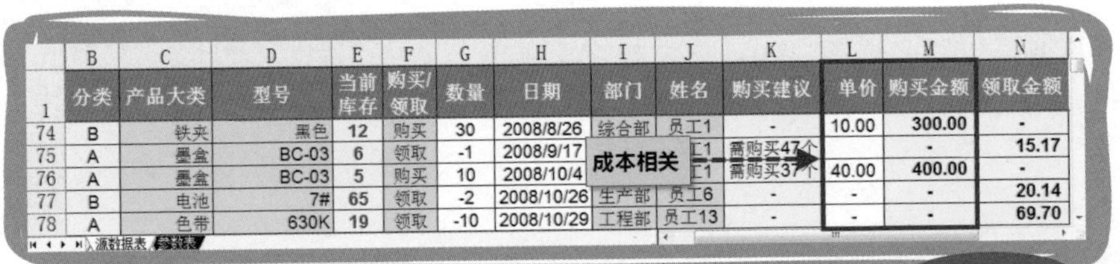

	B	C	D	E	F	G	H	I	J	K	L	M	N
1	分类	产品大类	型号	当前库存	购买/领取	数量	日期	部门	姓名	购买建议	单价	购买金额	领取金额
74	B	铁夹	黑色	12	购买	30	2008/8/26	综合部	员工1	-	10.00	300.00	-
75	A	墨盒	BC-03	6	领取	-1	2008/9/17	[illegible]	工1	需购买47个		-	15.17
76	A	墨盒	BC-03	5	购买	10	2008/10/4	[illegible]	工1	需购买37个	40.00	400.00	-
77	B	电池	7#	65	领取	-2	2008/10/26	生产部	员工6	-	-	-	20.14
78	A	色带	630K	19	领取	-10	2008/10/29	工程部	员工13	-	-	-	69.70

成本相关

源数据表 参数表

图 4-28

“领取金额”本来应该与“购买金额”合为一列，但一来分析它的意义不大，二来为了让购买金额更加突出，所以，在本例中将其与购买金额分两列记录。

回顾以上对“有东西进出型”源数据表的设计，充分考虑了工作流程和管理目的。先要准确地告诉Excel这样东西的名字（数据有效性），然后获得它当前的库存（公式），尤其在领取时，才知道是否能满足领取需求。接下来，确定状态，购买还是领取（数据有效性），并记录数量（手工填写）。日期（手工填写）的记录被放在了后面，因为在领取时，如果前面判断库存不足，根本就走不到后面的环节。人员及所在部门（数据有效性）是三大数据元素（时间、人物、事件）之一，不可或缺。设计购买建议（公式）是提高工作效率，规避缺货风险的最佳途径，它将为负责人的工作提供指引。金额（手工／公式）作为管理的延伸（成本分析），通常也可以被考虑在内。

>>>>> >>>>> >>>>>

设计好了源数据表，还要设计分类汇总表。分类汇总表的设计没有固定模式，是由分析需求决定的。但你应该放心，只要拥有好的源数据，无论借助数据透视表还是公式，都能变出各种各样的汇总表（如图4–29）。在下文中，我会详细介绍一个最常用于制作分类汇总表的函数。

	A	B	C	D	E	F	G	H
1	年份	(全部)					分类汇总表	
2								
4	分类	产品大类	型号	1季度	2季度	3季度	4季度	总计
5	A	充电器	三星		106.81			**106.81**
6		电风扇	美的		76.80			**76.80**
7		复印纸	A3	-	184.10		-	**184.10**
8			A4		170.80			**170.80**
9			B5		366.50		-	**366.50**
10		光盘	4G		267.90			**267.90**
11			BC-03		91.02	-	400.00	**491.02**
12			HP816	1,518.00	78.55	-		**1,596.55**
13			HP817		2,160.50			**2,160.50**

购买情况汇总 / 领用情况汇总 / 源数据表 / 参数表

购买情况汇总

图4–29

至于三表概念中的另一张表——参数表，一起来看看要怎么做。

三表结构并非限定只能有三张表。根据汇总需求的不同，分类汇总表可以有多个，但参数表通常只有一个，而源数据表只能有一个。

默默无闻而又至关重要的参数

在三表结构中，源数据表记录过程，分类汇总表记录结果，参数表则为它们提供养分。所谓养分，就是可供它们调用的数据列表，或者体现数据关系的清单。这样讲可能不容易理解，咱们换个方式。如果你在网络上投过票，一定见过如图 4–30 所示的界面。

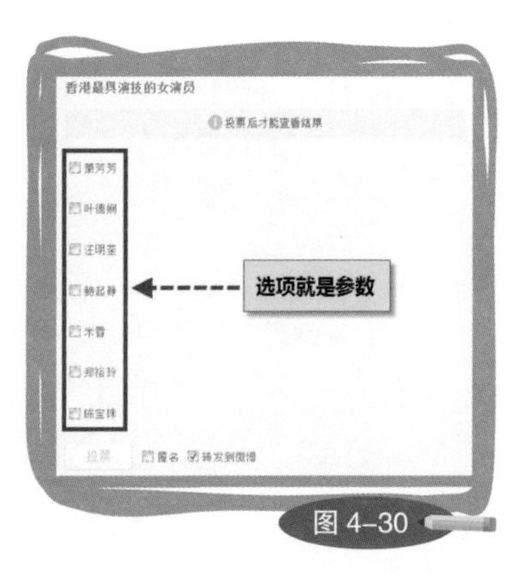

图 4–30

当你投票给其中一个选项时，相当于做了一次数据录入。后台系统会记录，某年某月某ID的网友选择了某选项，这就成为源数据表中的一条数据。由于每一位参与投票的人都应该看到相同的选项，所以，这些名字早就由后台系统设定好了。这种为数据录入提供可选列表的数据，就是参数。你会发现，在网络上投票与在表格中通过下拉选项录入的性质完全相同。于是，关于参数你可以首先这样理解：凡是作为数据有效性“来源”的数据均为参数。

根据这个结论，“办公用品管理表”中的参数就是“产品大类”“型号”“购买／领取”“部门”“姓名”等设置了有效性的字段所对应的数据列表。其中，“购买／领取”由于只有两个数据，因此可以直接写入有效性来源，不用单独以参数形式存在。而其他数据则需要在参数表中完整地体现，以便数据有效性引用。比较特别的是“产品大类”和“型号”以及“部门”和“姓名”，因为它们之间有从属关系，为了使添加、删除数据以及定义名称更方便，数据列表应该维持上下结构（如图 4–31），而非左右结构，更不能合并单元格（如图 4–32）。

	O	P	Q	R	S
1	经理	综合部	财务部	生产部	工程部
2	**经理	员工1	员工4	员工6	员工13
3		员工2		员工7	员工14
4		员工3		员工8	员工15
5				员工9	员工16
6				员工10	员工17
7				员工11	员工18
8				员工12	
9					

图 4-31

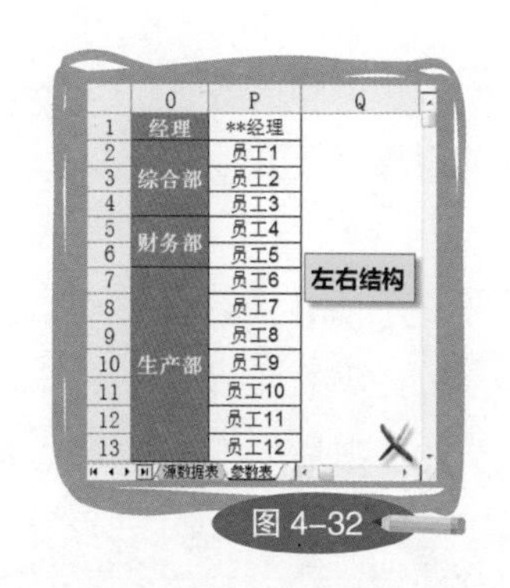

	O	P	Q
1	经理	**经理	
2	综合部	员工1	
3		员工2	
4		员工3	
5	财务部	员工4	
6		员工5	
7	生产部	员工6	
8		员工7	
9		员工8	
10		员工9	
11		员工10	
12		员工11	
13		员工12	

图 4-32

另一种参数叫“体现数据关系的清单”。咱们这么来理解它，QQ大家都玩，当收到一个陌生号码发来的消息时，一般人的第一反应是看看他是什么人。怎么看呢？点击聊天框左上方的QQ号码，就能进入他的资料，里面详细介绍了他的性别、年龄、星座（如图4–33）……由于这些数据在服务器里与该QQ号码关联，作为后台的数据存在，所以才可以通过号码对其进行查找。这种有关联的数据清单，也是参数。

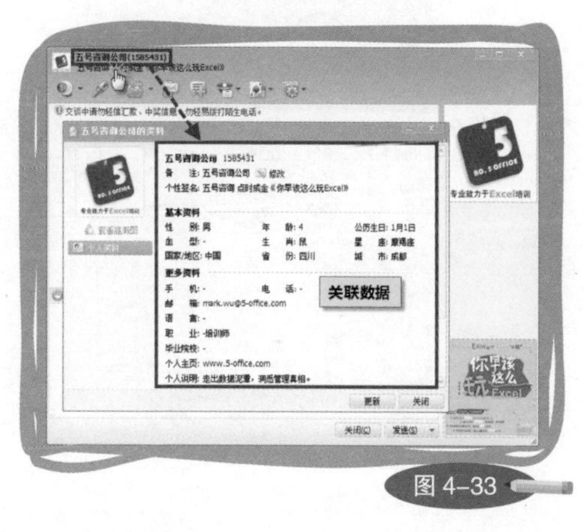

图 4-33

在“办公用品管理表”中，体现用品属性的数据就属于这类参数。它由产品大类、型号、参考单价、分类、单位、库存下限、库存上限组成（如图4–34）。之所以有这么多关联数据，与表格的管理目的有密切联系。其中，参考单价用于计算领取金额；库存上、下限用于监控当前库存状况，计算需购买的数量；分类与单位用于源数据表中的自动匹配，能在减少录入工作量的同时，提高录入准确度。

	C	D	E	F	G	H	I
1	产品大类	型号	参考单价	分类	单位	库存下限	库存上限
2	电池	5#	9.15	B	个	14	52
3	电池	7#	10.07	B	个	1	54
4	电池	1#	19.41	B	个	1	31
5	色带	630K	6.97	A	根	8	14
6	墨盒	BC-03	15.17	A	个	19	52
7	墨盒	HP816	15.71	A	个	42	57
8	墨盒	[illegible]	12.25	A	个	11	50
9	色带	[illegible]	12.03	A	个	[illegible]	[illegible]
10	色带	LQ1600K	19.25	A	个	[illegible]	[illegible]

图 4-34

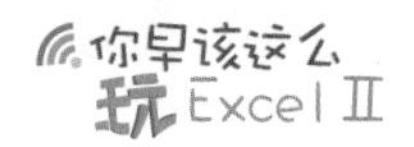

只要是与用品相关的属性，都可以加入此清单，没有多与少的限制，关键在于能否满足其他二表的查找与引用需求。

参数所在的工作表，就是参数表。不同的参数可以存放在一张工作表中，无须分开记录。一个参数有对数据结构的要求，如前面提到的部门和姓名。而当多个不相关的参数在一起时，摆放的原则是“随便乱放”（如图 4–35）。

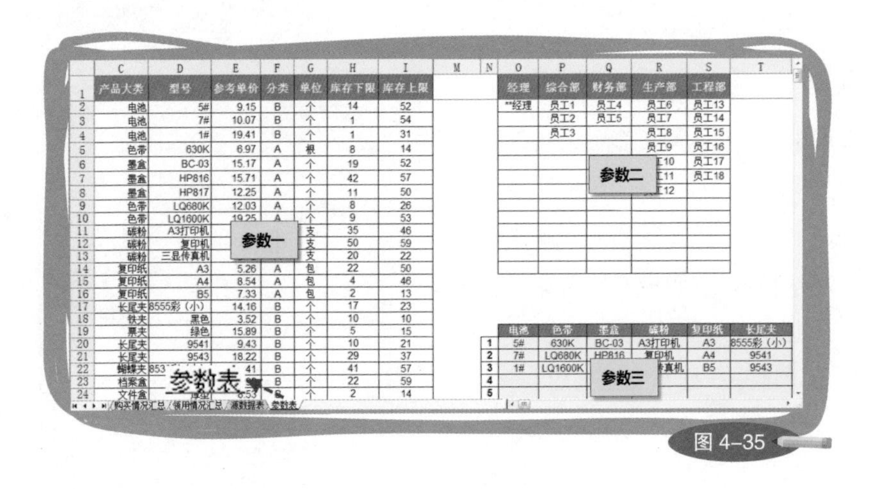

	产品大类	型号	参考单价	分类	单位	库存下限	库存上限
2	电池	5#	9.15	B	个	14	52
3	电池	7#	10.07	B	个	1	54
4	电池	1#	19.41	B	个	1	31
5	色带	630K	6.97	A	根	8	14
6	墨盒	BC-03	15.17	A	个	19	52
7	墨盒	HP816	15.71	A	个	42	57
8	墨盒	HP817	12.25	A	个	11	50
9	色带	LQ680K	12.03	A	个	8	26
10	色带	LQ1600K	19.25	A	个	9	53
11	碳粉	A3打印机	[illegible]	[illegible]	支	35	46
12	碳粉	复印机	[illegible]	[illegible]	支	50	59
13	碳粉	三星传真机	[illegible]	[illegible]	支	20	22
14	复印纸	A3	5.26	A	包	22	50
15	复印纸	A4	8.54	A	包	4	46
16	复印纸	B5	7.33	A	包	2	13
17	长尾夹	8555彩（小）	14.16	B	个	17	23
18	铁夹	黑色	3.52	B	个	10	10
19	票夹	绿色	15.89	B	个	5	15
20	长尾夹	9541	9.43	B	个	10	21
21	长尾夹	9543	18.22	B	个	29	37
22	蝴蝶夹	853[illegible]	[illegible]	B	个	41	57
23	档案盒	[illegible]	[illegible]	B	个	22	59
24	文件盒	厚型	[illegible]	[illegible]	个	2	14

经理	综合部	财务部	生产部	工程部
**经理	员工1	员工4	员工6	员工13
	员工2	员工5	员工7	员工14
	员工3		员工8	员工15
			员工9	员工16
			员工10	员工17
			员工11	员工18
			员工12	

	电池	色带	墨盒	碳粉	复印纸	长尾夹
1	5#	630K	BC-03	A3打印机	A3	8555彩（小）
2	7#	LQ680K	HP816	复印机	A4	9541
3	1#	LQ1600K	[illegible]	[illegible]传真机	B5	9543
4						
5						

图 4–35

大类定小类，父子关系不会错

源数据表设计好了，参数表也准备好了，现在就可以动手来实现对“办公用品管理表”的种种设想。

产品大类和型号有从属关系，就好像父子一样，父亲姓张，儿子也要姓张。我们在录入的时候，如果产品大类选择了电池，就要规定型号只能在 5＃、7＃、1＃ 中进行选择。部门和姓名的录入也是一样。我们把这种技巧称为“二级数据有效性”。

实现二级数据有效性有两种方法：一种是借助OFFSET、MATCH、COUNTA等函数，写很长的公式，对有从属关系的数据进行动态引用；另外一种是借助INDIRECT函数和名称，对固定位置的数据进行引用。

前者在讲嵌套函数时稍微提过一下，它的优势在于当电池型号增加或减少时，有效性选项可以随之变化，是一劳永逸的做法；劣势在于公式稍显复杂，操作有一定的难度，初学者或函数基础较差的用户很难独立完成。而后者是更多人可以使用的方法，它的优势在于简单、易懂、好上手；劣势在于当二级数据有增减时，需要重新定义名称。不过，这并无大碍，所以，我们选择第二种方法。

首先，对产品大类和型号批量定义名称（如图 4–36 和图 4–37）。

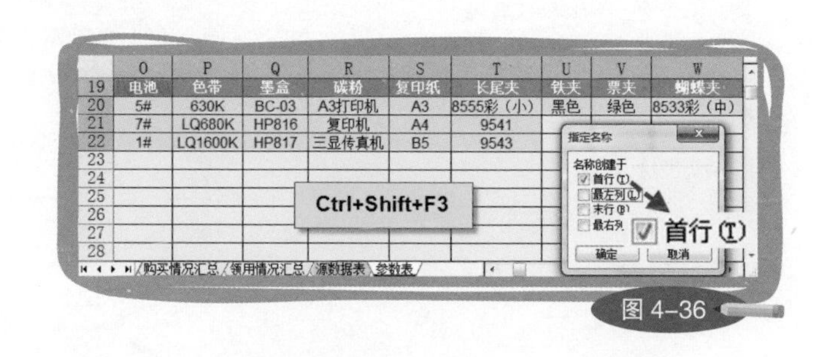

图 4–36

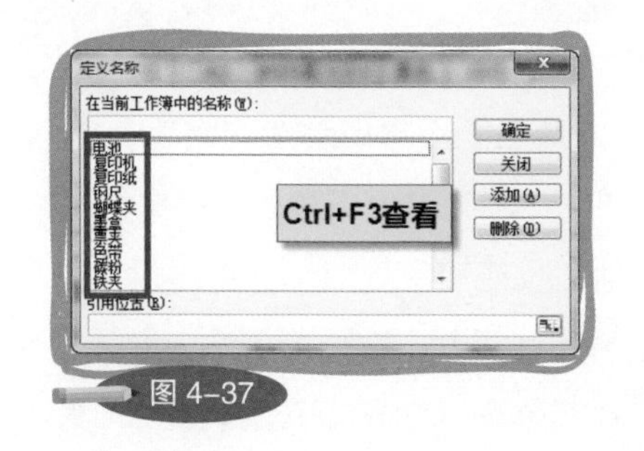

图 4–37

然后，在型号列D2单元格设置数据有效性，允许类型选择“序列”，在“来源”处写=indirect(C2)（如图4-38）。

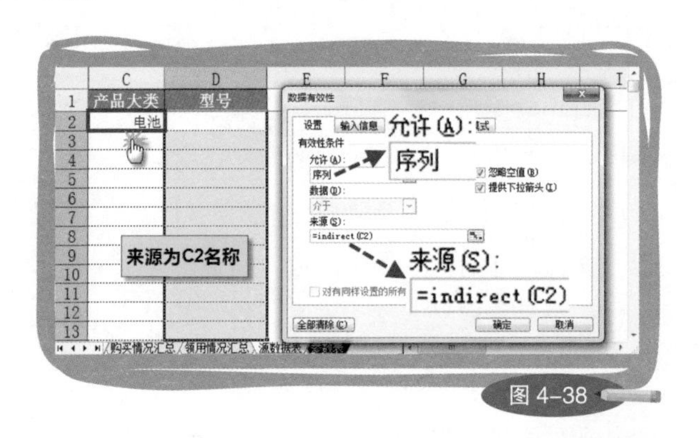

图4-38

仅此两步，就完成了二级数据有效性的设置。源数据表中型号列的可选数据将由对应的产品大类来决定，确保了录入的准确性和效率（如图4-39）。

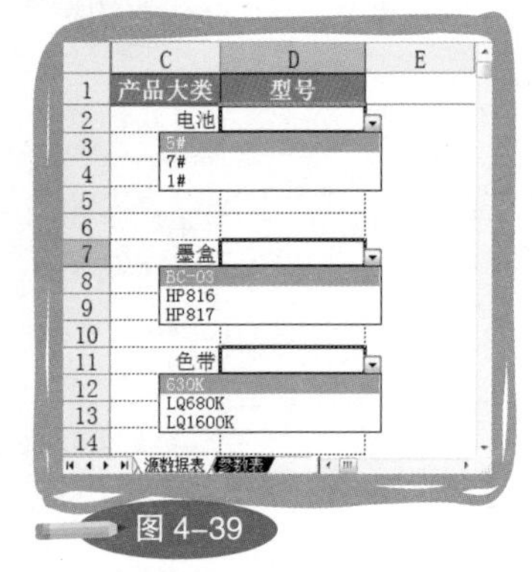

图4-39

二级数据有效性的原理其实很简单，关键要看懂INDIRECT函数。第一步批量定义名称是将一级字段和二级字段关联起来，让Excel知道5＃、7＃、1＃统称为电池。第二步是为D列设置下拉选项的来源。如果单独使用名称，在“来源”处写=电池，也能引用到二级数据。但由于C列的一级数据会发生变化，所以，不能直接使用某个固定的名称，必须引用C列的文本作为名称。你可能会想：“那来源写=C2不就好了吗？当C2为电池时，就相当于=电池，也就引用到了二级数据。”可事实并非如此。如果只写=C2，D2的选项就只有“电池”。因为Excel将它视为了文本，而非名称。

引入INDIRECT函数，才能将文本转换为名称，实现“当C2为电池时，就相当于=电池”的设想。INDIRECT是一个看似简单，实则复杂的函数，在这里我们将它理解为“看透参数的下一层”。在该案例中，C2作为INDIRECT的参数，由于它能“看透参数的下一层”，所以，看到了C2这个名称所包含的引用。于是，D列才呈现出对应的二级数据选项。

再举个例子：如图4-40所示，A1单元格为B4，B4单元格为100，在A8写公式=INDIRECT(A1)，结果为100。这说明INDIRECT通过A1中的内容B4，多看了一层数据关系，所以才返回B4单元格中的100。

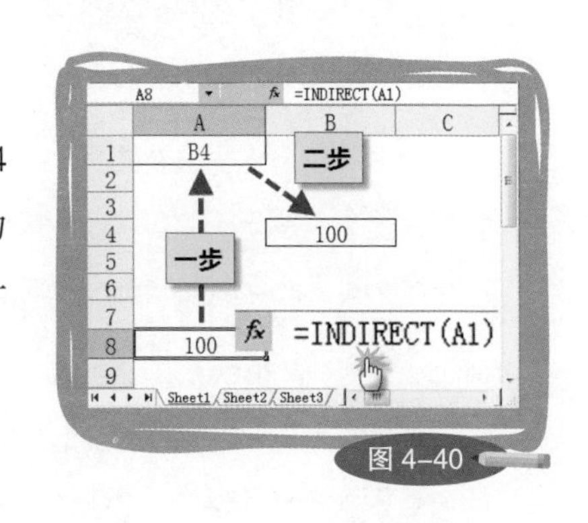

图 4-40

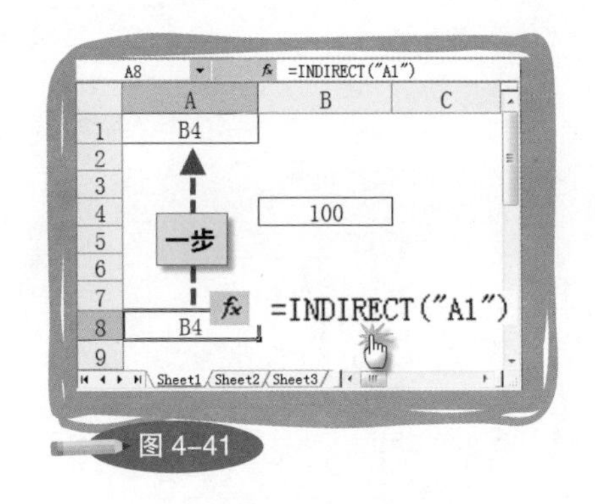

图 4-41

但假如将B4中的数据改为B2，INDIRECT就不会再往下多看了，返回的结果依然是B4单元格的内容，也就是B2。那么在使用INDIRECT函数时，怎样才能直接返回参数单元格的数据呢？公式应该写为=INDIRECT("A1")，用双引号将参数括起来，它就跳不动了，只能乖乖得到结果B4（如图4-41）。

总结一下二级数据有效性的实现：首先要定义名称，将一二级数据进行关联；然后要借助INDIRECT函数，透过文本看到以一级数据为名称的单元格引用，并以此作为序列的来源。

——INDIRECT成就引用的个性化变化

在B1写公式=A1，往下复制只能依次得到=A2、=A3……要让引用的变化更个性化，例如：让B2的公式为=A4，B3为=A7，就得使用INDIRECT函数。如图4-42所示，在B1写公式，要求向下复制时依次返回浅黄色单元格的数据。

很容易看出，只要能将A和符合条件的行坐标组合在一起，再被公式引用，就能完成此任务。由于B列引用的变化应该为A1、A4、A7、A10……行坐标是步长值为3的等差序列，因此可以先制造一个辅助列作为备用的行坐标（如图4-43）。

可是，Excel认为="A"&C1是文本，只返回A1。所以，我们要求助于可以多看一层数据关系的INDIRECT函数。将B1单元格的公式写为=INDIRECT("A"&C1)，其中，常量要置于双引号内，行标和列标通过“&”符号组合成完整的单元格引用。这样一来，就能得到我们想要的结果（如图4-44）。

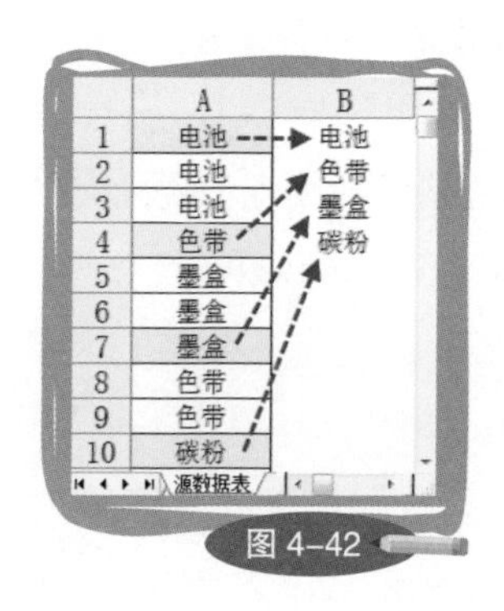

图 4-42

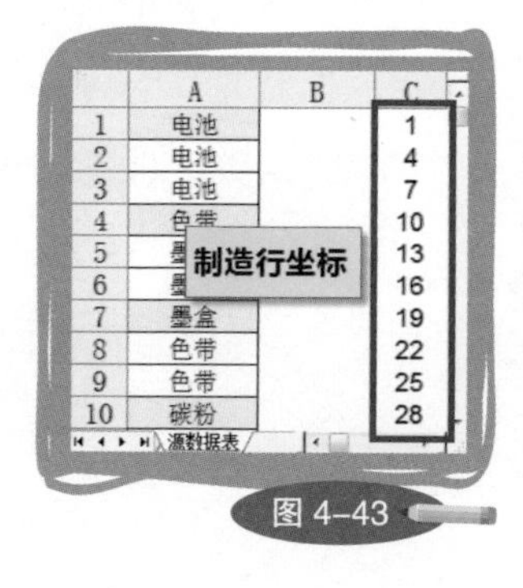

图 4-43

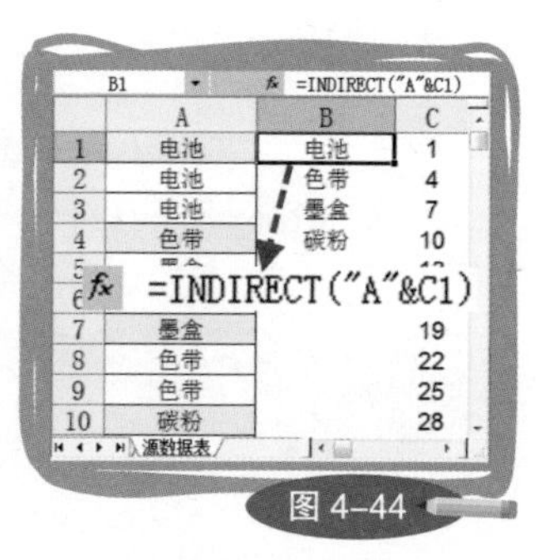

图 4-44

使用INDIRECT函数，能让单元格引用的行标或列标分别实现个性化的变化。当引用包含工作表或工作簿名称时，也能采用同样的方法实现自定义的动态引用。

进为正，出为负，有效性，来帮助

在“有东西进出型”表格中，为了区分进和出，通常都要设计一个记录状态的字段，所以才有了“办公用品管理表”中的“购买/领取”。既然状态不同，数量的记录方式也应该不同。购买用品时，应该表现为正数，反之则为负数（如图 4-45）。

	C	D	E	F
1	产品大类	型号	购买/领取	数量
2	电池	5#	购买	20
3	电池	7#	购买	18
4		7#	领取	-3
5	电池	7#	领取	-2
6	电池	5#	领取	-5

正负之分

源数据表 参数表

图 4-45

这项设计，对整张表的数据处理起到了画龙点睛的效果，也是这类表格的核心设计理念之一。试想，当同一件用品既有进又有出的时候，由于数据一正一负，只要做最简单的加减，就能得到剩余的数量。如果全是正数，就会比较麻烦。

根据业务逻辑，允许录入负数的前提条件是状态为领取。要控制单元格录入的内容，自然会想到数据有效性。翻看了“允许”的类型之后，确定这属于自定义范畴，需要写公式。公式的逻辑很简单，但要借助两个函数将它翻译成Excel语言。两种情况满足其一就返回TRUE用OR函数，写法为OR(情况一,情况二)；“当相邻单元格为领取时，允许录入负数”用AND函数，写法为AND(E2="领取",F2<0)。将两部分合在一起，就是完整的公式。在F2设置数据有效性，“允许”类型选为“自定义”，公式为=OR(AND(E2="购买",F2>0),AND(E2="领取",F2<0))（如图 4-46）。

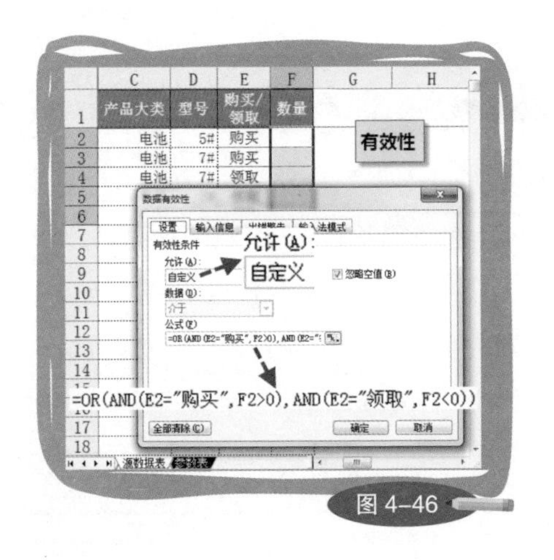

图 4-46

OR和AND都属于逻辑函数，计算结果只能为逻辑值，即TRUE或FALSE，所以在数据有效性和条件格式中有广泛的应用。多个条件满足一个就成立时用OR，多个条件都要满足才成立时用AND。

经过设置，F列的录入受E列影响，使进和出的数量形成计算关系，这正是我们期望的结果。如果需要所有数据都为正，也很好办。制造一个辅助列，在G2写公式=ABS(F2)即可（如图4—47）。ABS函数的作用是求数值的绝对值。

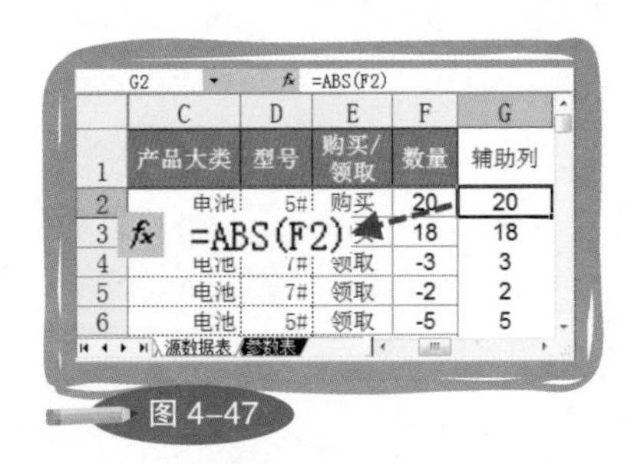

图 4-47

如果你嫌填写数据的时候制造负数很麻烦，也可以借助辅助列对填入的正数进行转换，在G2写公式=IF(E2="购买",F2,−F2)（如图4—48）。这样，将来做数据处理的时候，辅助列就将成为数据的主要来源。

G2 =IF(E2="购买",F2,-F2)

	C	D	E	F	G
1	产品大类	型号	购买/领取	数量	辅助列
2	电池	5#	购买	20	20
3	电池	7#	购买	18	18
4	电池	7#	领取	3	-3
5				2	-2
6	电池	5#	领取	5	-5

=IF(E2="购买",F2,-F2)

图 4-48

SUMIF显真功，即时库存有参考

能第一时间看到当前库存，是“有东西进出型”表格的标准配置。由于前面已经将购买和领取的数量用正负数区分开来，计算逻辑就变得很简单了——当前库存等于当前单元格之前该用品所有购买和领取数量的总和。从文字描述可以看出，这属于条件求和。我们都知道，SUM代表求和，IF代表条件判断，组合在一起就成为条件求和函数——SUMIF。

该函数的用途是对满足条件的单元格所对应的数值进行求和。它有三个参数，分别为：单元格区域、满足的条件、对应的数值（如图4-49）。

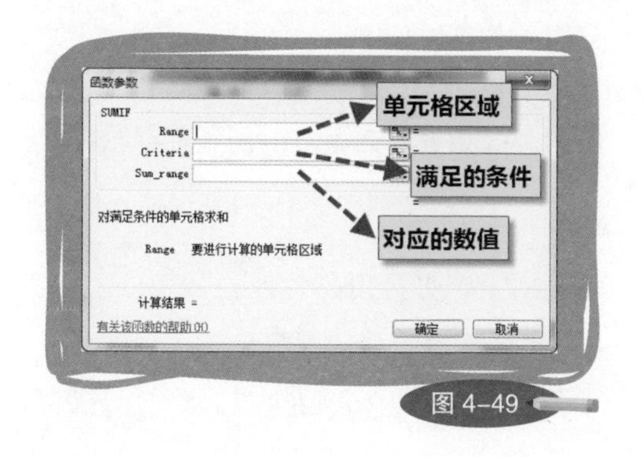

图 4-49

Excel对第一参数的官方说明是“要进行计算的单元格区域”。我一直认为这句话有歧义，容易让人理解为要把这些单元格拿来计算。我换个方式来说明它们的关系——将第二参数设定的条件，在第一参数所引用的单元格区域中一一匹配，找到符合条件的单元格后，将第三参数中与之同行的数值相加。例如：如图4-50所示，求D列中所有5＃的数量，G2的公式写为=SUMIF(D2:D11,"5#",F2:F11)。意思是，找出D列的5＃单元格，然后将与之同行的F列单元格的数值相加。

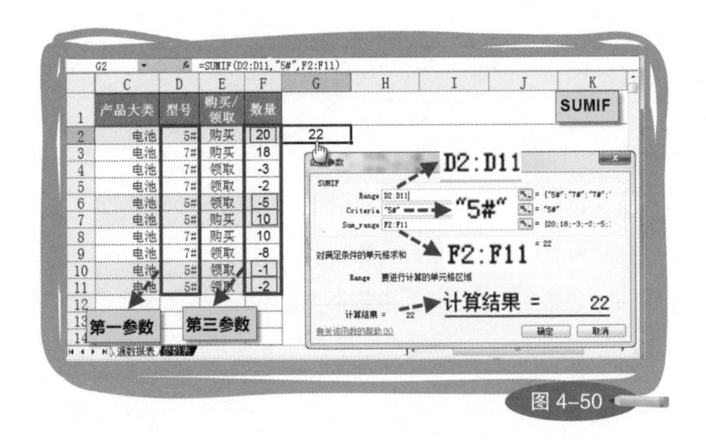

图 4-50

既然第一、第三参数有对应关系，那么它们不仅在高度上要一致，起止位置也要位于同一行，如D2:D11对应F2:F11。你也许听说过SUMIF的简写方式，告诉你第三参数哪怕只写F2，也会自动对齐D2:D11。但我并不建议在这上面偷懒，因为标准的参数写法可以使函数的可读性更强，也使出错率更低。

对于“办公用品管理表”来说，SUMIF的条件不止一个，而是产品大类+型号。由于第一参数只能是对单元格区域的引用，所以，必须让被引用单元格的数据也为产品大类+型号。这就需要借助文本运算符“&”，制造一个辅助列将这两个字段合并起来。用SUMIF实现复合字段条件求和的关键也在于此。此外，计算当前库存还要用到D$1:D1这种引用方式，以便在公式向下复制时，使数据区域不断扩大，从而涵盖之前所有购买和领取的数量。

如图4-51所示，首先在A2写公式=C2&D2，然后根据工作流程，将“当前库存”字段插入到“型号”与“购买/领取”之间，在E2写公式=SUMIF(A$1:A1,A2,G$1:G1)。由于要计算的是“之前的数量”，所以，第一参数最大的行坐标要比公式单元格少一行，如：E2对应A$1:A1，E10对应A$1:A9。

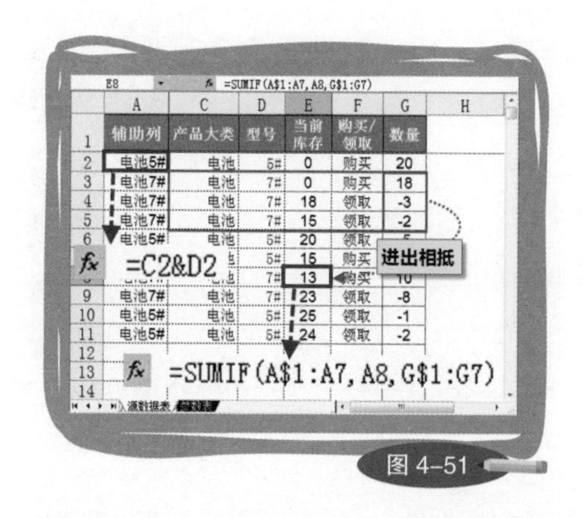

图 4-51

如此设置好以后，一旦选择了产品大类和型号，就能立即看到当前库存。以此作为参考，负责人就能够在第一时间回复领取者是否能满足他的领取需求。比起之前两眼一抹黑或者到处找数据，这样显然方便了许多。其实，如果只看技巧，它也许并不惊艳，可对于建立标准化操作流程，却有着重要的意义。正是因为多了一个提醒，才使前后的工作衔接得更顺畅，同时也能让操作者按照设计好的步骤，轻松完成工作。

除了对准确的条件进行求和，SUMIF还能做模糊条件的求和。例如在一段不规范的描述中，将凡是有条件关键字的单元格所对应的数量相加。如图4-52所示，要计算所有电池的数量，在D2写公式为=SUMIF(B2:B15,"*电池*",C2:C15)。

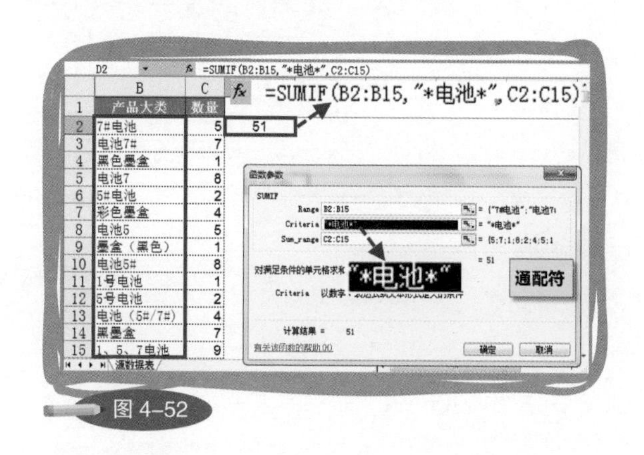

图 4-52

通配符“*”在这里起到了关键作用。这不是乘号吗？怎么又变成通配符了？没错，当它作为运算符的时候，的确是乘号，但作为参数时，它摇身一变成了“任意长度的字符”。第二参数“"*电池*"”代表的条件是，包含“电池”二字的前面、后面无论有多长并且可以为任意内容的文本。看到这里，你可能会好奇：“那是不是将来在查找（Ctrl+F）时，也要用‘*’呢？”由于查找默认为模糊匹配，相当于先天自带前后“*”，所以用不着。

对于家电卖场等按产品分部门管理的企业，用这样的方法，各部门就可以从茫茫数据中快速获得属于自己的汇总。

总结一下计算当前库存所使用的技巧：首先，要制造一个复合字段；其次，要使用D$1:D1这种引用方式。

一技傍身——SUMIFS向辅助列说“拜拜”

从2007版开始，Excel多了一个函数叫SUMIFS。顾名思义，就是多条件求和。它的出现，让辅助列成了历史。如果用SUMIFS来完成“当前库存”的计算，直接将多条件写入参数即可。如图4-53，E2单元格的公式为=SUMIFS(G$1:G1,C$1:C1,C2,D$1:D1,D2)。

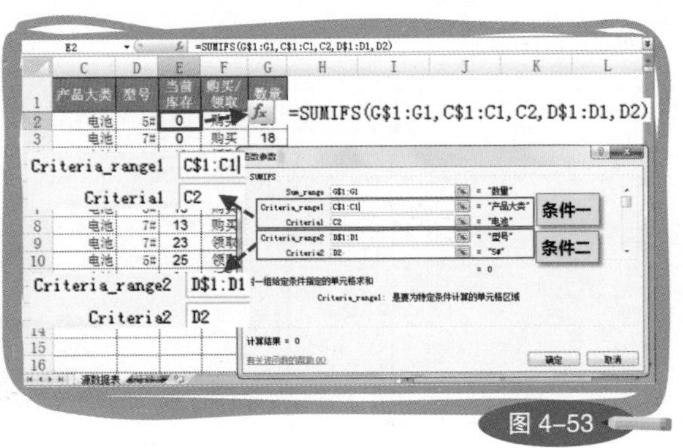

图 4-53

SUMIFS在参数顺序上做了一些调整，把原来的第三参数放在了第一位，往下则可以添加不同的用于配对的单元格区域及条件。不过，需要注意的是，SUMIF的第三参数可以简写，SUMIFS的第一参数却不能简写。如果将E7单元格公式中的G$1:G6改为G$1，参数是不会自动对齐C$1:C6的，公式结果将为错误值（如图4-54）。

E7　=SUMIFS(G$1,C$1:C6,C7,D$1:D6,D7)

=SUMIFS(G$1, C$1:C6, C7, D$1:D6, D7)

不可简写

	C	D	E	F	G
1	产品大类	型号	当前库存	购买/领取	数量
2	电池	5#	0	购买	20
3					
4	电池	7#	18	领取	-3
5	电池	7#	15	领取	-2
6	电池	5#	20	领取	-5
7	电池	5#	#VALUE!	购买	10
8	电池	7#	1	购买	10
9	电池	7#	2	领取	-8
10	电池	5#	25	领取	-1
11	电池	5#	24	领取	-2

图 4-54

这也说明，“从小”养成将参数写完整的好习惯是有意义的。

VLOOKUP给建议，啥时补货有提醒

Excel的设计要符合工作流程，同时，工作流程也可以根据Excel的设计而改变。因为我们知道Excel可以给出“购买建议”，所以才要求事先对每件用品设定合理的库存量。对于一家企业而言，这其实是需要做大量研究才能得出的结论。但企业应该明白，库存是第三利润源泉的主要组成部分。库存量过高，占用资金；库存量过低，导致缺货，会影响市场。谁能将库存控制在合理的范围，谁就能从中获得巨大的直接利益。

>>>>>　>>>>>　>>>>>

这是从“购买建议”想到的Excel对企业管理的意义。回到正在做的这张表，我们只是希望当用品数量减少到某个程度时，Excel能自动提醒购买，并给出建议的数量。之前准备的代表用品属性的参数，现在终于要派上用场了（如图4–55）。

	C	D	E	F	G	H	I
1	产品大类	型号	参考单价	分类	单位	库存下限	库存上限
2	电池	5#	9.15	B	个	14	52
3	电池	7#	10.07	B	个	1	54
4	电池	1#			个	1	31
5	色带	630K			根	8	14
6		BC-03	15.17	A	个	19	52
7	墨盒	HP816	15.71	A	个	42	57
8	墨盒	HP817	12.25	A	个	11	50

源数据表 参数表

合理库存量

参数表

图4–55

在源数据表中通过产品大类+型号，得到参数表对应用品的库存上、下限，这属于查找与引用范畴。在这个类别的函数中，VLOOKUP无疑享有大腕儿级的出镜率。它的主要用途之一，是查找某单元格数据在数据库中是否存在，如存在，则返回该数据库中同行指定列的单元格内容；如不存在，则返回#N/A。要注意的是，被用来和“某单元格数据”进行匹配的字段，必须在选定数据区域的首列。VLOOKUP有四个参数，分别为：用什么找、去哪里找、找到了返回第几个值、精确找还是模糊找（如图4–56）。

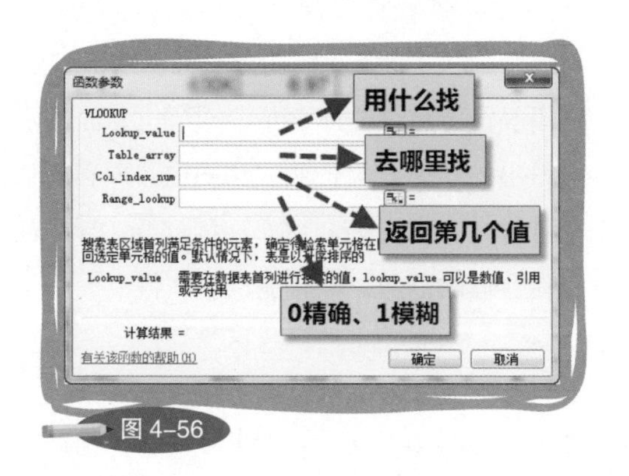

图4–56

和SUMIF一样，VLOOKUP第二参数只能是对单元格区域的引用。所以，需要在参数表中制造一个新的字段用于匹配，数据为产品大类+型号，并且字段应该位于第二参数选定数据区域的最左列（如图4-57）。VLOOKUP中的列数，是相对于选定的数据区域而言的，它是一个相对位置的概念，与Excel本身的列坐标无关。

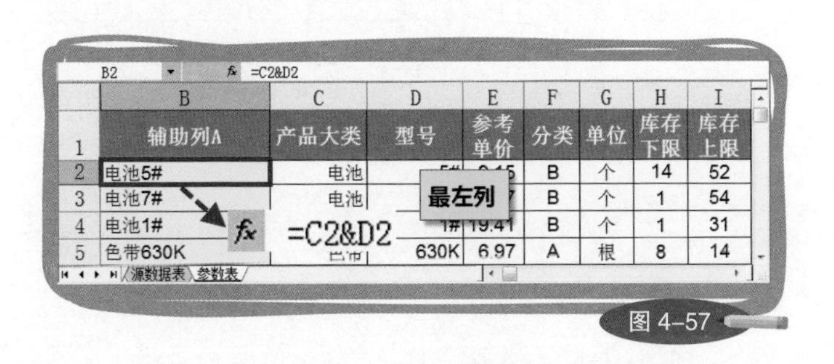

图 4-57

“购买建议”的计算逻辑是，通过产品大类+型号找到参数表中对应的库存下限，使其与购买或领取后的该用品库存做比较。如果用品库存小于库存下限，则建议补足至对应的库存上限。为了方便理解，我将嵌套函数做一个简单的分解，用添加辅助列的方式来完成公式的编写。

如图4-58所示，首先，在“购买建议”后创建“下限辅助列”和“上限辅助列”，L2的公式为=VLOOKUP(A2,参数表!B:I,7,0)。意思是，用A2单元格的数据去参数表B:I列进行查找，如果在B列找到了匹配的数据，就返回它同一行第七列的值，即“库存下限”。要注意，如果在源数据表中没有事先制造A列，第一参数也可以写为C2&D2。“库存上限”的获得与之相似，只需要将函数的第三参数改为8即可，这里就不赘述了。

>>>>> >>>>> >>>>>

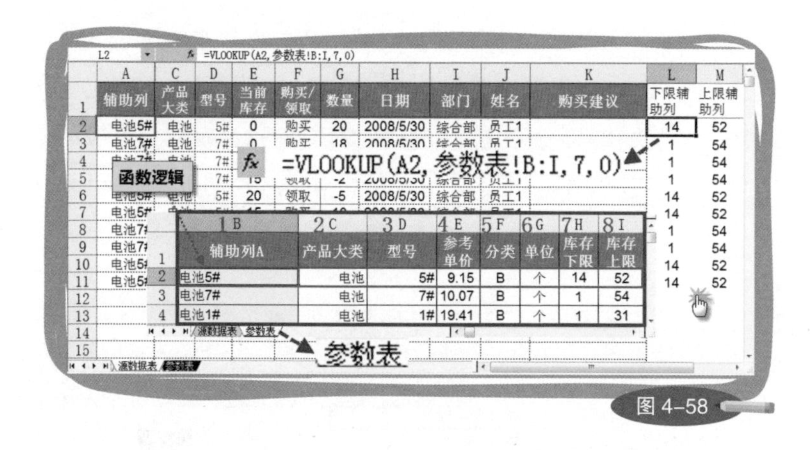

图 4-58

得到了库存上、下限，就要引入IF函数给出“购买建议”，K2公式写为=IF((E2+G2)<L2,"需购买"&M2-(E2+G2),"-")。意思是，当“当前库存”加上“数量”小于库存下限时，返回“需购买XX”，XX为库存上限与本次领取后的库存余额的差值；否则，返回“-”（如图4-59）。

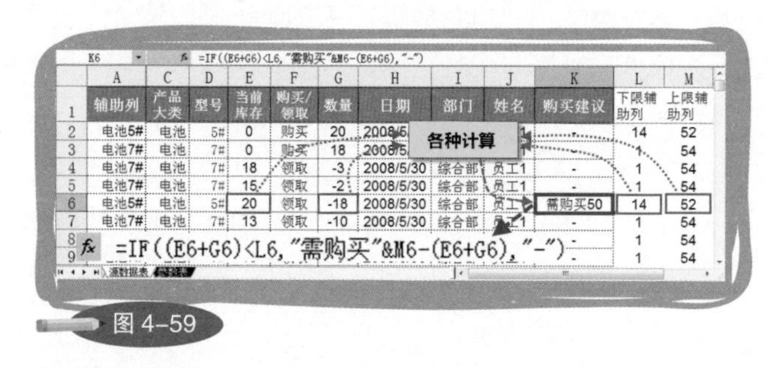

图 4-59

需要购买的数量也可以灵活设置，比如补足上、下限的平均值等。如果还需要让购买建议体现用品的单位，再嵌套一个VLOOKUP函数即可。

总结一下获得购买建议的技术要点：首先，要为参数制造复合字段用于匹配；其次，为了避免嵌套函数写得过于复杂，最好利用辅助列分解步骤；最后，理清数学关系，并在IF函数中设置易读的返回结果。

“购买建议”与“当前库存”一样，在管理上都有很重要的意义。它们是智能Excel表格必备的元素——提醒。这项功能可以与数据处理功能相媲美，除了单元格内容的提醒（公式），还有格式的提醒（条件格式）以及另类的批注（数据有效性）。合理运用这些技巧，相当于让Excel成为你的贴身秘书，不仅能随时告诉你下一步该做什么，而且能找好了东西放在你面前。被老板使唤惯了，你难道不想在Excel身上找回点做主人的感觉吗？

一技傍身

——辅助列，公式的好伴侣

开始学写公式，就一定会接触到辅助列。公式与它的关系，就好像很早以前的咖啡和咖啡伴侣。在那个年代，如果咖啡伴侣用光了，咖啡也就放着不喝了。辅助列对公式有三点帮助：第一，让不可能的事变为可能，如实现SUMIF或VLOOKUP的复合字段条件求和或匹配。第二，缩短公式长度，降低公式的编写难度，例如，如图4-60所示，制造等差序列，避免更复杂的公式写法。辅助列对简化公式所做的贡献，丝毫不输给“名称”。第三，分解公式步骤，使初学者也能完成复杂公式的编写，例如前面刚刚讲过的对“购买建议”的设置。所以，用好辅助列，牙好，胃口好，心情更好。

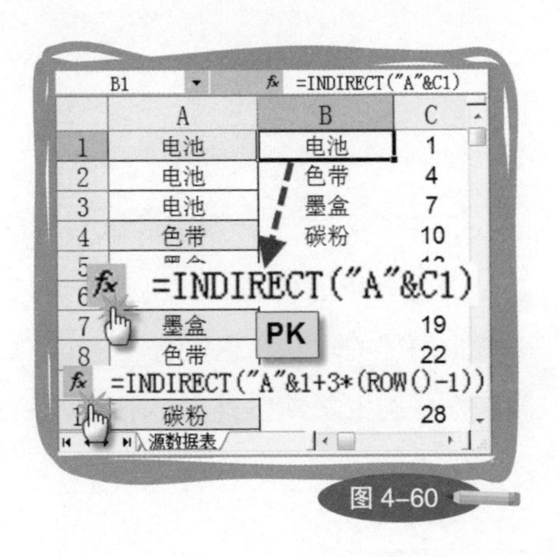

图 4-60

辅助列有一个经典的用法——在指定的整数范围内制造不重复的随机数。方法是：在辅助列用RAND函数制造一组大于等于0小于1的随机数，然后用RANK对其进行排名。由于RAND函数生成的随机数几乎不可能重复，所以排名结果就可以被当作不重复的随机整数。为了让这个技巧显得更有趣一点，我给它穿了个预测双色球的马甲。

P.S. 双色球的规则是从1~33中选6个数，再从1~16中选1个数。别说我没告诉你，彩票有风险，购买需谨慎。

如图4-61所示，首先，在A1写公式=RAND()，复制到A33，生成33个随机数；然后，在B1写公式=RANK(A1,$A$1:$A$33)，复制到B33，为随机数排名。隐藏7~33行，在B34写公式=RANDBETWEEN(1,16)，得到1~16的随机数。这是勾选“分析工具库”才会出现的函数（工具→加载宏）。设置好以后，每按一次F9刷新公式结果，就能得到一组新的双色球号码。祝你成功！

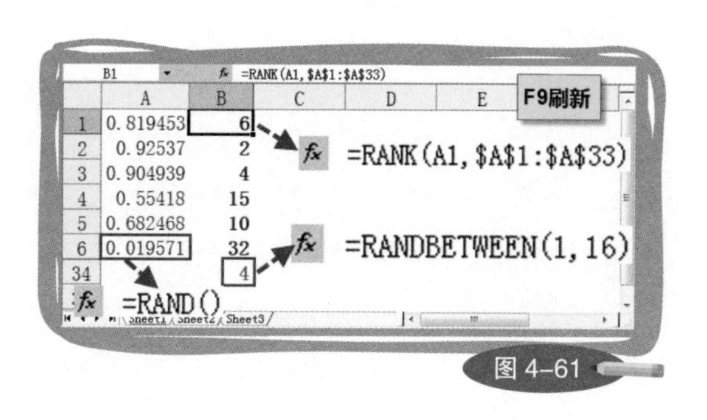

图 4-61

天生我材忒有用，多个条件能汇总

源数据表设置得差不多了，剩下的就只有分类汇总表了。从大的概念讲，分类汇总是数据分析的代名词，也就是通过源数据得到各种数据结论。所以，它并不特指简单的求和，也没有固定的样式，所有函数以及数据处理功能都可以与获得分类汇总结果有关。不过，在这当中，我们最常遇到的还是分类求和。

虽然数据透视表绝对是完成这项任务的不二“人”选，可它也有一些局限，诸如需要手动更新、格式难调、样式不够灵活等。而使用公式恰好在这几个方面具有一定的优势，尤其是当汇总表的样式已经被设定好，只需要往里填数的时候。

分类求和，其实也就是条件求和，将一维源数据变为二维汇总表还是要用到SUMIF函数。如图4-62所示，这是一个汇总表的样式，需要得到其中的汇总数据。

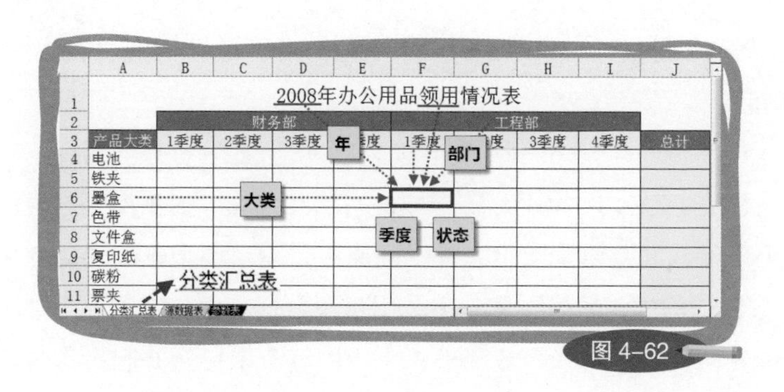

图4-62

分析汇总表时，关键要找到与汇总数据相关的字段。在图4-62中，容易找到的是“产品大类”“季度”和“部门”，另外两个字段“年”“状态”则藏在了标题中。对SUMIF而言，汇总数据涉及几个字段，源数据表的辅助列中就应该有几个字段。“产品大类”“部门”“状态”在源数据表中是现成的，“季度”“年”则需要从“日期”中提取。提取年份很简单，使用YEAR函数就行。提取季度稍微麻烦一点，首先要通过MONTH函数获得月份，然后用ROUNDUP函数将月份转换为对应的季度，计算的逻辑是：对月份值除以3的结果向上取整。将以上三个辅助列添加到源数据表中，如图4-63所示，R2的公式为=YEAR(H2)，获得“年”；S2的公式为=ROUNDUP(MONTH(H2)/3,0)&"季度"，获得“季度”；T2的公式为=C2&I2&S2&R2&F2，将产品大类、部门、季度、年、购买/领取合并在一起。

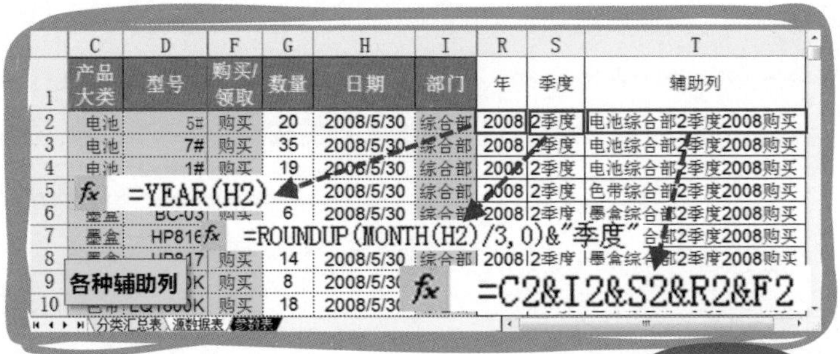

	C	D	F	G	H	I	R	S	T
1	产品大类	型号	购买/领取	数量	日期	部门	年	季度	辅助列
2	电池	5#	购买	20	2008/5/30	综合部	2008	2季度	电池综合部2季度2008购买
3	电池	7#	购买	35	2008/5/30	综合部	2008	2季度	电池综合部2季度2008购买
4	电池	1#	购买	19	2008/5/30	综合部	2008	2季度	电池综合部2季度2008购买
5	[illegible]	[illegible]	[illegible]	[illegible]	2008/5/30	综合部	2008	2季度	色带综合部2季度2008购买
6	[illegible]	BC-03	购买	6	2008/5/30	综合部	2008	2季度	墨盒综合部2季度2008购买
7	墨盒	HP816	[illegible]	[illegible]	[illegible]	[illegible]	[illegible]	[illegible]	[illegible]合部2季度2008购买
8	[illegible]	HP817	购买	14	2008/5/30	综合部	2008	2季度	墨盒综合部2季度2008购买
9	[illegible]	[illegible]K	购买	8	2008/5/30	[illegible]	[illegible]	[illegible]	[illegible]
10	[illegible]	[illegible]K	购买	18	2008/5/30	[illegible]	[illegible]	[illegible]	[illegible]

图 4-63

值得注意的是，辅助列中的描述必须与汇总表中字段的描述完全一致。所以，季度不能是“2”，必须是“2 季度”。

一切就绪，回到汇总表中写公式。SUMIF参数的写法和计算“当前库存”时一样，只不过第二参数多了几个条件，并且由于汇总表样式的原因，引用类型也多了点变化。在汇总表中，SUMIF函数参数填写的逻辑是：第一参数引用源数据表中集合了五个字段的辅助列，作为用于匹配的单元格区域；第二参数将汇总表中的五个字段合并起来作为条件；第三参数引用源数据表中的“数量”，用于求和。如图4-64所示，B4的公式为=SUMIF(源数据表!$T$2:$T$2000,$A4&$B$2&B$3&"2008"&"领取",源数据表!$G$2:$G$2000)。如果嫌麻烦，第一、第三参数也可以直接引用整列，但是要确保源数据下方没有会影响公式结果的干扰数据。

	A	B	C	D	E	F	G	H	I	J
2		财务部				工程部				
3	产品大类	1季度	2季度	3季度	4季度	1季度	2季度	3季度	4季度	总计
4	电池	0	-13	-18	-8					
5	铁夹	0	0	0	-23					
6	墨盒	0	0	-2	-29					
7	色带	0	-4	0	-52					
8	文件盒	0	0	0	-4					
9	复印纸	0	0	-29	-1					
10	碳粉	0	-1	0	-4					

图 4-64

由于公式将向右、向下复制，第一、第三参数均使用了绝对引用。考虑要让新的源数据也体现在汇总数中，这里故意将单元格区域提前放大，做了一个预约源数据的设置。第二参数字段合并的顺序与辅助列中字段合并的顺序完全一致，并且描述也一致，所以才具备匹配条件。至于第二参数中引用类型的使用，由于向右复制，A4的列不变；向下、向右复制，B2的行、列都不变；向下复制，B3的行不变，综合在一起，就成为公式中所看到的引用方式。但财务部和工程部的公式要分开写，否则，B2的变化会很麻烦。当然，要做也是可以的，但又要嵌套其他函数，依我看就没这个必要了。

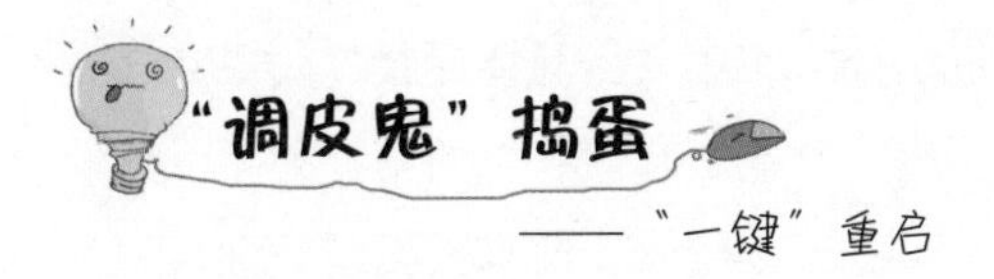

调皮鬼找同事谈工作，他站在同事电脑屏幕的右侧，用右手撑着桌子，靠近键盘。屏幕上显示着一张Excel表格，在调皮鬼来之前，这位同事正在做表。很快，事情就谈完了。可当调皮鬼离开后，同事发现自己的Excel不对劲了。原本按方向键下可以将光标移动到B5单元格，现在光标没动，倒是表格在做整体位移（如图4-65）。

搞了半天，也没办法。于是他关闭了所有的Excel文档，再重新打开，可结果还是一样。最后，这位无辜的同事只好重启电脑。

调皮鬼到底做了什么？其实，他只偷偷按了一个键——ScrLK（Scroll Lock）。

	A	B	C	D	E
1		2008年办公用品			
2		财务部			
3	产品大类	1季度	2季度	3季度	4季度
4	电池	0	-13	-18	-8
5	铁夹	0	0	0	-23
6	墨盒	0	0	-2	-29
7	色带	0	-4		

整体位移

	A	B	C	D	E
2		财务部			
3	产品大类	1季度	2季度	3季度	4季度
4	电池	0	-13	-18	-8
5	铁夹	0	0	0	-23
6	墨盒	0	0	-2	-29
7	色带	0	-4	0	-52
8	文件盒	0	0	0	-4
9	复印纸	0	0	-29	-1

图 4-65

拍张照片，自制数据监控器

“办公用品管理表”就是这样了，它代表了几乎所有“有东西进出型”表格的制表思路和常用技巧。做库房管理的人，把用品换成货架上的货品、把领用人换成发货订单，就能依样做出一张管理库存的进销存表格。做市场管理的人，把用品换成促销品、把领用人换成卖场名称，就能做出一张促销品管理表。

“有东西进出型”在五大常见表格类型中排名居首，理由有四条：第一，最常用，也最常做不好，例如进出分家。第二，最能诠释三表概念。在这个类型的表格中，参数表、源数据表、分类汇总表各自的功能和相互间的关系得到了淋漓尽致的体现。第三，最接近系统。无论是数据有效性控制的二级录入，还是公式达成的自动提醒（当前库存、购买建议），这些以前只在系统中出现的功能，成了这类表格的标准配置。第四，设计思路最严密，也最能体现表格和流程的互动性，例如先查看库存，再决定领用，领用结束后，提醒购买。所以，“有东西进出型”表格是三表概念的代表，我也因此不惜重墨讲了许多，希望对你有所启发，让你在面对相似的工作任务时，能做到融会贯通、举一反三。

最后，我们再为“办公用品管理表”添加一个小装饰。它的作用是帮助我们横跨源数据表和分类汇总表，直观地看到由源数据变化引发的汇总数变化。这项功能叫“照相机”，在默认的菜单中没有，要到“自定义”里将它找出来。打开“工具”中的“自定义”，在“命令”标签的“工具”中找到“照相机”功能。它的位置大概在滚动条的2/3处（如图4−66）。

然后，将它拖动到窗口视图下的工具栏中（如图4−67）。

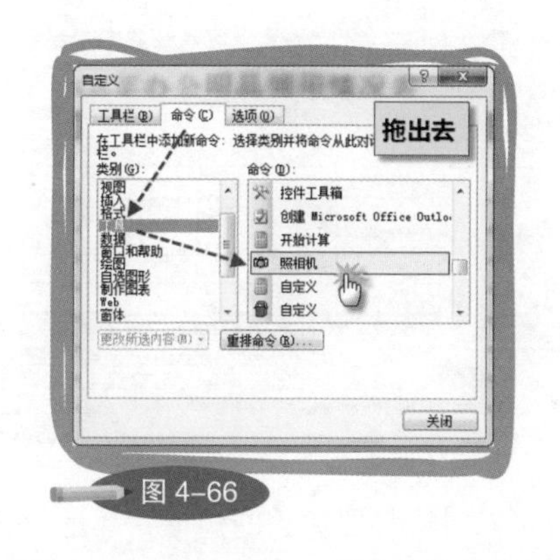

图 4-66

图 4-67

照相机的用途是为单元格拍照，有意思的是，这张照片会随着单元格数据或格式的变化而发生变化。这么有趣的功能，自然会勾起我们无限的遐想："做个监控器如何？"

如图4–68所示，首先，选中分类汇总表中的A2:E5单元格，点击"照相机"，这时光标变成细十字形。然后，在源数据表中随意拖一个框，照片就拍好了（如图4–69）。

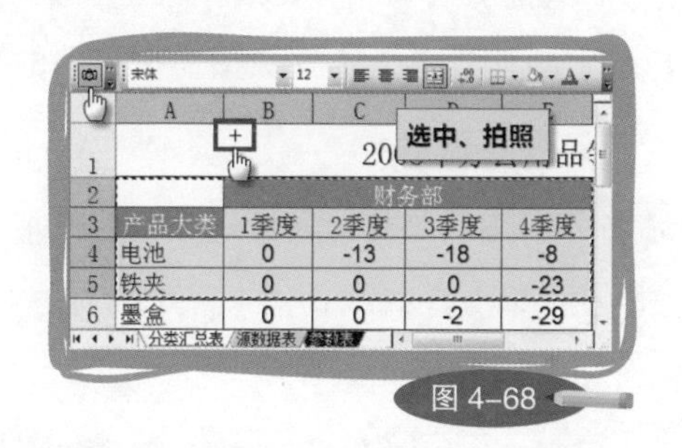

图 4–68

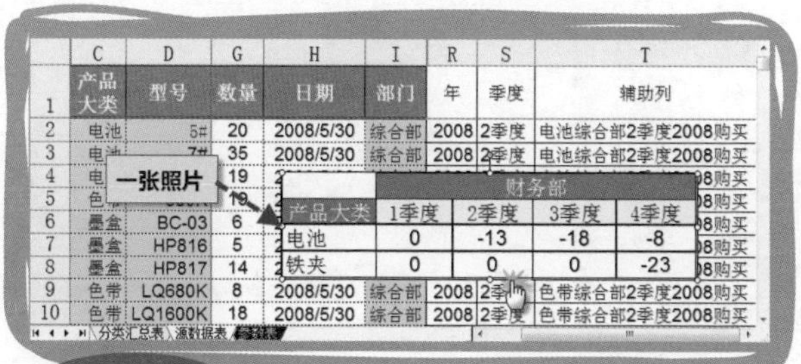

图 4–69

接下来我们做两件事情。先将分类汇总表中的B4单元格变成浅黄色底纹，然后将源数据表中第二行数据改为财务部在2008/1/30领取了20个电池。于是可以看到，照片发生了变化（如图4−70）。

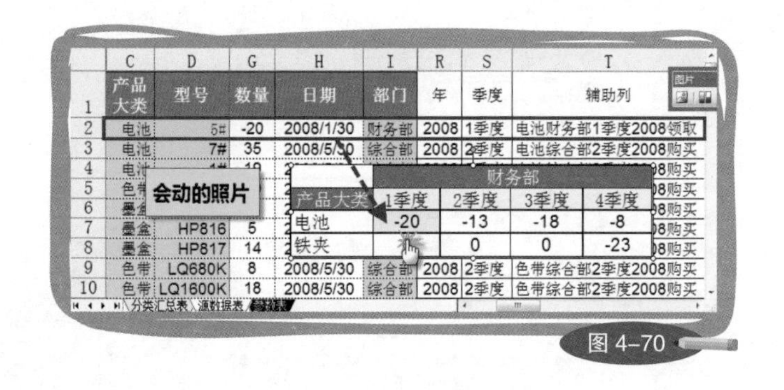

图 4−70

这就是自制的数据监控器。根据需要，你甚至可以将这种照片丢的满世界都是。那么，把它复制到Word中，是不是也会变呢？很遗憾，这个真没有。

照相机其实不止这一种玩法，平时让我们感到头痛的另外两件事，也能用它轻松搞定。

组织结构图

画图不是Excel的强项，可有的人喜欢用Excel画图。插入“图示”虽然提供了现成的组织结构图（如图4−71），可它的样式也还不够灵活。更可怕的是用单元格来画，据我判断，那只会让人崩溃。

换个方式，将职位和姓名分别拍成照片，就可以随心所欲地组合出个性化的组织结构图。并且，就算弄错了一张照片，也不会影响全局（如图4−72）。

图 4−71

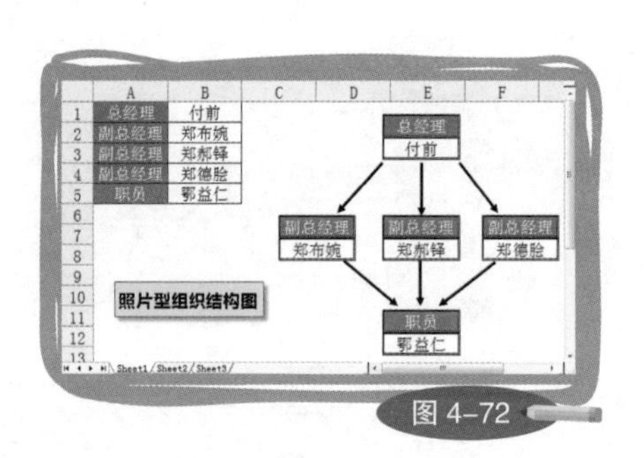

图 4−72

拼接打印

有时候，我们只需要打印表格中某几个部分的数据，如图 4–73 中浅黄色底纹的单元格。

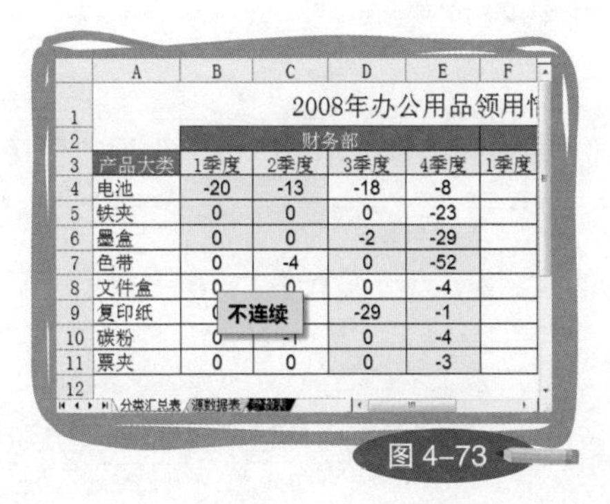

图 4–73

资金雄厚且不注重环保的企业，会将整张工作表全部打印出来，这并不少见。正常情况下，大家会选择复制、粘贴，再打印的方法。但是很无奈，这意味着我们将面临Excel单元格在打印页面难调的困扰。“照相机”似乎天生就是用来解决这个问题的，因为它将单元格区域转换成了照片，而照片的大小和位置是可以随意调整的。有了它，打印不连续的单元格区域就变得容易了许多（如图 4–74）。

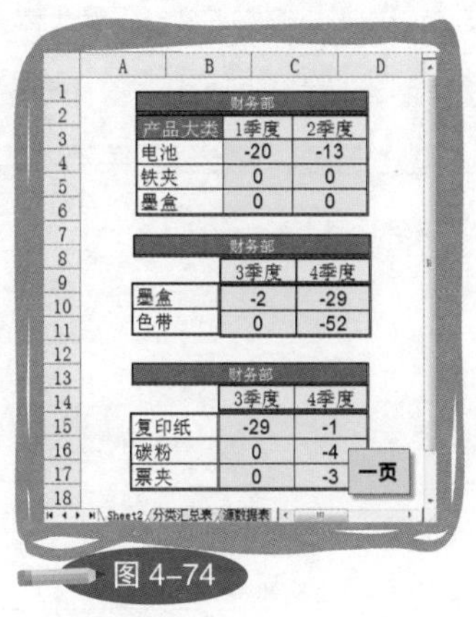

图 4–74

曾经有人问我，还有没有和“照相机”一样好玩的功能，让我再给他介绍两个，因为他说他玩上瘾了。我想了半天，还是只觉得它最有趣。

>>>>> >>>>> >>>>>

一技傍身

最快的选择性粘贴

将公式转换为数值，要用到选择性粘贴。按照常规的步骤，第一步选中数据区域，第二步复制，第三步点右键打开菜单，第四步调用选择性粘贴，第五步选择粘贴为数值。对于操作熟练的人，这几步不算什么。但无论如何，这项功能用起来都没有Ctrl+V那么痛快。

我有一个好方法，不仅不需要调用选择性粘贴对话框，而且瞬间就能完成。

如图4-75所示，首先选中待转换的数据区域，将光标移至区域右边缘，呈四向箭头状；然后按住鼠标右键（注意是右键），将数据区域往右拖动一点点再套回去，松开右键，在出现的菜单中选择“仅复制数值”，即完成转换（如图4-76）。

	A	B	C	D
1			2008年办公	
2		财务部		
3	产品大类	1季度	2季度	3季度
4	电池	-20	-13	-18
5	铁夹	0	0	0
6	墨盒	0	0	-2
7	色带		-4	0
8	文件盒		0	0
9	复印纸	0	0	-29
10	碳粉	0	-1	0
11	票夹	0	0	0

四向箭头

分类汇总表 / 源数据表

图 4-75

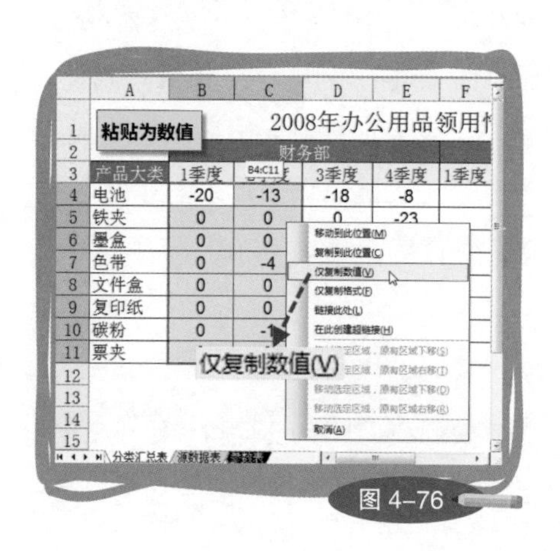

图 4-76

>>>>>　>>>>>　>>>>>

第2节 同一件事多次跟进型

不是所有的表格都为了数据分析而存在，查询和提醒也是Excel的价值所在。

“多次跟进”是个啥

有一种类型的表格，数据不能一次记录完整，要分多次才能完成。比较典型的如长途货运公司的在途跟踪表。为了管理好业务以及掌控车辆情况，表格以货车车牌为主角，在记录单号、装载的货物、始发站、到达站、运费等信息的同时，还需要定期记录车辆的在途情况。这件事通常由公司的内勤来完成，在车辆出发后，根据路途的长短，每天或每两天确定一次车辆的位置，并将日期和位置信息记录在表格中，直至车辆到达。

另一种如客服部门的投诉处理表，表格前半段记录投诉详情，后半段分多次记录投诉处理的过程、与客户沟通的内容以及相关的时间点，直到问题被解决。还有就是销售部门的销售跟踪表，与客户初次接触以后，先记录下客户详情，之后需要多次与客户沟通，并记录每次的沟通结果，以确认销售进度，直到成交或退出。

由于这类表格都是针对同一件事做后续的跟进，并且数据被记录在同一行，所以我把它称为“同一件事多次跟进型”（如图 4-77）。

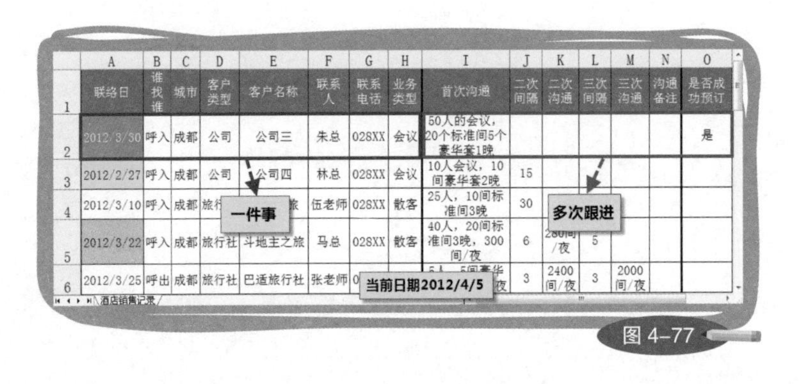

	A	B	C	D	E	F	G	H	I	J	K	L	M	N	O
1	联络日	谁找谁	城市	客户类型	客户名称	联系人	联系电话	业务类型	首次沟通	二次间隔	二次沟通	三次间隔	三次沟通	沟通备注	是否成功预订
2	2012/3/30	呼入	成都	公司	公司三	朱总	028XX	会议	50人的会议，20个标准间5个豪华套1晚						是
3	2012/2/27	呼入	成都	公司	公司四	林总	028XX	会议	10人会议，10间豪华套2晚	15					
4	2012/3/10	呼入	成都	旅行[illegible]	[illegible]旅	伍老师	028XX	散客	25人，10间标准间3晚	30	[illegible]	[illegible]			
5	2012/3/22	呼入	成都	旅行社	斗地主之旅	马总	028XX	散客	40人，20间标准间3晚，300间/夜	6	280间/夜	5			
6	2012/3/25	呼出	成都	旅行社	巴适旅行社	张老师	0[illegible]	[illegible]	5人，5间豪华[illegible]夜	3	2400间/夜	3	2000间/夜		

图 4-77

从数据结构来看，“一件事”涉及的字段远远多于每次“跟进”的字段。如果将跟进数据分行记录，就代表“一件事”要被重复录入多次。这不仅使信息变得冗杂，而且可读性极差（如图 4-78）。

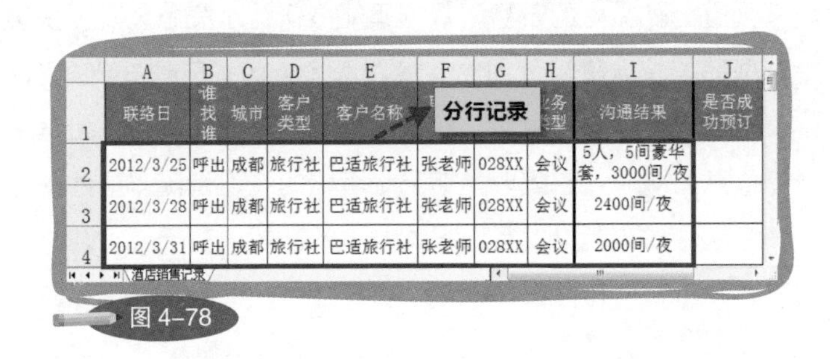

	A	B	C	D	E	F	G	H	I	J
1	联络日	谁找谁	城市	客户类型	客户名称	[illegible]	[illegible]	[illegible]务类型	沟通结果	是否成功预订
2	2012/3/25	呼出	成都	旅行社	巴适旅行社	张老师	028XX	会议	5人，5间豪华套，3000间/夜	
3	2012/3/28	呼出	成都	旅行社	巴适旅行社	张老师	028XX	会议	2400间/夜	
4	2012/3/31	呼出	成都	旅行社	巴适旅行社	张老师	028XX	会议	2000间/夜	

图 4-78

所以，即便“同一件事多次跟进型”并不完全符合天下第一表提倡的相同属性的数据应该记录在同一列的原则，但它却是完成这类跟进工作最常见，也最好用的表格类型。另外一个更重要的原因是，我们并不需要借助Excel功能对跟进结果进行数据分析，因为它们全都是文本。因此，跟进结果是否为文本信息，就成了是否使用“同一件事多次跟进型”表格的判断标准。

“调皮鬼”捣蛋

——快捷键失灵了

调皮鬼的同事刚刚学会用最牛快捷键（Ctrl+Shift+方向键）选择大片数据区域，正在过瘾的时候，调皮鬼晃晃悠悠走了过来，说：“我在酷我音乐盒（一个听音乐的软件）听到了一首老歌，挺不错的，我放给你听。”说着就在电脑上打开了软件。可刚打开，他就走了。同事正纳闷儿：“这人今天怎么神神叨叨的？”继续玩快捷键时，才发现Ctrl+Shift+↓竟然失灵了！只见远处，调皮鬼正得意地向自己抛着媚眼。

原来，很多软件都有预设的快捷键，一旦这些快捷键和Excel中的快捷键冲突，强势的一方就会压倒另一方。当发现Excel快捷键失效时，可以关闭影响它的软件或者修改该软件中默认的快捷键设置。

重于查询，轻于分析

对于大多数“同一件事多次跟进型”表格来说，查询和提醒才是其最主要的用途。可以想象，别说上百条信息，就算只有几十条信息，要记住什么时候该给谁打电话都是一件很困难的事。难怪一位来自三亚的客房销售人员Elise如此说：

我在酒店工作，做客房销售。我管的区域不多，2个大省，每个省2~3个重点城市，每个重点城市的客户类型分为旅行社和商务客户。因为酒店开发这些地方的市场很多年了，有实力的旅行社和商务客户均较固定。这些旅行社产生了什么订单，有多少间夜的产量，谁订的单子，客人的类型是什么，是团队、散客、商务客人还是其他，这些数据类的统计，我不需要自己计算，系统会提供全方位的报表，我们可以看得很清晰。

但我们的业绩来源于沟通，尤其是双方的沟通。因此，我需要一个表格，能让我每天便捷地登记我给哪家客户的哪个负责人打了电话，谈了什么，我们主动问到了哪些有可能入住我们酒店的订单，是会议用房还是散客用房。让我明白哪个是需要及时跟进的，哪个是需要等个十天半个月再打电话，免得让别人厌烦的。另一方面，旅行社也会主动跟我们沟通，主要问我们什么时间有没有什么类型的房间，现在的价格是什么，能给什么优惠。我回复了以后，一方面要跟进，一方面也需要统计哪个旅行社问得多，订得也多，或者问得多，订得少，看出旅行社的活跃度，来检验自己的销售效果，调整自己的销售方向。

我有以上的需求，却没有一个管理的利器。因此，我常常会每天给别人打了很多电话，别人也给我打了很多电话，文字类信息和订房类信息我都是以文字形式一条一条记下来，一大版。有用的信息找起来好难，而且没办法做提前通知，不知道什么时候我该重点跟哪几个，常常捡了芝麻，丢了西瓜。长此以往不是办法。

那么，我就以此作为案例，在帮助Elise摆脱困境的同时，也说说一张“同一件事多次跟进型”表格的前世今生。

从描述来看，Elise所在的酒店有一套业务系统，可以管理订单的详细信息，并能提供全方位的报表。这说明统计旅行社活跃度和检验销售效果的源数据不应该全部来自于这张表格，它只负责管理下订单之前的销售过程，而不用记录实际执行的订单信息。既然只是销售过程，就需要提前弄明白一点。虽然Elise提出了很多看似与设计表格字段有关的需求，如：给哪家客户打了电话，谈了什么，是“会议用房还是散客用房”，旅行社也会主动问“什么时间有什么类型的房间，现在的价格是什么，能给什么优惠”等，但这些数据都没有明显的分析价值。这里所说的分析，是指求和、计数、求平均等数学计算。那么，不用分析，就说明数据的记录方式可以不遵循一个属性一列的原则。于是，表格已经有了雏形，这应该是一张主要由文本数据组成的表格，并允许在同一个单元格中记录大量信息。

对于表格，Elise直接说出了她的困扰——“有用的信息找起来好难，而且没办法做提前通知，不知道什么时候我该重点跟哪几个，常常捡了芝麻，丢了西瓜”。简而言之，她希望表格能给她提示，指导她的工作。再结合前面的描述——“让我明白哪个是需要及时跟进的，哪个是需要等个十天半个月再打电话，免得让别人厌烦的”，说明提示的时间需要由她来自定义，而非设置统一的公式，如每隔四天或七天提示之类。所以，“跟进”应该有两个字段，分别是再次联络的时间间隔和沟通结果。

那么，“一件事”要用多少字段来描述才够呢？作为管理客房销售进度的表格，只要能在下次联系客户时起到充分展示关键信息的作用就可以了。于是，就有了联络日、谁找谁、城市、客户类型、客户名称、联系人、联系电话、业务类型等主要字段。

除此以外，由于跟进行为可能会提前结束，如第一次沟通客户就下了订单，所以还需要设计一个代表状态的字段，用以标志已经完成的销售任务。

综合以上分析，我们就得到了如图 4-79 所示的表格。表格前半段记录客户详情，后半段“多次跟进”沟通结果。

	A	B	C	D	E	F	G	H	I	J	K	L	M	N	O
1	联络日	谁找谁	城市	客户类型	客户名称	联系人	联系电话	业务类型	首次沟通	二次间隔	二次沟通	三次间隔	三次沟通	沟通备注	是否成功预订
2															
3															
4															

基本字段

酒店销售记录

图 4-79

一技傍身——小心掉入压缩文件和邮箱附件的陷阱

对“表”哥、“表”姐而言，人世间最悲哀的事莫过于做了一天的表却忘记保存。而比这更悲哀的，是做了一天的表，也一直在保存，却没有保存上。如果上天再给你一次机会，一定记得不要直接从压缩包中打开文件或在邮箱中打开附件进行编辑。如果你已经这么做了，“另存为”将是最明智的选择。其实最安全的方法是先解压或下载到本机后，再进行操作。如图4-80所示，压缩文件中的文档慎入。

图 4-80

如图4-81所示，邮箱中的附件慎入。

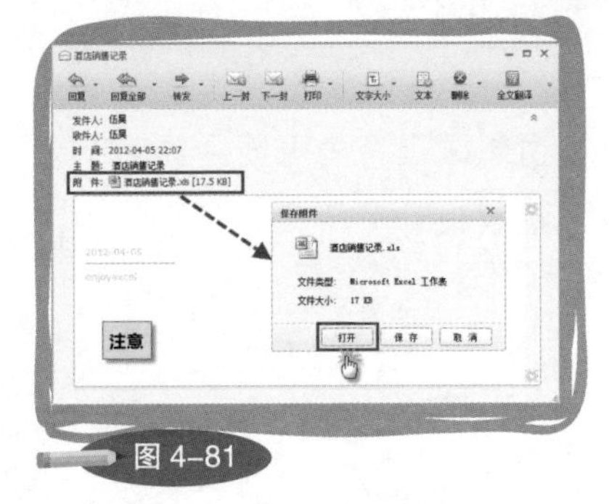

图 4-81

图 4-82

不过，也有好消息。压缩软件和部分邮箱提供了修改或保存提示，尽可能避免了这类“惨案”的发生（如图4-82）。

跟进有度，定好次数

虽然在数据处理上，Excel可以媲美系统，但对于文本类信息的掌控，它还是稍显无力。“同一件事多次跟进型”表格面临的最大问题，是每一行记录需要跟进的次数可能不同。有的客户沟通一次就下了订单，有的客户跟进了十次还不做决定。由于跟进信息是被分列记录的，因此这种业务模式意味着表格中的数据会忽长忽短，参差不齐。同样的问题，也存在于在途跟踪和投诉处理工作中。

原本只要将数据分行记录，就可以克服这个难题，至少能做到格式的统一。但我们在前面已经论证过，因为跟进信息没有分析价值，只用于查询，分行只会加大工作量，而不能产生任何实际意义。所以，在设计这类表格时，要对工作过程中获得的信息有所取舍，不能以大而全为目标，只要尽量照顾到最主要的部分即可。

我的建议是，对同一件事设定相对固定的跟进次数。一般来说，三次就足够了。咱们常说“事不过三”，如果三次还抓不住重点，后面的工作也就没有多大意义。从Excel功能的角度来看，条件格式所能包含的条件个数是三个，限定三次跟进可以使条件格式对每个阶段都做提醒。此外，从管理的角度来看，限定三次跟进可以迫使销售人员选择最有效的数据进行记录，这也相当于推动他思考跟进的步骤并重视每一次跟进行为。

“跟进有度”这四个字，是设计与执行这类表格最基本的考量。

>>>>> >>>>> >>>>>

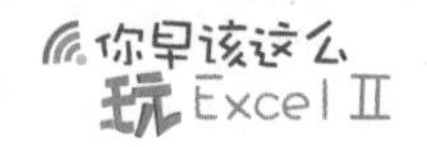

一技傍身

——将替换进行到底

这个题目是关于如何将单元格中的表达式计算出来。

如果你看到的是如图4－83所示的数据，可能会想到以乘号作为分隔符号，将其分列后再计算。但如果是图4-84所示的具有不规则运算符的表达式，这招就不好用了。

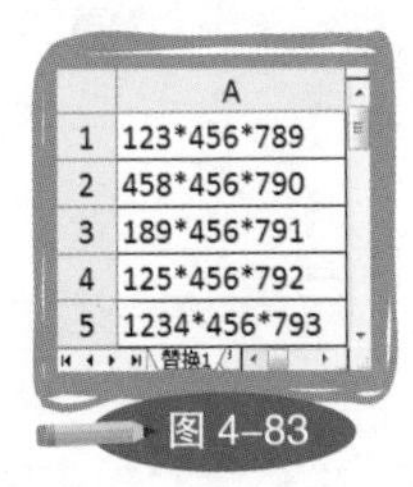

	A
1	123*456*789
2	458*456*790
3	189*456*791
4	125*456*792
5	1234*456*793

图 4-83

	A
1	123*456+789
2	458*456*790
3	189+456+791
4	125*456*792
5	1234-456*793

图 4-84

解决这个问题比较正统的方法是用EVALUATE函数。可这不是一个可以直接写在单元格中的函数，它必须以名称的方式出现。如图4－85所示，首先在B1单元格定义名称“Result”，引用位置填写=EVALUATE(替换2!$A1)。

然后，在B1写公式=Result（用F3调用名称），并向下复制完成（如图4－86）。

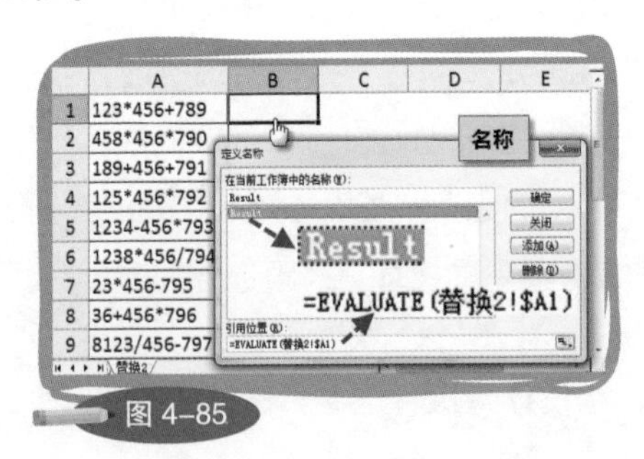

	A
1	123*456+789
2	458*456*790
3	189+456+791
4	125*456*792
5	1234-456*793
6	1238*456/794
7	23*456-795
8	36+456*796
9	8123/456-797

图 4-85

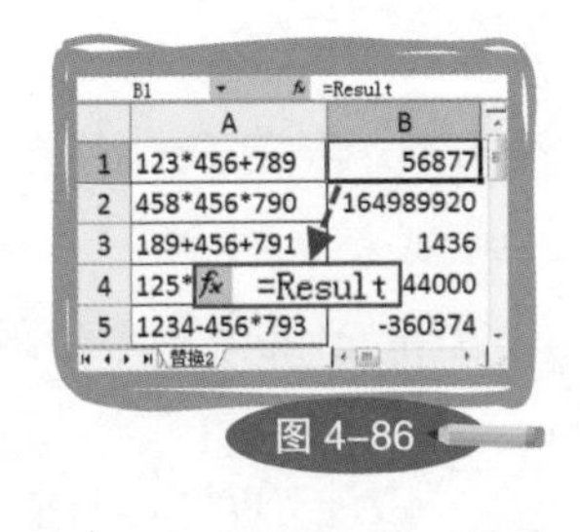

	A	B
1	123*456+789	56877
2	458*456*790	164989920
3	189+456+791	1436
4	125*456*792	44000
5	1234-456*793	-360374

图 4-86

其实，看到这个题目时，你也许并不会首先想到用函数解决。显而易见，A列的表达式只是缺少一个“=”号而已，加上不就得了。如图4－87所示，在B1写="="&A1，公式结果为文本。

然后，用选择性粘贴将公式变为数值。但此时你会发现，虽然表达式正确了，单元格还是不计算（如图4—88）。

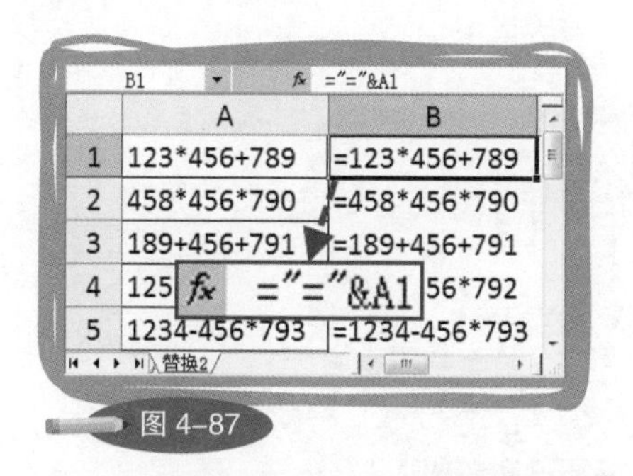

图 4-87

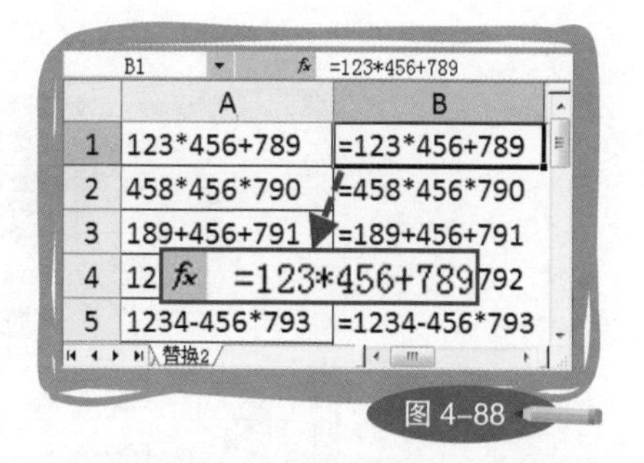

图 4-88

遇见这种情况，做一次相同数据的替换就能强制运算，如：将“=”号替换为“=”号（如图4—89）。

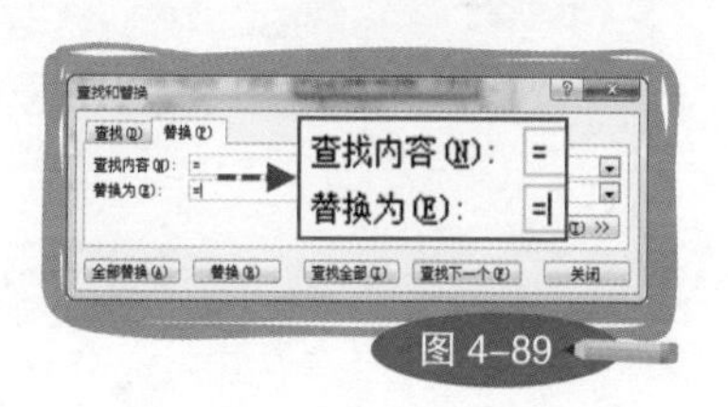

图 4-89

以上两种方法，殊途同归，大家各取所好。

有效性把关数据依次录入

为了使销售人员按规定的流程跟进，可以通过数据有效性设定数据的依次录入。基本流程应该是：先有首次沟通的记录，才允许预约第二次沟通的时间，然后再填写第二次沟通的结果……公式逻辑为：判断左侧相邻单元格是否为空。

如图4—90所示，在酒店销售记录表中选中J2:M1000，调用数据有效性对话框，将允许类型选为“自定义”，公式写为=len(I2)<>0，记得取消勾选“忽略空值”。同时，为了提醒操作者应该按照怎样的规则录入数据，在“出错警告”标签中，将标题内容写为“出错提示”，错误信息写为“请先完成前一次跟进”。

在用数据有效性做非下拉选项设置时，最好考虑在“输入信息”或者“出错警告”中填上提示内容，事先或者事后提醒操作者该单元格的录入规则。否则，如果全都是图4-91所示那样一成不变的默认提示内容，不仅没有为别人提供方便，反而会带来困扰。

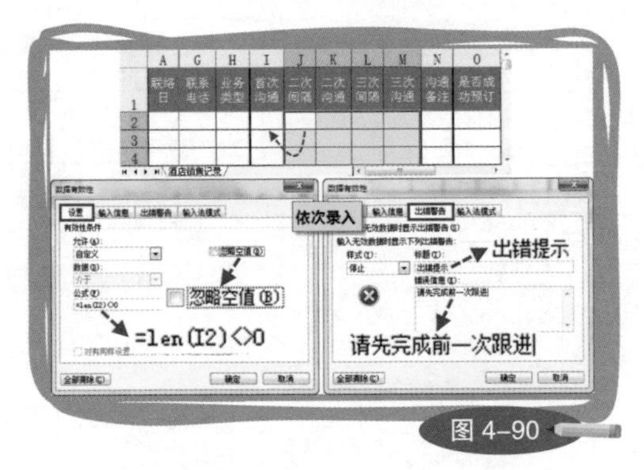

图4-90

图4-91

设计天下第一表以及实现三表结构所用的主要技巧翻来覆去其实就那么几个：&、SUMIF、VLOOKUP、定义名称、数据有效性、条件格式、数据透视表。与以钻研技巧为目的的人不同，懒人只要懂得如何将常用的技巧以合适的方式组合到表格中，就能借助Excel的力量管理好自己的工作。如果想更加了解Excel，在有时间看网上各种每日一招之前，倒不如先把菜单挨个儿翻一遍。

善用条件格式，每日工作有提醒

我们前面所做的一切，都还没有触及Elise的核心需求。她真正想要的，是表格的自动提醒。这样她才能将精力放在重点客户身上，并且记得什么时间应该给谁再打个电话，而不是对着一大堆文本信息发呆。在表格中设置提醒与在手机中设置备忘录一样，都是希望当某事件临近到期或者在应该执行的期限内，它能通过某种形式的表现引起我们的注意。唯一不同的是，备忘录通常用声音来表现，而表格则用色彩和格式来表现。

除了根据时间进行提醒，跟进型工作有时也需要根据状态进行提醒。例如在投诉处理过程中，不同的处理状态可以用不同的颜色显示，以此代表不同的紧急、重要程度。

Elise想要的提醒属于时间和状态混合型。表格既要根据自定义的沟通间隔提醒她进行下一次沟通，也要根据房间的预订状态提醒她销售成功，跟进结束。因此，如图4-92所示，J:O列为判定区，条件格式将提取这个数据区域的数据特征进行判断，并将格式显示在最容易受到关注的A列。

	A	B	C	D	E	F	G	H	I	J	K	L	M	N	O
1	联络日	谁找谁	城市	[illegible]	客户名称	联系人	联系电话	业务类型	首次沟通	二次间隔	二次沟通	三次间隔	三次沟通	沟通备注	是否成功预订
2	2012/3/30	呼入	成都	公司	公司三	朱总	[illegible]	[illegible]	[illegible]						是
3	2012/2/27	呼入	成都	[illegible]	公司四	林总	028XX	会议	10人会议，10间豪华套2晚	15					
4	2012/3/10	呼入	成都	[illegible]	[illegible]	[illegible]	028XX	散客	25人，10间标准间3晚	30					
5	2012/3/22	呼入	成都	旅行社	斗地主之旅	马总	028XX	散客	40人，20间标准间3晚，300间/夜	6	280间/夜	5			

图 4-92

状态提醒的逻辑关系很简单，但优先级最高。只要客户成功预订了客房，无论当前处于第几次沟通，该事件都将终止。我们选择用海绿色来表示已经终止的事件，根据其优先级，它应该作为条件格式的第一条件。

在A2单元格打开条件格式对话框（Alt+O→D），将条件选为“公式”，填入=O2="是"，格式设定为海绿色底纹、白色字体（如图4–93）。需要注意的是，由于条件是公式，必须由“=”号引导，不能只写O2="是"。另外，文本要用双引号括起来，如果写成了O2=是，条件格式既不会提示出错，也不会显示格式。

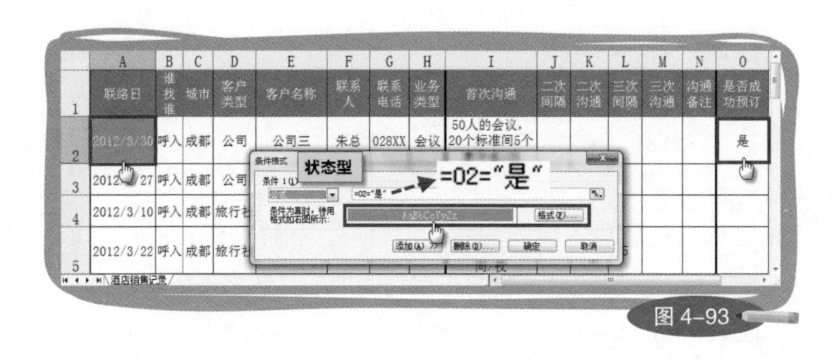

图 4–93

时间提醒分为两段。第一段根据“二次间隔”天数，提醒应该进行第二次沟通，结束标志为“二次沟通”中填入了数据；第二段根据“三次间隔”天数，提醒应该进行第三次沟通，结束标志为“三次沟通”中填入了数据。这两项设置大同小异，每一项都有三个条件需要满足。首先，联络日加上沟通间隔天数要小于等于当前日期；其次，对应的沟通结果要为空；第三个条件比较隐蔽——沟通间隔天数不能为空。试想，如果不加上这个条件，当联络日加空单元格小于当前日期时，条件格式也会被触发。这就代表即使销售人员没有预约第二次沟通的时间，Excel也总会发出提醒。

如图 4−94 所示，在A2 单元格打开条件格式对话框，点击“添加”，条件依然选择“公式”，填入=AND(LEN(J2)<>0,LEN(K2)=0,TODAY()>=A2+J2)，格式设置为黄色底纹，对第二次沟通进行提醒。瞧，常用的AND、LEN、TODAY函数以及“不等于”运算符都出现了。再添加第三个条件，填入=AND(LEN(L2)<>0,LEN(M2)=0,TODAY()>=A2+J2+L2)，格式设置为金色底纹，对第三次沟通进行提醒。最后，使用格式刷向下复制条件格式。

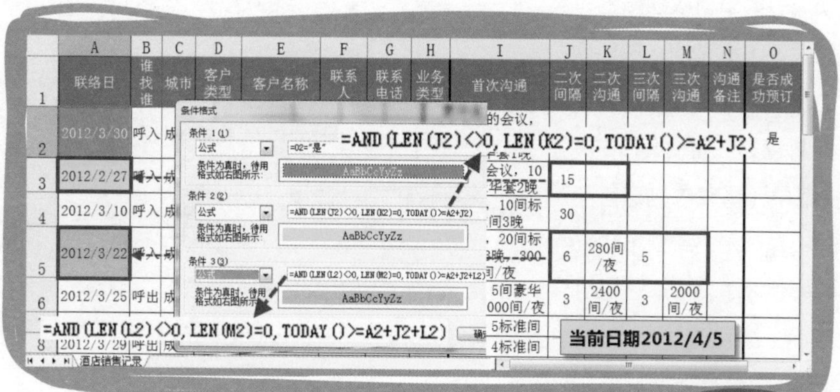

图 4−94

这样，一张满足Elise需求的管理客房销售进度的表格就完成了。它既做到了提前预告，也能自己定义下次沟通的时间，以免让客户感到厌烦。条件格式在这类表格中发挥着极其重要的作用，不过，先于技巧的，还是对工作流程的梳理，对管理目的的认识，以及对表格设计的周全考虑。

>>>>> >>>>> >>>>>

一技傍身——"老掉牙"的按单元格底纹排序

说这个技巧"老掉牙"，是因为它只有在Excel 2003版中才用得上。从2007版开始，排序功能先进了许多，考虑了按单元格底纹颜色和字体颜色进行排序。

先说2003版，要按单元格底纹排序是没有现成的菜单可以操作的，并且底纹还只限手工填充的，不包含由条件格式生成的。对手工填充底纹的单元格进行排序，关键是用GET.CELL函数提取单元格底纹信息。与EVALUATE一样，GET.CELL也必须通过名称的形式才能起作用。如图4-95所示，首先在B2定义名称"底纹"，引用位置填写=GET.CELL(63,酒店销售记录!$A2)，其中，参数63代表提取单元格底纹；然后，在B2写公式为=底纹，向下复制后得到一组数字，对其排序就相当于对单元格底纹进行排序。

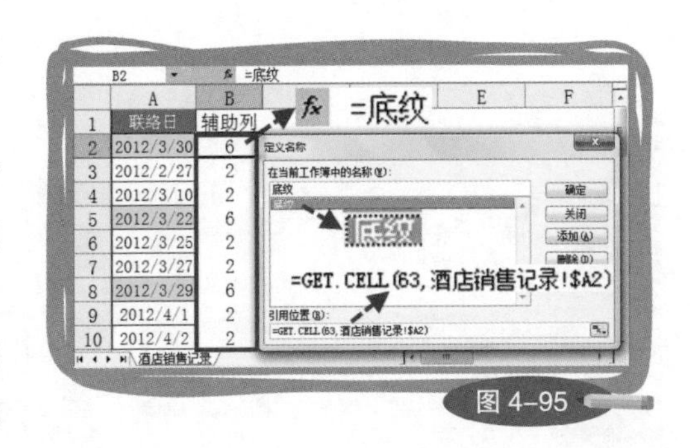

图 4-95

使用2007及以上版本就没有这么纠结，如图4-96所示，无论是手工填充的底纹，还是由条件格式生成的底纹，都可以直接用排序功能搞定。你所要做的，无非只是点几个按钮，选择几个选项而已。

图 4-96

和高级版本的条件格式一样，这也是能让2003版用户口水直流的实用型新功能。

换汤不换药，分批进出有妙招

在对“同一件事多次跟进型”表格的描述中，跟进信息为文本是一个不可忽略的重要元素。如果不留意这一点，很容易将另一类工作所使用的表格归入其中，例如：下了一个订单，但货物分批到达，或者签了一项工程，但按进度分批收款。我曾经就被问过，分批收款的数据应该如何记录，因为提问者表示他管理不好已收、应收、剩余以及总数。“分批”听起来的确是跟进型工作，但我认为，这并非本节提到的“跟进”，而应该属于“有东西进出”。

如果不假思索地做一张表，一定是如图 4–97 这样的格式。

C2 =B2-E2-G2-I2

	A	B	C	D	E	F	G	H	I
1	合同号	总金额（万）	余款（万）	日期	收款	日期	收款	日期	收款
2	CD-001	2000	500	2012/3/1	500	2012/3/20	500	2012/4/5	500
3	CD-002	500	0	2012/3/2	100	2012/3/21	400		
4	BJ-001	3000	2200	2012/3/3	800	2012/3/22			
5	SH-001	1290	890	2012/3/4	400	2012/3/23			

工程收款表

=B2-E2-G2-I2

参差不齐

图 4–97

但由于我们并不知道每一行将要跟进的具体次数，也无法对它进行限定，这种设计注定会使源数据参差不齐。而这恰恰是制表的大忌，尤其是当数据本身具备分析价值时，因为这会使Excel很多的数据处理功能不能发挥应有的作用，比如数据透视表。此外，你再看看图 4–97 中C2 的公式，就知道这是一张多么令人纠结的表格。

所以，当跟进信息为数值时，我们应该换个角度去看待这项工作。尽管合同号是相同的，但每次收款的日期以及数量之间并没有必然的联系，可却又要对它们做数学上的计算。想象一下，这与同一个人在不同的日期领用

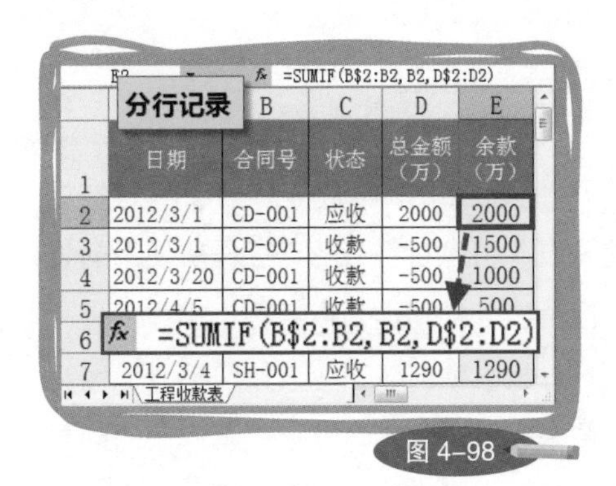

	A	B	C	D	E
1	日期	合同号	状态	总金额（万）	余款（万）
2	2012/3/1	CD-001	应收	2000	2000
3	2012/3/1	CD-001	收款	-500	1500
4	2012/3/20	CD-001	收款	-500	1000
5	2012/4/5	CD-001	收款	-500	500
6					
7	2012/3/4	SH-001	应收	1290	1290

图 4-98

不同数量的相同办公用品是不是一样？事实上，我们应该将这类表格归为“有东西进出型”，用分行的方式记录数据，并且使其自动提示当前“余款”（如图 4-98）。

抓住跟进信息是文本还是数值这个关键点，就能选择正确的表格类型。当它为数值时，与“同一件事多次跟进型”无关，而是换汤不换药的“有东西进出型”之分批进出。

——画直线与默认图形效果

不只Excel，整个Office组件甚至其他一些软件都支持按住Shift键画直线。学会这么一小招，当别人还在与一根直线较劲的时候，你已经在悠闲地喝茶听音乐了（如图4-99）。

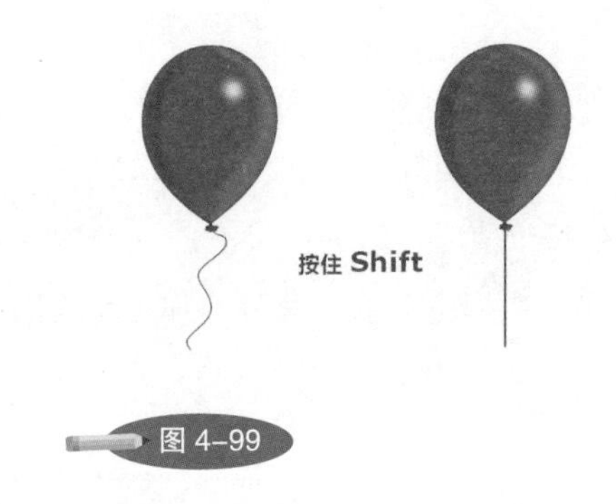

图 4-99

另外，Shift键也能在画图形时将椭圆变成标准的圆，并且具有等比例放大、缩小图形的作用，使图形不至于在操作过程中变了形。

如果设置了个性化的图形效果，并且希望下次直接使用该效果，那就选中设置好格式的图形，在“绘图”中点选“设置自选图形的默认效果”即可（如图4-100）。

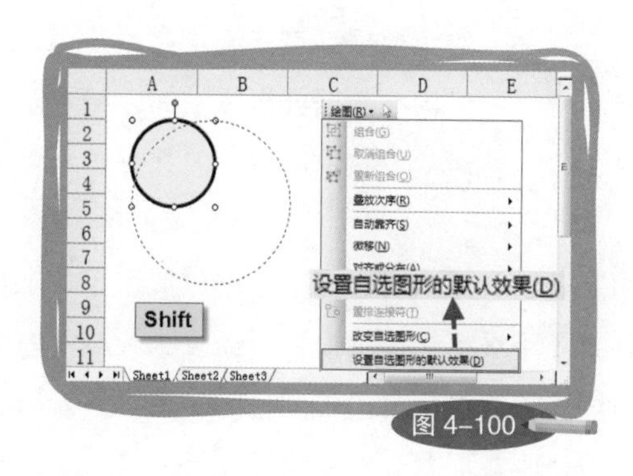

图 4-100

补充一点，画图与使用格式刷相同，双击就能连续操作。

第3节 汇总“汇总表”型

每一个汇总表都应该有对应的源数据，可有时候我们不愿或者不能拥有它，于是，才有了汇总“汇总表”型工作。

汇总“汇总表”是个啥

汇总“汇总表”说的是一位“表”哥将从各地收到的汇总表进行再汇总的工作。与之前的两种表格类型不同，汇总“汇总表”指的是一种工作状态，因为汇总表本身并没有“型”可言。

根据三表概念，汇总结果应该由源数据变化而来。如果想要得到总的汇总结果，应该收集源数据才对，为什么要收集汇总表呢？其实，对于大部分外企和大型民营企业来说，的确鲜有收集汇总表的要求。原因在于这些企业的源数据都直接记录在系统中，而系统一般是全国或者全球联网的。当上级机构有数据分析需求时，根本不需要下级机构提供汇总表，所有的源数据都能从系统中获得，怎么分析全凭上级机构的喜好。

可是，这种模式对于国字号单位似乎不太适合。原因有两点：第一，上级机构要求下级机构提供报表已经成为长期的习惯，没听说哪个区级单位发个源数据让市级单位自己去汇总的；第二，源数据可能涉及机密信息，不能随便外泄。收集汇总表的人通常只是办事人员，无权查看数据明细。正因为如此，大多数常做汇总“汇总表”工作的“表”哥、“表”姐都服务于国字号单位。

这些“表”哥、“表”姐，又分为两类：第一类提供汇总表，属于下级机构；第二类收集汇总表，属于上级机构。下级机构所做的汇总表，一般来说是由上级机构下发的，并且规定了格式。遇到制表人员水平高一点，表格填起来还算舒服，否则，格式古怪得可以让人边填边骂。提供汇总表的人做得不舒服，其实，汇总“汇总表”的人也好不到哪里去。经常听说有人加班加点，又是统一格式，又是调整数据，收了一大堆的表还没开始汇总，光整理就得花上好几天时间。

对于提供汇总表的人，我的建议是一定做好自己的三表。按照规定的格式汇总没问题，但汇总数不要靠手工做，应该通过源数据变化而来。下级机构要有详细、完整、规范的源数据，以应对上头可能提出的各种汇总要求。只要源数据表设计得合理，仅用SUMIF多条件求和，都能完成很大一部分常见的汇总表。

>>>>> >>>>> >>>>>

收集汇总表的人，同时也可能是设计汇总表的人，在设计的时候要充分考虑表格的样式。首先，表头不能过于复杂；其次，尽量减少“合并单元格”的使用；然后，清晰地表达汇总关系，不要产生歧义。如图4-101所示的汇总表，就是一个相对较好的示范。

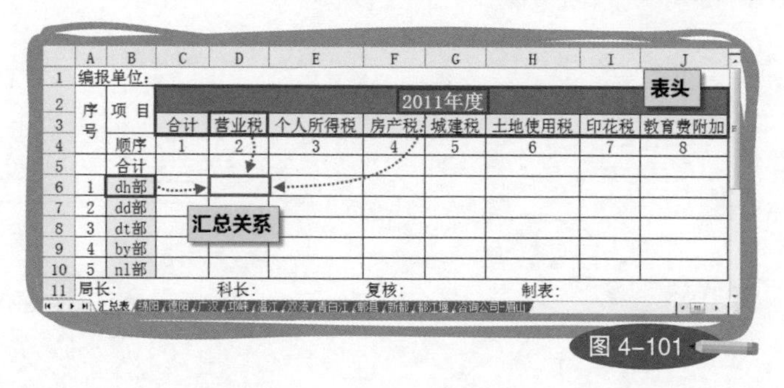

图 4-101

除了设计样式，还要做好填写说明。填写说明可以直接写在表格中，也可以通过电话或者邮件的方式进行传达。这是一个很重要的步骤，不仅能降低汇总表提供者返工的概率，也能一定程度为自己后续的汇总工作减轻压力。

——记忆录入

不用数据有效性也能通过下拉选项进行录入，但要认识一个快捷键Alt+↓，做这件事得靠它。在Excel界面中，Alt+↓代表展开下拉选项，比如：数据有效性序列、自动筛选，以及单元格格式设置对话框中的选项等（如图4-102）。

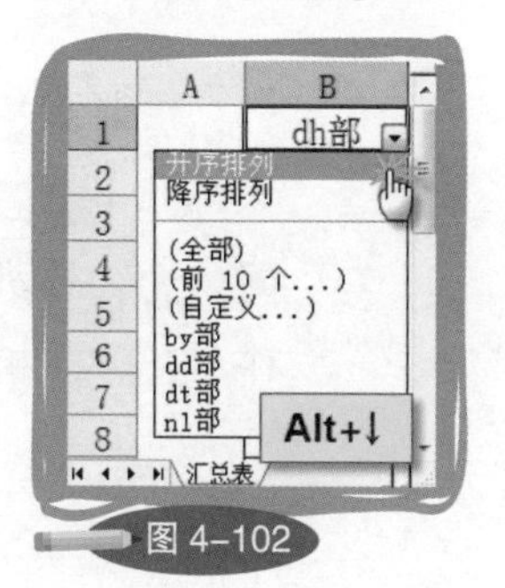

图 4-102

当我们在一列录入了一些文本后，继续往下录入的数据如果与前面的数据相同，根据表格的记忆功能，就不需要再逐字去敲。按Alt+↓，Excel将提供已经录入数据的列表，通过选择就能快速、准确地录入（如图4-103）。

使用该技巧时要注意两点：第一，显示的列表为该单元格以上，到首个空单元格截止的区域里的数据；第二，数字列表不会被记忆（如图4－104）。

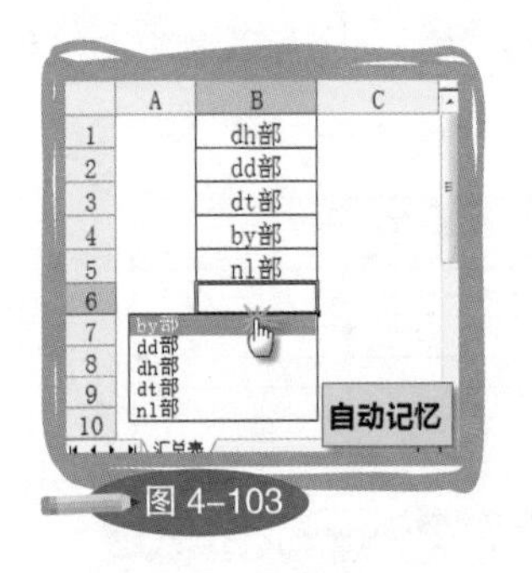

图 4–103

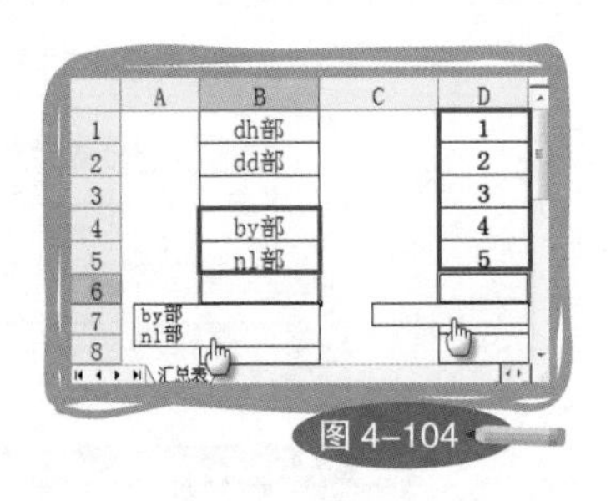

图 4–104

磨刀不误砍柴工，众表归一是关键

接下来，我们来当一回国字号“表”哥。任务描述是：利用从11个地市收集到的如图4－101所示的汇总表来完成总表。为了突出本例的重点，我们姑且忽略统一格式、调整数据等前期工作，并假设11份汇总表与总表的格式完全相同，对应单元格处于完全相同的行和列。

根据工作流程，首先应该将 11 份汇总表与总表放在同一个文件夹中，以方便操作和查找（如图 4–105）。

图 4–105

汇总可以采用两种方法：第一种，直接在总表中写公式，跨工作簿引用各汇总表中的数据；第二种，将各汇总表与总表放入同一个工作簿中，然后再进行汇总。

使用第一种方法，需要先将总表和各汇总表打开，然后如图 4–106 所示，在总表D6 单元格写上“=”号，再切换到不同的汇总表，分别引用其中的D6 单元格。由于跨工作簿的引用默认为绝对引用，根据公式的变化规律，应该将其改为相对引用。

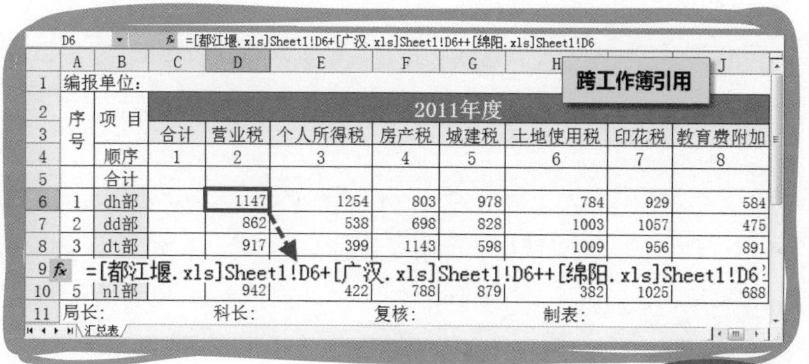

D6 fx =[都江堰.xls]Sheet1!D6+[广汉.xls]Sheet1!D6++[绵阳.xls]Sheet1!D6

跨工作簿引用

	A	B	C	D	E	F	G	H	I	J
1	编报单位:									
2	序号	项 目	2011年度							
3			合计	营业税	个人所得税	房产税	城建税	土地使用税	印花税	教育费附加
4		顺序	1	2	3	4	5	6	7	8
5		合计								
6	1	dh部		1147	1254	803	978	784	929	584
7	2	dd部		862	538	698	828	1003	1057	475
8	3	dt部		917	399	1143	598	1009	956	891
9	fx	=[都江堰.xls]Sheet1!D6+[广汉.xls]Sheet1!D6++[绵阳.xls]Sheet1!D6								
10	5	nl部		942	422	788	879	382	1025	688
11	局长:		科长:			复核:		制表:		

汇总表

图 4–106

但我的重点不在于介绍这种操作方法，而是使用这种方法所带来的问题。乍一看，这似乎是一劳永逸的做法，因为只要用新的文档覆盖旧的，就能自动获得新的总表。可我们真的因此而省事了吗？我并不这么认为。

在这项汇总工作里，11 个地市发来的文档需要存档，每一份总表也需要存档。如果采用了跨工作簿引用的方式，由于公式的原因，想要自动获得当前的总表，11 份新文档必须覆盖原来的。也就是说，如果要保存每个时期的“源数据”，它们还需要在其他文件夹里有备份。这个步骤虽然简单，可并非“顺路”而为，足以影响流程的顺畅。

总表的保存则更为纠结，每次获得汇总数以后，都需要将总表按日期另存一份，并用选择性粘贴将公式变为数值，这样才能记录下每个时期的汇总结果。而这时，由于汇总结果与“源数据”切断了联系，如果某地市要修改之前的数据，“表”哥不仅要更新对应的汇总表，还要手工更新该时期的总表。

听起来已经够麻烦了吧？这还没完。跨工作簿引用本身是存在隐患的，如工作簿在电脑中存放的位置发生变化，或者工作簿的名称发生变化，又或者不小心删除了工作簿等情况，都可能对公式结果造成影响。由于使用的是外部链接，有太多不可控的因素，以至于我一直认为这是危险系数很高的操作，所以不建议大家使用。

我推荐用第二种方法，将各汇总表与总表放入同一个工作簿中，然后再进行汇总，正如图 4-101 所示一样。采用这种方法，几乎解决了前面提到的所有问题。首先，“源数据”不用再单独备份到其他文件夹里，它们就在对应日期的总表中。这将使电脑里的Excel文档数量大幅减少（如图 4-107）。其次，保存总表只需要“另存为”，不用破坏汇总结果与“源数据”的计算关系。这将使你在未来面对数据的修改时更加从容。最后，由于公式是在同一个工作簿中进行内部引用，不仅安全性提高了许多，还能借助Excel的便捷操作，加速汇总结果的获得。

图 4-107

你可能要问：“将这么多表格复制到同一个工作簿中，有没有好的办法？”有，VBA。但你知道我不懂VBA，所以只能麻烦你自己上网去找。据我所知，这是一个很普遍的问题。因此，VBA高手们在各大论坛应该都留下了这样或者那样的工具，只要花点时间就能找到。但是，作为偷懒也讲究场合的懒人，在这件事情上，倒是更倾向于手工操作。

正所谓“磨刀不误砍柴工”，11 份汇总表格式统一、数据无瑕只是一个美好的愿望。你真的敢让表格自动导入、自动计算，然后直接将汇总结果呈现给老板，或者自己用于决策吗？复制、粘贴的过程看似费工费时，没有意义，可它却是对“源数据”进行全面检查以及梳理的重要步骤。这等同于使用数据透视表功能之前对源数据所做的清理工作，是不可或缺的。

在这项枯燥的操作中，依然有能提高效率和准确度的方法，并且让它变得更像是在玩儿。我们所要使用的，是针对工作表以及工作簿的快捷操作，然后将它们编在一起打一套“组合拳”。涉及的技巧有：Shift+F11新建工作表、Alt+W以及数字键切换工作簿、Ctrl+F4关闭当前工作簿、Ctrl+PgDn切换工作表。

第一步，打开 11 份汇总表以及总表，在总表中按住Shift键按 11 次F11，添加 11 个新的工作表。

第二步，按Alt+W，用键盘在数字 1~9 中任选一个，切换到对应的工作簿(如图 4–108)。

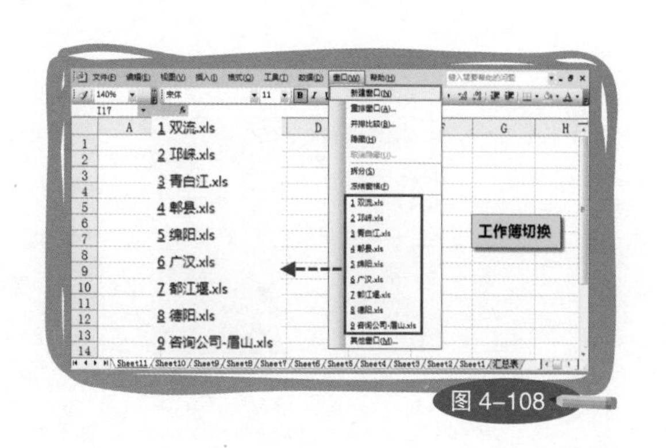

图 4–108

第三步，全选（Ctrl+A一次或两次）、复制，然后按Ctrl+F4关闭当前工作簿，窗口将自动返回总表（如图4–109）。

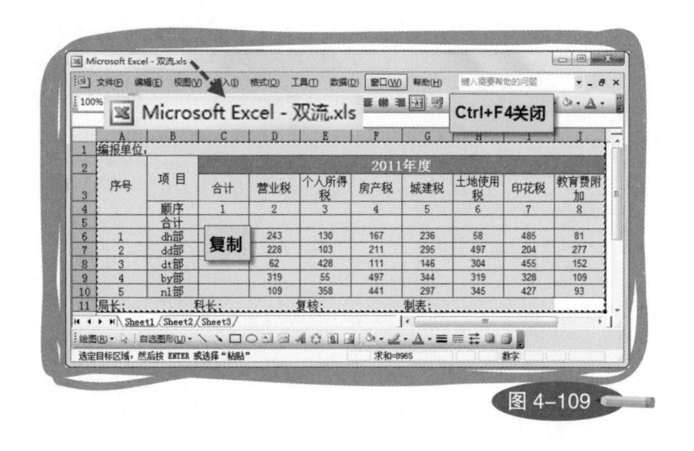

图4–109

第四步，粘贴（新建工作表默认选中A1单元格），然后按Ctrl+PgDn切换到下一个新的工作表。之后，重复第二至第四步，直至“搬家”完成。

由于本例的每一张汇总表在真实环境下都有“编报单位”以及填表、批表人，所以对工作表进行重命名的工作可以放在最后来做。

以上技巧，尤其是通过“窗口”菜单定位工作簿，对经常需要在多个表格中来回切换的“表”哥、“表”姐而言，犹如一件神器。从此以后，“表”哥、“表”姐不用再为找不准所需的表格而烦恼了。另外，当电脑中同时打开了各种文件夹、网页、Word文档时，想要只在Excel表格中进行切换，Ctrl+Tab快捷键也可以帮到你。

真正的懒人，该花的时间一分钟不少，该做的事情一分力不省，同时还要勤于思考，注重细节，并保持一颗好奇的心。

SUM成神器，加法也玩酷

各汇总表与总表放在一起之后，我们就准备在总表中写公式，以得到汇总结果。我有一位在电力系统工作的朋友曾经向我倾诉，说她不愿意写那么多的加号，太麻烦了，还要在一个个工作表中切换，问我有什么其他的办法。咱们之前说过，选择第二种方法可以借助Excel的便捷操作，加速汇总结果的获得。这项操作非常酷，竟然被最简单的SUM给撞上了，来看一下。

完成这项操作需要用到两个技巧，一是单元格批量录入，二是通配符的使用。另外，还要熟悉引用工作表的表达式。怎么确定表达式正确呢？写一个“=”号，点击当前工作表以外的任意工作表，就能看到类似“Sheet1!”这样的引用内容。于是得知，引用工作表就是在工作表名称后加上感叹号。

多工作表批量求和的操作很简单，一句话就能说完——在总表中选中C5:J10，输入=sum('*'!C5)，按Ctrl+Enter完成（如图4-110）。

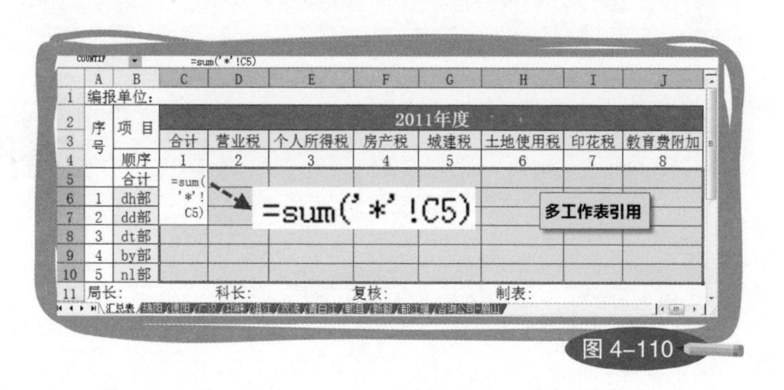

图 4-110

该公式使用了通配符“*”，用于批量引用工作表。表达式“'*'!”的含义是，除当前工作表以外的该工作簿中的其他所有工作表。所以，公式的计算结果为11个地市表格中对应单元格的和。与常规的工作表引用不同，当工作表名称为纯数字或包含运算符、通配符等特殊字符时，为了避免使Excel产生混淆，需要用单引号将工作表名称括起来。

不过，通配符在这里是一次性的，只存在于编辑状态中。当单元格完成录入以后，公式显示的就是实际引用（如图 4–111）。

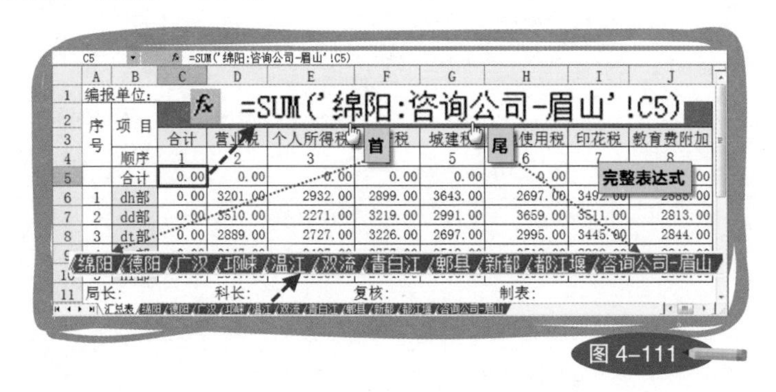

图 4–111

基于参数的这种表达方式，我们也可以换一种编辑方法。选中C5:J10以后，输入“=sum(”。用鼠标点选工作簿最左侧的“绵阳”工作表，按住Shift键，再点选最右侧的“咨询公司－眉山”工作表，得到“=sum('绵阳:咨询公司－眉山'!”。然后，输入“C5)”，按Ctrl+Enter完成。使用批量录入技巧时，也可以调用函数参数对话框面板，但要注意不能点击“确定”完成录入，同样要用Ctrl+Enter组合键（如图 4–112）。

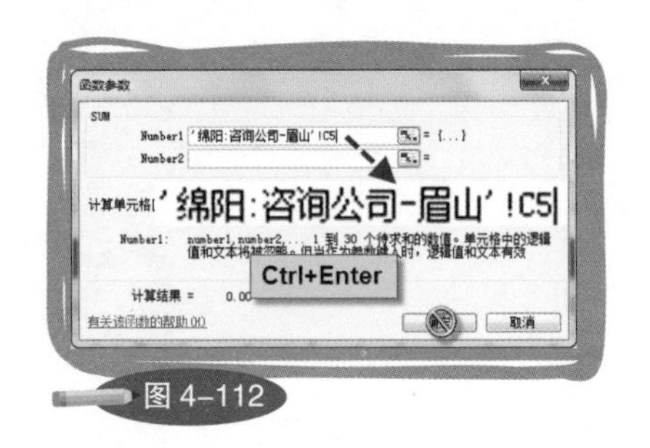

图 4–112

多表操作，一呼百应

从上面的编辑方法中，我们又发现了一件有趣的事情——多个工作表可以被同时选中。这不禁让人想到可以对多工作表进行统一操作。没错，这是Excel的又一大特色——当选中了多个工作表时，录入公式、调整单元格格式、设置行高或列宽等动作，将在多工作表中同时产生效果。

在图 4-111 的汇总结果中，“合计”单元格的数值都为 0。这是因为 11 个地市在提供报表时，忘了做合计。于是，我们现在需要在 11 个工作表中添加合计数，当然不能挨个儿写公式，而要采用多表操作。

如图4-113所示：第一步，选中除总表以外的其他工作表；第二步，选中D5:J5，输入=sum(D6:D10)，按Ctrl+Enter确定；第三步，选中C5:C10，输入=sum(D5:J5)，按Ctrl+Enter确定。

	A	B	C	D	E	F	G	H	I	J
3	序号	项 目	合计		所得税	房产税	城建税	土地使用税	印花税	教育费附加
4		顺序	1	2	3	4	5	6	7	8
5		合计	=sum(	=sum(D6:						
6	1	dh部	D5:	D10)	319	475	177	165	259	265
7	2	dd部	J5)	388					381	206
8	3	dt部		414	2				345	296
9	4	by部		415	173	404	452	275	433	127
10					167	334	137	141	261	328
11						复核:		制表:		
12										

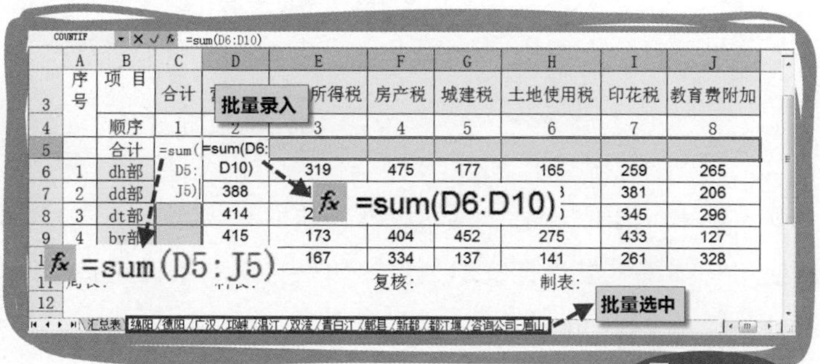

图 4-113

这样，只用写一次公式，就能在所有被选中的工作表中计算出合计数。瞧，原本烦琐的工作，在Excel妙招面前不仅没有变得面目可憎，反而能让人产生玩儿的兴致。

由于有了多表操作，查找和替换的范围也因此扩大。而说到查找，我要告诉你一个秘密。虽然Ctrl+F是“表”哥、“表”姐们用得最熟练的快捷键之一，但如果我说查找功能你只用了万分之一，不知道你会做何感想。据我观察，多数人在使用查找时，只是针对单元格中的数据内容，可这仅仅是它万分之一的应用。如图4-114所示，打开“选项”，你会发现竟然可以按照单元格格式进行查找；打开“格式”，你又会发现“查找格式”与“单元格格式”对话框几乎完全相同。

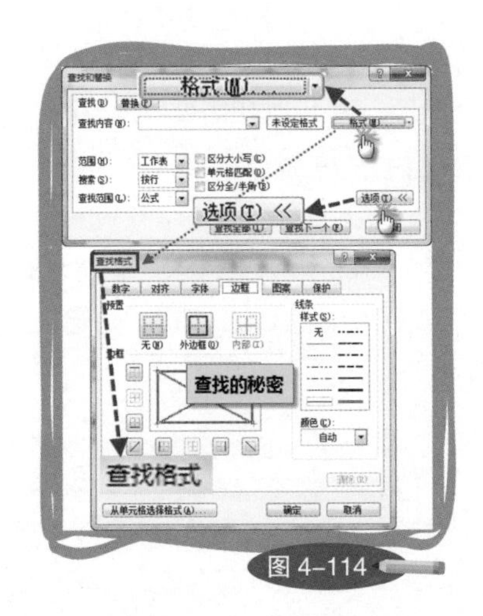

图 4-114

这就意味着，任何一条加粗的边框，任何一种字体颜色，任何一个单元格底纹……都可以成为查找的条件。如果将这些条件组合起来，变化何止上万种。看来，我们的确小看它了。

使用高级查找要注意三点：第一，打开“格式”中的下拉选项，可以使用“从单元格选择格式”；第二，设置新的查找条件之前，要先从“格式”中“清除查找格式”；第三，勾选“单元格匹配”，可以执行精确查找，例如输入“张”，就只查找以“张”为数据内容的单元格（如图4–115）。

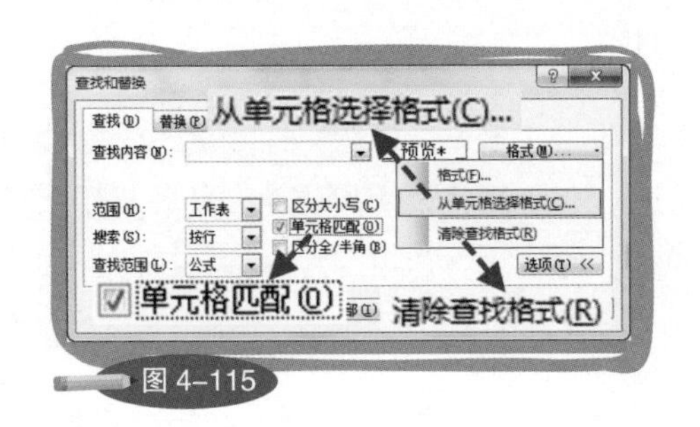

图 4-115

>>>>> >>>>> >>>>>

一技傍身

——查明百分比平均值的计算错误

在计算百分比平均值的时候，很容易产生一个问题。这个问题与Excel其实没有任何关系，只是计算的数学逻辑不同。如图4-116所示，C8单元格是C2:C7百分比的平均值，而C9单元格是分子的总和除以分母的总和。奇怪的是，它们竟然不相同。

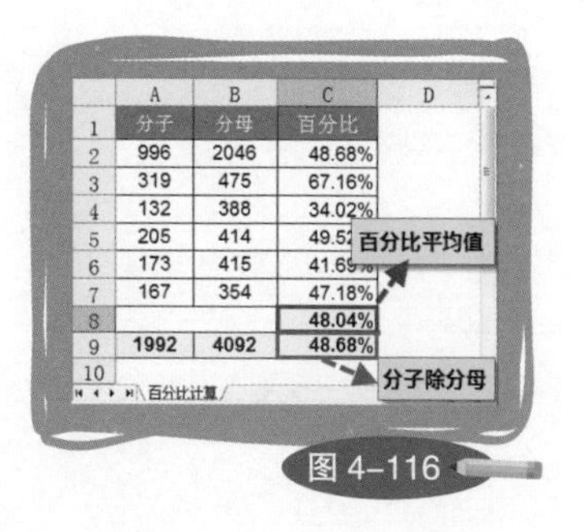

	A	B	C	D
1	分子	分母	百分比	
2	996	2046	48.68%	
3	319	475	67.16%	
4	132	388	34.02%	
5	205	414	49.52	
6	173	415	41.69	
7	167	354	47.18%	
8			48.04%	
9	1992	4092	48.68%	
10				

图 4-116

我第一次被问到这个问题的时候，觉得脑袋被重重地敲了一下，一时间怎么也想不明白。于是只好将小时候学的列方程式搬了出来，结果发现(A+B)/(C+D)本来就不等于(A/C+B/D)/2，这其实是两种不同的数学逻辑。所以，我们在计算百分比平均值的时候，一定要先想好到底用哪一种逻辑才最符合需求。

知其然须知其所以然——多表求和实验

好奇心是最好的老师。对于一个技巧的使用，不能只看表面，多问几个为什么，在探寻答案的过程中，对Excel的理解会更加深刻。前面说到了SUM多表求和的应用，可有几个问题却萦绕在我心中：第一，如果工作表名称为Sheet1到Sheet11，但没有按顺序排列，那么，引用Sheet1:Sheet11!是否包含了所有工作表？第二，新插入的工作表，是否参与运算？第三，输入参数（“绵阳:咨询公司-眉山!”）与选择参数有什么区别？

针对第一个问题，看图4－117所示的表格。在这些工作表中，Sheet1！A1为100，Sheet11！A1为300，Sheet2！A1为400。当汇总表A1单元格的公式为=SUM(Sheet1:Sheet11！A1)时，结果是400。这就说明，多工作表引用的范围与工作表名称无关，只与工作表所在的位置有关。

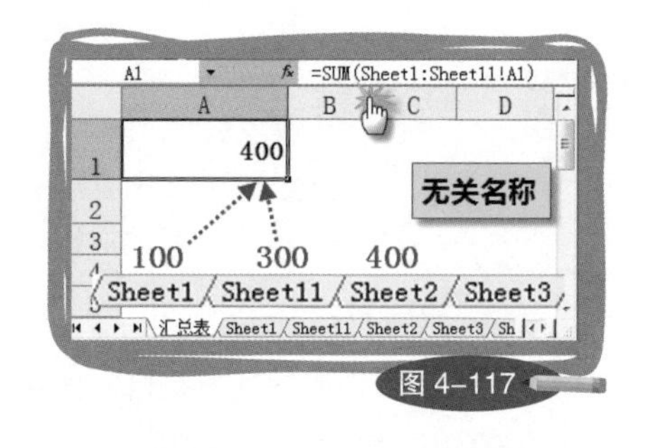

图 4－117

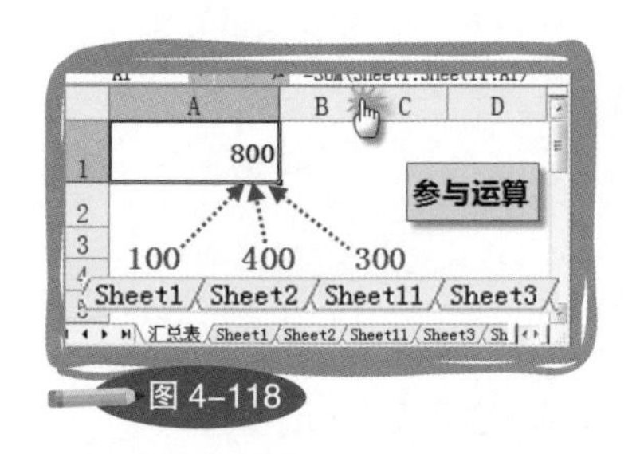

图 4－118

针对第二个问题，如图4－118所示，将Sheet2移至Sheet1与Sheet11之间，汇总表A1的公式不变，结果则变为800。说明在引用范围之间插入工作表，对应的数据将自动参与运算。

针对第三个问题，如图 4－119 所示，手工输入的参数，Excel不为其添加单引号。由于引用涉及运算符（“咨询公司－眉山”中的减号），致使Excel产生“幻觉”，所以公式结果出错。而通过鼠标选择的方式，Excel会自动为工作表名称添加单引号，从而得到正确的公式结果。

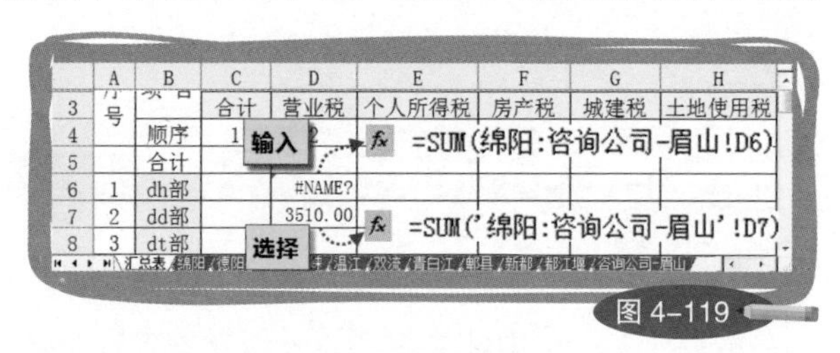

图 4－119

在学习的过程中，我们要形成这种联想思维，能提出问题，然后付诸实践，尝试各种奇思妙想来验证所学的技巧。当然，由于应试教育使我们在这方面“先天”不足，所以需要付出更多“后天”的努力。

>>>>> >>>>> >>>>>

一技傍身

——相同结构源数据的多表合一

有的源数据，让人看了不知道是喜还是悲。喜的是它们格式规范、结构统一，完全符合天下第一表的基本条件；悲的是它们被分别记录在多个工作表中，需要我们费时费力地将其合并到一张表中（如图4-120）。

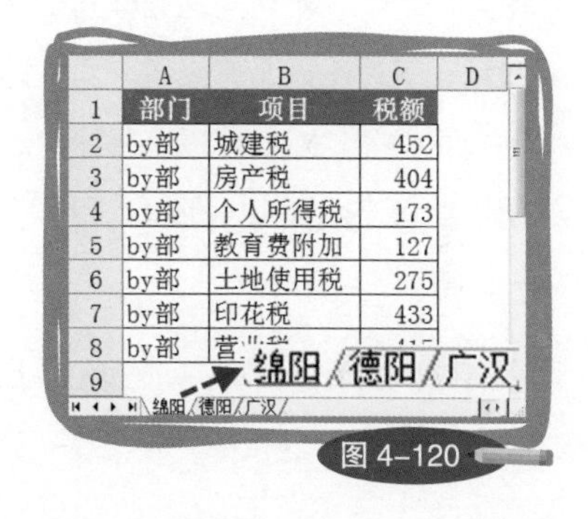

	A	B	C	D
1	部门	项目	税额	
2	by部	城建税	452	
3	by部	房产税	404	
4	by部	个人所得税	173	
5	by部	教育费附加	127	
6	by部	土地使用税	275	
7	by部	印花税	433	
8	by部	营		
9				

图 4-120

如果这类工作只是偶尔做一次，用复制、粘贴也就罢了，顶多多花点时间而已。可如果时不时就得来一下，那可要小心应付才行。虽然用写SQL语句的方式解决Excel问题并非人人都要会，但技多不压身，SQL的确能使这件事变得更简单。

首先要导入数据，在“数据”菜单的“导入外部数据”中选择“导入数据”，找到待合并数据的源文件（如图4-121）。

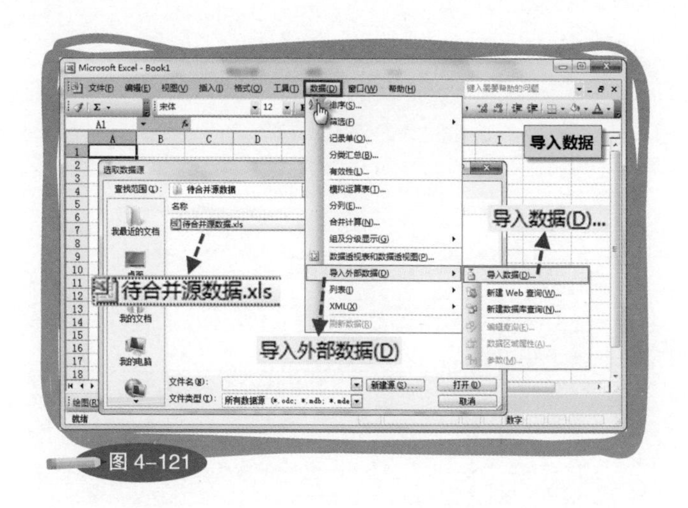

图 4-121

选中该文件，并点击“打开”按钮，将看到如图4－122所示的工作表列表以及默认为勾选状态的“数据首行包含列标题”。对于拥有列标题的标准源数据，这项设置无需修改，而所谓的“选择表格”，对我们接下来将要进行的操作没有任何影响，所以选哪一个都是一样的。

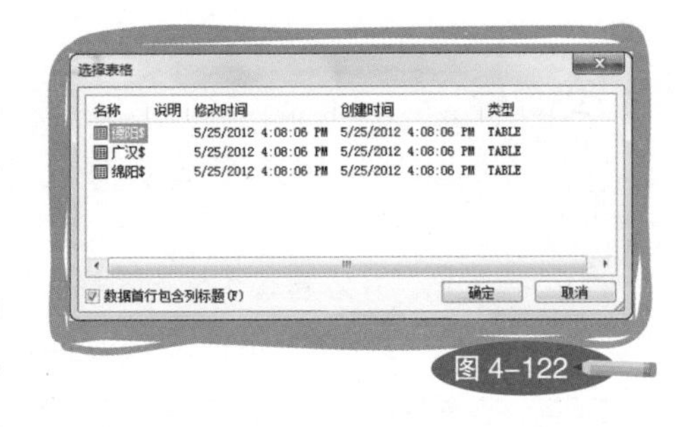

图 4-122

然后，点击“确定”，在新弹出的“导入数据”对话框中打开“编辑查询”，将“命令文本”的内容改写为：

select * from [绵阳$]

union all

select * from [德阳$]

union all

select * from [广汉$]

最后，“确定”再“确定”即得到合并后的数据（如图4－123）。

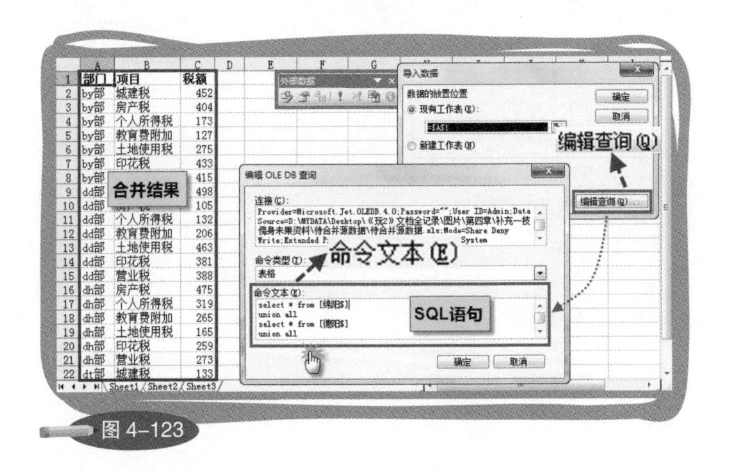

图 4-123

在编写的时候，有一点要特别注意：语句应该以select * from [工作表名称$]作为结尾，而不能是union all。否则，合并将以失败告终，并且一切都要从头再做一遍。简单地说，语句应该从select * from [工作表名称$]开始，以select * from [工作表名称$]结束。另外，要注意“*”号前后都应该有空格。

如果你需要经常进行合并操作，有了这第一次的设置，以后只要将这段语句重复粘贴，就能快速获得合并结果。

二维变一维，透视表有奇效

在汇总“汇总表”工作中，汇总表成了源数据，这与三表概念中的标准源数据是有区别的。汇总表通常都是二维表，不但有标题行，还有标题列，行列交汇处是汇总数据（如图 4–124）。

	A	B	C	D	E	F	G	H	I
1		营业税	个人所得税	房产税	城建税	土地使用税	印花税	教育费附加	
2	dh部	273	319	475	177	165	259	265	
3	dd部	388	132	105	498	463	381	206	
4	dt部	414	205	435	133	420	345	296	
5	by部	415	173	404	452	275	433	127	
6	nl部	354	167	334	137	141	261	328	
7									

二维变一维

二维表

图 4–124

这种数据结构，无法像天下第一表那样，使多个源数据合并在一起，而且由于相同属性的数据不在同一列，想做进一步的数据处理也比较困难。要将这样的汇总结果转换为新汇总表的标准源数据，可以通过数据透视表来完成，我们将这个技巧称为“二维变一维”。

首先，从“数据”菜单中进入“数据透视表和数据透视图向导”（2007 版用快捷键 Alt+D→P 调用），选择数据源类型为“多重合并计算数据区域”（如图 4–125）；点击“下一步”，使用默认的页字段数目选项“创建单页字段”（如图 4–126）。

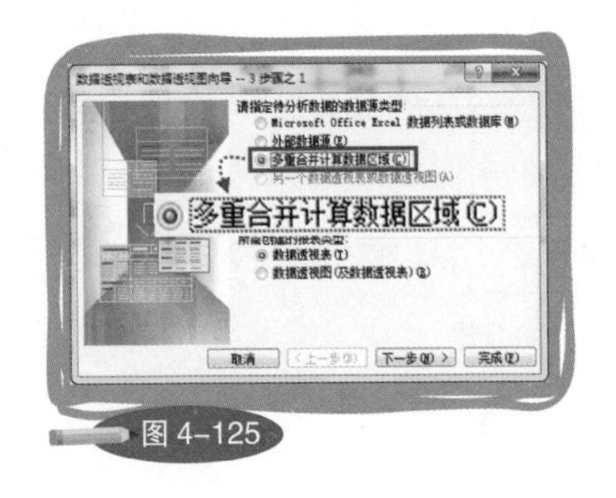

图 4-125

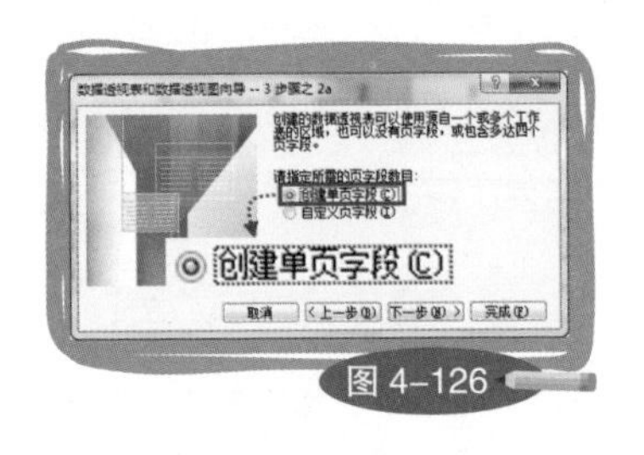

图 4-126

点击“下一步”，选中A1:H6，并将其“添加”为数据透视表选定的数据区域（如图4-127）。

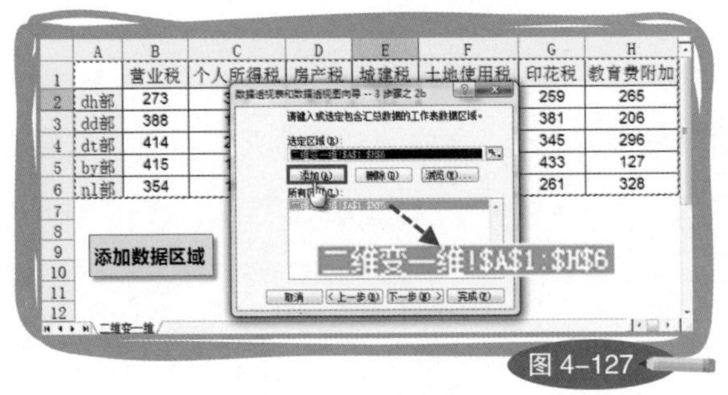

图 4-127

点击“完成”，得到如图 4-128 所示的数据透视表。

最后，双击数据透视表中的最大值，也就是总计，得到转换后的一维源数据（如图4-129）。

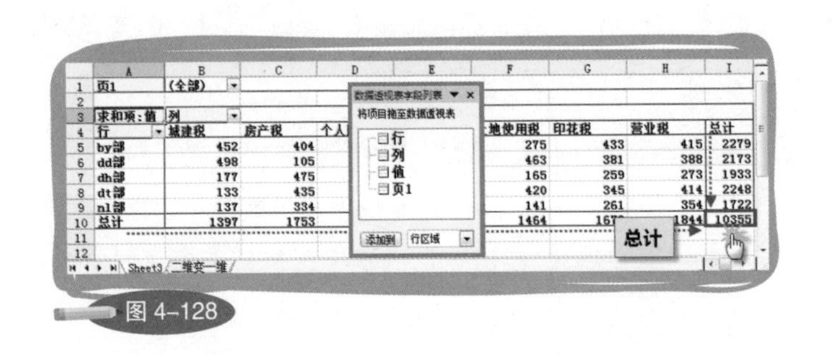

图 4-128

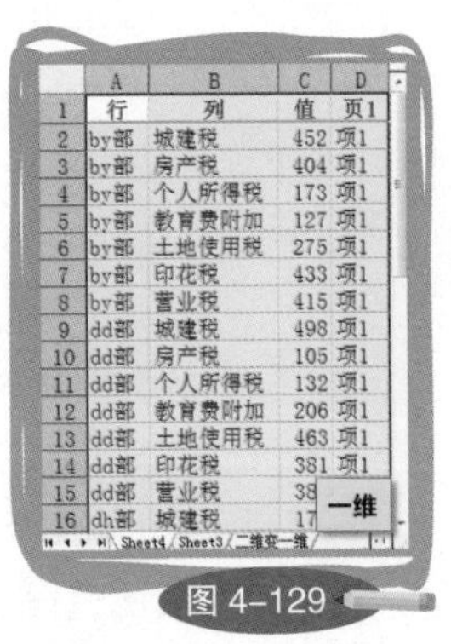

图 4-129

可以看到，相同属性的数据被记录在了同一列，这才是标准的源数据。

该技巧主要利用了数据透视表“多重合并计算数据区域”和“显示明细数据”这两个功能。之所以选择汇总数的最大值，因为它的明细就是全部数据明细，而明细的显示格式，本来就默认为一维数据。你会发现，“二维变一维”的原理，将Excel对数据结构的要求表示得非常明确，而这些要求，完全符合我们对天下第一表的描述。

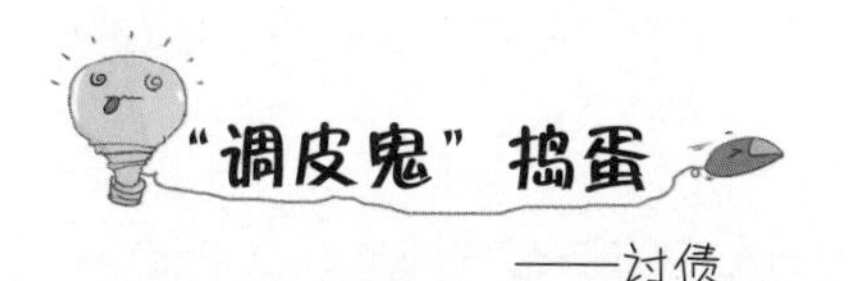

——讨债

不好意思当面让人还钱，那就换个方式讨债。如图4–130所示，调皮鬼在“工具”的“选项”中自定义序列，输入“你”回车、“该”回车、“还”回车……在同事不在场的情况下，他给表格开了个头，在表格中留下个“你”字，然后故作神秘地告诉同事，一定要在他走后才能用鼠标往右拉。

你说，他收得着钱吗？

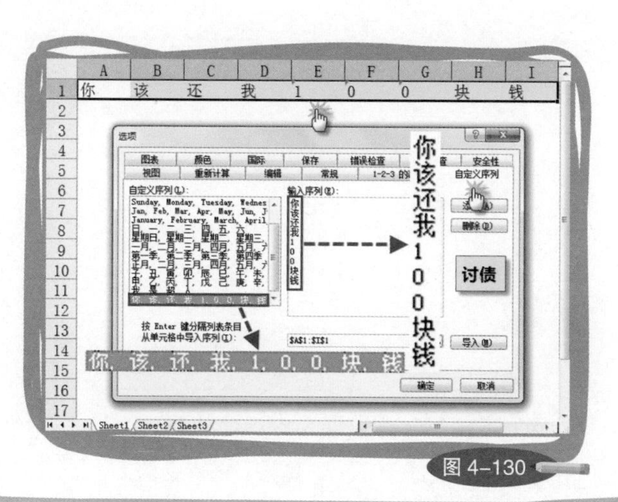

图 4–130

汇总“汇总表”路在何方

虽然我们在这里说得轻松，可汇总“汇总表”工作有太多不为人知的辛苦。这类工作越集中的地方，就是效率越低、员工情绪越差、企业收益越少的地方。大家往往把大量的时间花在了做表上，根本没有精力去认真分析统计出来的这些数据代表什么意义。下级机构日复一日地做表、交表，上级机构年复一年地收表、汇总。到头来，表格倒是存了一大堆，有效的决策却没做几个。

所以，工作中应该尽量减少汇总表的传递，取而代之的是做好标准源数据的收集。有能力使用系统的企业，可以借助系统规范源数据的收集，做到全国甚至全球标准一致，并且让数据共享；没有能力使用系统的企业，应该设计一张规范的源数据表，并制定清晰、可执行的数据管理流程，尽量确保数据的完整和准确。

那些习惯下命令收集汇总表的老板们，如果知道通过标准的源数据和Excel多样的数据处理方法，可以随心所欲地获得各种汇总结果，那么他们应该更喜欢这种对整个组织有益处，而且高效、先进的数据管理方式。

第4节 一行记录型

一个主角，一行数据，讲一个故事。用文字描述，也用数字衡量，上下不相关，左右或有缘。

“一行记录”是个啥

打开电脑中存放有Excel文档的文件夹，其中大部分表格都应该属于“一行记录型”。之前我们已经看过三种类型，分别是有东西进出型、同一件事多次跟进型、汇总“汇总表”型。“有东西进出型”强调进出的概念，通过正负数的设计，使不同行的相同“东西”可以直接相加，以获得当前库存；“同一件事多次跟进型”强调数据的跟进记录，一行数据不能一次完成，并且需要设置自动提醒；汇总“汇总表”型强调汇总表的格式统一以及汇总前的数据整理，格式本身没有固定的模式，只在批量数据处理的操作方法上有讲究。

而“一行记录型”不具备以上特点，这类表格不同行的数据之间几乎没有任何联系，每一行数据分别代表一个完整的故事。它既不需要跟进，也不用设置提醒，数据由文本和数字组成，其中数字具有分析价值，同行的数字还可能有关联。设计这类表格的关键是深度剖析工作流程以及分析目的，字段既要保持完整，也要尽量简洁。对于有系统的企业，它很可能来源于从系统导出的数据明细。

例如：图4-131所示的企业信息表，它是从系统导出的明细，一行数据记录了一家企业的详细情况。从企业所在的地市、所处的行业、营业状态等文本信息，到从业人员数、营业收入等数字信息，字段完整并且有效。

	A	B	D	E	I	J	K	N
1	所在省份（自治区/直辖市）	所在地（市/州/盟）	企业成立时间	行业	年末从业人员数	年末从业人员数（女性）	营业状态	全年营业收入（万元）
2	四川省	内江市	2001/8/22	住宿业	1960	1454	当年破产	685.12
3	贵州省	遵义市	2003/10/30	铁路运输业	2825	826	停业	745.63
4	贵州省	遵义市	2008/10/3	食品制造业	6629	6463	当年破产	63.71
5	贵州省	六盘水市	2000/1/3	[illegible]	4444	1146	筹建	833.43
6	四川省	成都市	2000/1/26	[illegible]	68	44	当年破产	902.82
7	四川省	南充市	1987/12/6	批发业	2793	265	营业	597.38
8	四川省	自贡市	2009/5/2	零售业	437	166	营业	687.85
9	贵州省	遵义市	2000/1/5	食品制造业	853	116	营业	135.38
10	云南省	昆明市	1994/12/23	餐饮业	5278	727	当年破产	450.89

企业信息

图 4-131

再比如图 4–132 所示的车辆使用情况表，这是靠手工填入的明细，一行数据记录了一次车辆使用的有效信息。除了同时拥有文本和数字字段以外，同一行的“开始使用时间”和“交车时间”还存在计算关系，通过它们可以计算出车辆使用的时长。

	A	B	C	D	E	F	G
1	车号	使用者	所在部门	使用原因	使用日期	开始使用时间	交车时间
2	鲁F 45672	尹南	业务部	公事	2005/2/1	8:00	15:00
3	鲁F 45672	陈霹	业务部	公事	2005/2/3	14:00	20:00
4	鲁F 56789	陈霹	业务部	公事	2005/2/5	9:00	18:00
5	鲁F 67532	尹南	业务部	[illegible]	[illegible]/2/3	12:20	15:00
6	鲁F 67532	尹南	业务部	[illegible]	[illegible]/2/7	9:20	21:00
7	鲁F 81816	陈霹	业务部	[illegible]	2005/2/1	8:00	21:00
8	鲁F 81816	陈霹	业务部	公事	2005/2/2	8:00	18:00
9	鲁F 36598	杨清清	宣传部	公事	2005/2/2	8:30	17:30
10	鲁F 36598	杨清清	宣传部	公事	2005/2/4	14:30	19:20

图 4–132

这就是“一行记录型”表格，也是我们在工作中最常遇到的表格类型。由于它所具备的字段完整性以及由此带来的分析价值，对它的数据处理可以简单到用数据透视表进行拖拽，也可以复杂到使函数倾巢出动，嵌套、数组齐上阵。但咱们是懒人，做的是平凡的工作，多数时候并不需要进行特别复杂的分析。所以，正确的数据记录方式和最便捷、有效的数据处理方法才是我们关注的重点。

一技傍身

——单元格内换行与联想记忆

在用Excel做一些如工作计划表之类的“表”，或者在源数据表的“备注”字段记录大量文本信息的时候，我们通常都希望能在单元格内实现换行。可由于习惯了Word中的操作方式，我们总会在需要换行的时候本能地按Enter键。结果可想而知，虽然单元格录入成功了，可换行却失败了。

于是，就有人想到将单元格格式设置为“自动换行”，通过调整列宽的方式制造换行的视觉效果。可当他这么做以后，却又发现固定的列宽并不能满足同列单元格对列宽的不同需求。用这种方式调出来的效果，往往是顾得了“楼上的”，就顾不了“楼下的”，甚至“哪一楼”也没顾上（如图4-133）。最终，表格还是没法儿看。

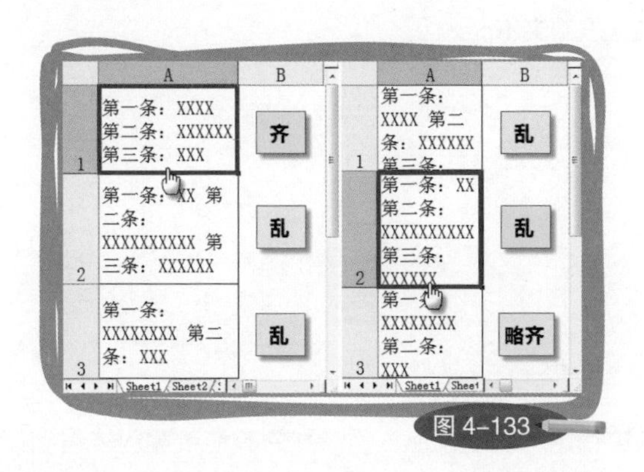

图 4-133

正确的单元格内换行操作是在需要换行时按Alt+Enter组合键，这样文本才能排成如图4-134所示的整齐效果。

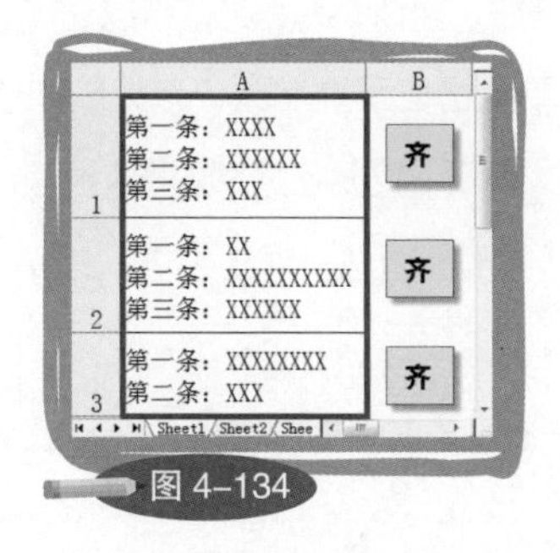

图 4-134

通常，一个技巧讲完就完了，像这么优秀的技巧，至少应该接受观众长达10分钟的掌声并返场10次。但要想做一名合格的懒人，可不能仅仅满足于学到这里为止。在学习的过程中，除了要对单个技巧刨根问底，还要善于运用联想记忆法，将多个相关技巧打包记忆。所以，接下来，我将从它开始，讲一个系列故事。

为什么Alt+Enter能让文本换行呢？其实，这项操作是为文本插入了一个换行符。那么，如果要还原成不换行的长文本，又该怎么做呢？首先要知道，换行符在Excel中的代码是10，代码可以通过CHAR函数转换为对应的字符。如图4-135所示，在A1写公式为="你"&CHAR(10)&"们"&CHAR(10)&"好"（单元格格式要设置为自动换行），公式结果显示为换行后的文本。

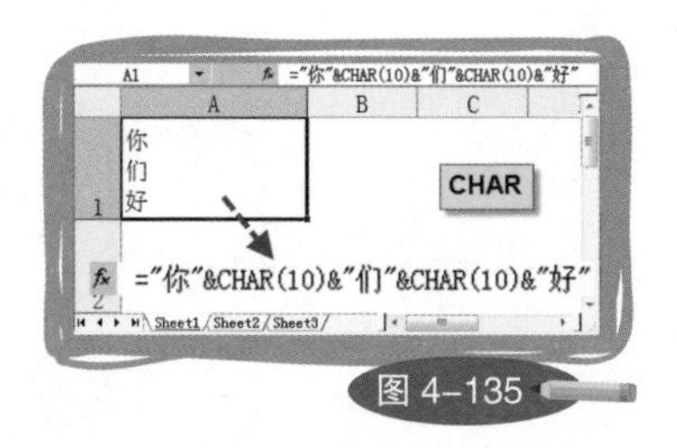

图 4-135

既然CHAR函数有这种功能，那么当参数为其他数字时能得到什么结果呢？试试=CHAR(65)，得到了大写的英文字母A。于是，想到一件事，在Excel默认的序列中，只有季度、月份、星期等，而没有26个英文字母。也就是说，在一个单元格输入A并往下拉，不能得到字母序列。刚好，用CHAR函数就可以完成这件事，不过还要借助ROW函数的帮助。因为我们需要单元格往下复制时，参数从65依次递增，所以A1的公式写为=CHAR(ROW(65:65))，然后往下复制，得到如图4-136所示的字母序列。

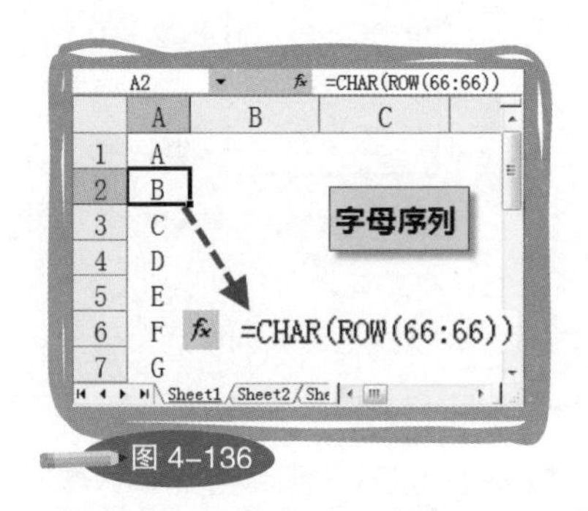

图 4-136

>>>>> >>>>> >>>>>

说到这里，又涉及ROW函数的参数写法。但咱们不能继续联想了，否则，得再写一本书了。回到正题，刚才验证了换行符在Excel中的代码是10。可如果没人告诉我们，怎样才能知道一个字符的代码是多少呢？CHAR函数有一个双胞胎兄弟，专门将字符变为代码，它叫CODE。如果写公式=CODE("A")，得到的结果是65。有意思吧？剩下的探索工作，就交给各位了。

然而，只知道换行符的代码是10还不够。在查找和替换功能中，输入10查到的不是换行符，而是所有包含“10”的文本。所以，输入代码是要讲究方法的。替换换行符时，有一个类似写“无字天书”的操作，整个过程看似什么都没有发生，实际上却达到了替换的目的。

如图4-137所示，按Ctrl+H调用替换对话框，在查找内容处按住Alt键用小键盘输入10，记住，必须是小键盘！由于替换为“空”，所以直接点击“全部替换”。

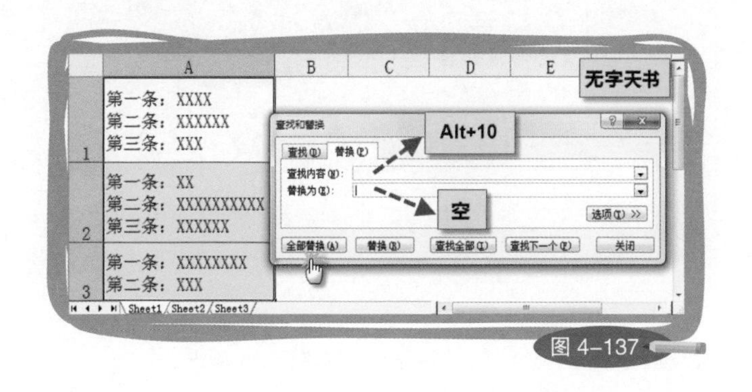

图 4-137

于是，换行符被替换成了“空”，单元格文本还原为如图4-138所示的不换行的长文本。

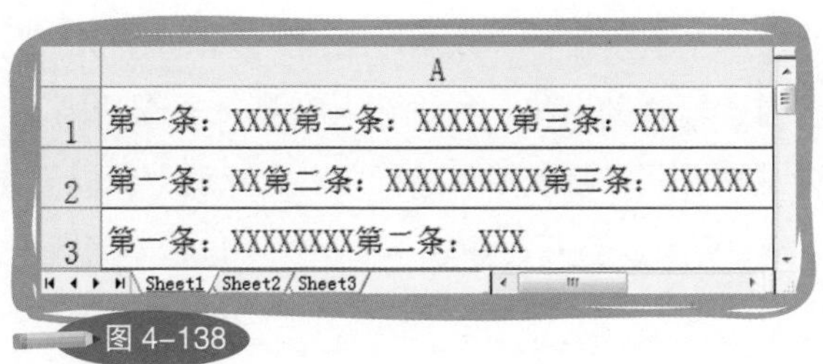

图 4-138

基于此，换个角度思考，当我们在录入长文本的时候，如果在需要换行的地方插入一个统一的符号，比如逗号，那么，以后就可以通过将逗号替换为换行符，来对长文本进行批量的换行操作。

故事的最后，还有一个问题：Enter键让光标下移，能不能使光标向其他方向移动呢？当然可以。Shift+Enter往上、Tab往右、Shift+Tab往左、Ctrl+Enter原地不动（如图4-139）。根据录入后的下一步操作，你可以灵活选择。

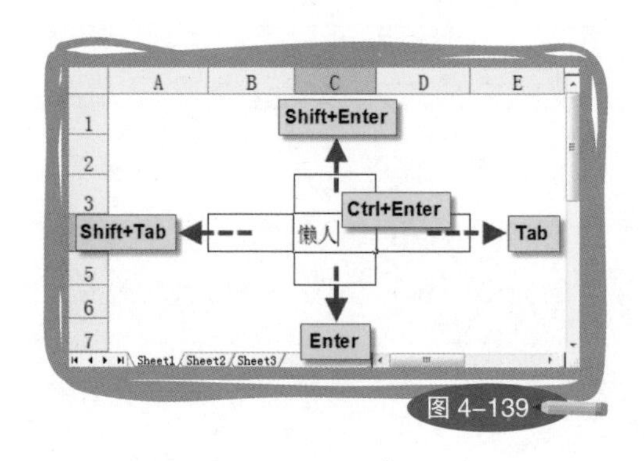

图 4-139

不好记吗？记住东邪西毒南帝北丐中神通。

章鱼纺锤法，弄清数据该如何记录

虽说天下第一表一般只要设计好了字段，就可以照着往里填数据，但还是会有一些情况，让我们对数据该如何记录感到困惑。理想的“一行记录型”表格是由一个主角在一个数据行上演一个故事，并且每一个字段都只有一种属性。对于这样的表格，数据记录的逻辑非常清晰，就像企业信息表一样，从左到右挨个儿将字段填满就行。可实际上，我们需要记录的数据并非全都如此单纯，所以，还得了解在不同情况下选择不同数据结构的思维方式。

能和大家分享这个话题要感谢一位研究生刘同学，正是因为读到了他的来信，我才临时决定加入这部分内容。当天晚上的灵光一闪，“章鱼纺锤识别法”诞生了。

刘同学在信中写道：

……最近我遇到了一个问题，老板让我分析几本杂志，其中涉及这些杂志的学科分类。头疼的是，这样的杂志一般每本都有好几个学科分类，这样在做天下第一表时就要在“学科分类”属性中每个单元格填写多个数据，但是这样的话就没办法利用“学科分类”进行逆向分析，比如看A学科有哪几本杂志。我把这个问题抽象一下就是，源数据中多个个体的同一种属性有多个值，怎样使多个值都能参与数据透视……

他所说的“个体”，也就是源数据的“主角”。同一个“主角”的同一种属性有多个值，我把这种称为“章鱼型”数据。严格来说，只是“主角”一对多还画不出一只章鱼，如果它所属的字段之间也存在一对多关系，那就是不折不扣的章鱼造型了（如图4-140）。

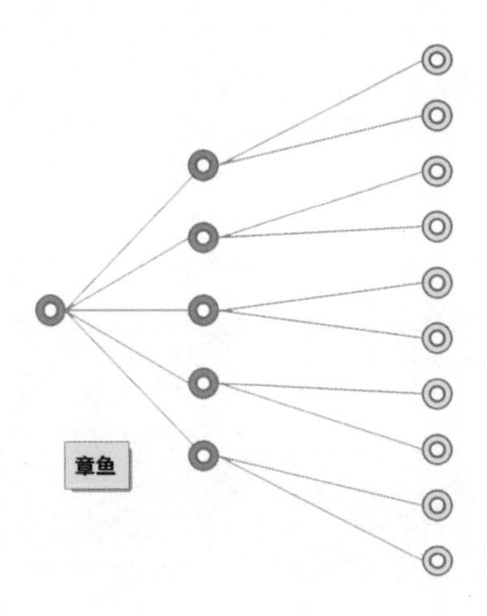

图 4-140

在这张图中，最左侧的圈代表“主角”，中间和右侧的圈都是它的从属字段，从“主角”开始，整个数据呈发散状。这其实就是我们在前面提到的美容院业务明细表（如图 4-141）。

	A	B	C	D	E	F	G
1	日期	客户	技师	消费项目	使用产品	消费金额（元）	提成金额（元）
2	2011/12/10	张先生	10	水活养颜保湿疗程	美白嫩肤洁面乳	260	13
3					平衡修护按摩膏	106	5
4					植物养颜紧肤水	495	25
5				毛孔细致疏筋疗程	植物养颜润肤露	366	18
6					控油洁面啫喱	194	[illegible]
7	2011/12/15	李女士	8	舒敏安肤保养疗程	平衡修护按摩膏	168	
8					修护嫩白日霜	199	
9				消痘抗炎保养疗程	活化美白晚霜	307	
10					美白养颜抗皱霜	317	

美容院业务明细表 / 开卡 / 服务 / 产品类别 / 提成比例

图 4-141

根据美容院的业务情况，到店的客人可能会选择多个消费项目，而每个消费项目又可能会用到多个产品。由于“使用产品”字段有分析价值，根据Excel的规则，数据必须分行记录，而不能将同一个消费项目所使用的不同产品记录在一个单元格中。如果说“使用产品”是章鱼的触角，那么“客户”和“消费项目”就是章鱼的头和它的“肱二头肌”，不过它们不能像图 4-141 一样被合并记录。具有章鱼型特征的数据，记录的方式应该如图 4-142 所示，全部展开。

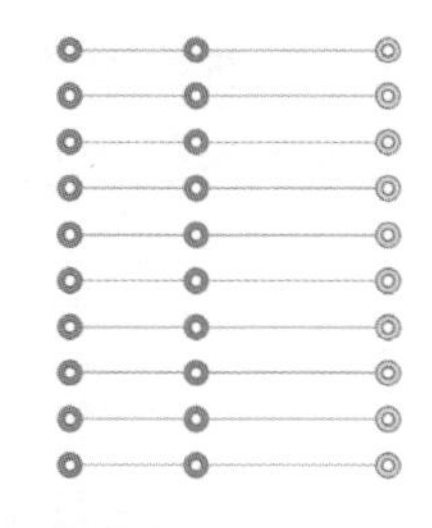

图 4-142

所以，图 4-143 才是美容院业务明细表正确的数据结构。

	A	B	C	D	E	F	G
1	日期	客户	技师	消费项目	使用产品	消费金额（元）	提成金额（元）
2	2011/12/10	张先生	10	水活养颜保湿疗程	美白嫩肤洁面乳	260	13
3	2011/12/10	张先生	10	水活养颜保湿疗程	平衡修护按摩膏	106	5
4	2011/12/10	张先生	10	水活养颜保湿疗程	植物养颜紧肤水	495	25
5	2011/12/10	张先生	10	毛孔细致疏筋疗程	植物养颜润肤露	366	18
6	2011/12/10	张先生	10	毛孔细致疏筋疗程	控油洁面啫喱	194	
7	2011/12/15	李女士	8	舒敏安肤保养疗程	平衡修护按摩膏	168	
8	2011/12/15	李女士	8	舒敏安肤保养疗程	修护嫩白日霜	199	
9	2011/12/15	李女士	8	消痘抗炎保养疗程	活化美白晚霜	307	
10	2011/12/15	李女士	8	消痘抗炎保养疗程	美白养颜抗皱霜	317	

美容院业务明细表 / 开卡 / 服务 / 产品类别 / 提成比例

图 4-143

说到章鱼型数据，就不得不提到另一类数据，它具有这样的特征：同一个“主角”的同一种属性有多个值，但该字段之后的数据完全相同，并且同属性所包含的多个值不用参与分析。我把这种称为“纺锤型”数据（如图4-144）。

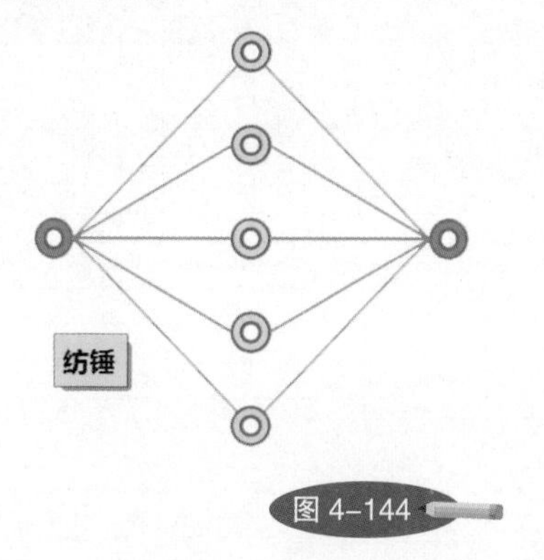

图 4-144

在这张图中，左侧是“主角”，右侧是其他属性，而中间则是同属性的多个值。比如一份管理书籍的表格，只有中间的“所属分类”为多个值（如图 4-145）。

	A	B	C	D	E	F	G	H
1	作者	书籍编号	书名	所属分类	价格（元	读本属性	书架区域	所属学院
2	张三	SE001	《高分子材料工程概论》	材料	45.8	必读	A区	[illegible]
3				物流				
4				科技				
5	赵六	SE004	《塑料制品设计》	设计	32	必读	B区	环[illegible]
6				轻工业				

源数据表

图 4-145

但这张表并不需要对“所属分类”进行分析，那么，就应该从多个值中挑选出最具代表性的值作为“所属分类”的数据，其他值则以备注的方式另起一列记录。所以，具有纺锤型特征的数据，记录的方式应该如图 4-146 所示，将中间收拢、拉直。

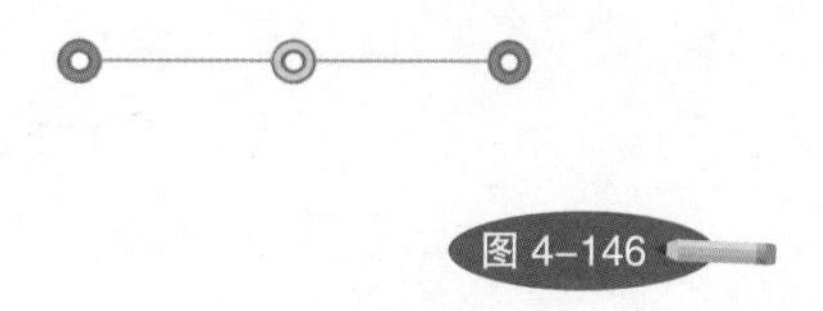

图 4-146

于是，就得到如图 4-147 所示的书籍管理表。

	A	B	C	D	E	F	G	H	I
1	作者	书籍编号	书名	所属分类	价格（元）	读本属性	书架区域	所属学院	备注
2	张三	SE001	《高分子材料工程概论》	材料	45.8	必读	A区	微固学院	物理、科技
3	李四	SE002	《聚合物合成工艺设计》	化学	60	必读	A区	微固学院	材料、科技
4	王五	SE003	《纳米空气净化技术》	材料	54.8	必读	A区	微固学院	环境
5	赵六	SE004	《塑料制品设计》	设计	32	必读	B区	环境与设计	轻工业
6	马七	SE005	《环境材料》	环境	38	选读	B区	环境与设计	材料、建筑
7	朱八	SE006	《高分子材料与改性》	材料	34.6	选读	B区	环境与设计	物理、科技
8	林九	SE007	《汉语精读》	中文	56.8	选读	C区	中	

源数据表

图 4-147

当然，如果像刘同学所说，杂志的学科分类是需要分析的，那就要把数据看作“章鱼型”，记录的时候将其全部展开。

一技傍身——打印标题行

看过一位“表”哥忆当年的故事，为了让打印出来的每一页数据都具有相同的标题行，他彻夜不眠地与分页符战斗，将一个个标题行准确地插入到茫茫数据中。后来他才知道，其实只要在“文件”的“页面设置”中，将需要打印的标题行设置为“工作表”里的“顶端标题行”就可以了（如图4-148）。

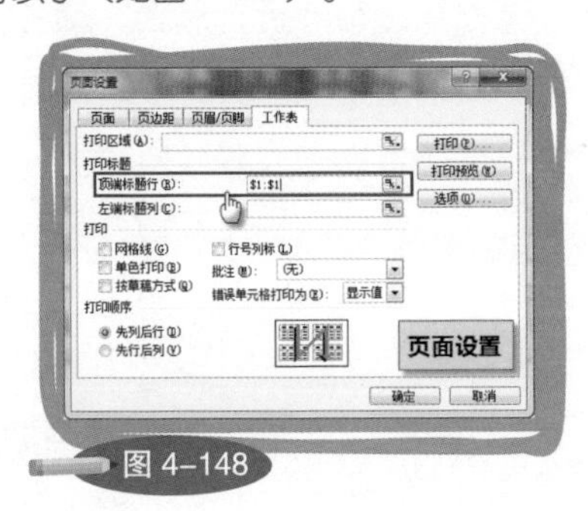

图 4-148

迟到or早退，IF说了算

正如前面所提到的企业信息表、车辆使用情况表以及美容院业务明细表，大多数“一行记录型”表格都只是做简单的数据录入，而不像“有东西进出型”那样需要设置各种提醒以及与源数据增减有关的计算项。所以，当我们借助“章鱼纺锤识别法”准确地把握了此类表格的数据结构之后，在源数据录入方面，差不多就算毕业了。

而对于字段的处理，常见的如设置数据有效性、条件格式等，与其他类型没有两样。但有一张表，却需要根据某个字段的数据，通过公式将其判定为不同的状态。这件事似乎难倒了许多人，因为在各大论坛中，它都是被问及最多的。这张表就是“考勤表”。

除了一些采用弹性工作制或者不用打卡的高科技公司以外，对一般的企业而言，考勤表是很重要的管理工具。尽管有的公司已经实现了考勤的系统化管理，但有的还在用传统的打卡器，于是就需要编制考勤表，并根据打卡时间判断迟到、早退以及加班情况。由于各家公司考勤的“考”法五花八门，所以下面的例子侧重在对数据结构、计算逻辑以及公式用法的分析，而忽略考勤规则的具体差异。

一般来说，合理的考勤表可以有两种样式。

第一种，严格遵循天下第一表规则，同属性数据均记录在一列，但这样会使公式稍显复杂（如图 4-149）。

>>>>> >>>>> >>>>>

E2 =IF(AND(C2="上班",D2>TIME(9,,)),"迟到",IF(AND(C2="下班",OR(D2>TIME(18,,),D2<TIME(9,,))),"加班",IF(AND(C2="下班",D2<TIME(18,,)),"早退","正常")))

	A					
1	员工	日期	上下班	打卡时间	迟到or早退	加班时间
2	王五	2009/7/1	上班	9:16	迟到	0:00
3	王五	2009/7/1	下班	17:58	早退	0:00
4	张三	2009/12/1	上班	8:41	正常	0:00
5	张三	2009/12/2	下班	0:30	加班	6:30
6	李四	2010/2/1	上班	8:45	正常	0:00

考勤表 考勤表 (2)

图 4-149

第二种，将上下班时间和对应的状态分列记录，这虽然与标准的天下第一表样式有出入，但从实用的角度也是合理的，而且这样的设计将使公式简单许多（如图 4-150）。

F2 =IF(C2>TIME(9,,),"迟到","正常")

	A	B	C	D	E	F	G	H
1	员工	日期	上班	日期	下班	上班状态	下班状态	加班时间
2	王五	2009/7/1	9:16	2009/7/1	17:58	迟到	早退	0:00
3	张三	2009/7/1	8:41	2009/7/2	0:30	正常	加班	6:30
4	李四	2009/12/1	8:45	2009/12/2	8:30	正常	加班	14:30
5	王五	2009/12/2	8:53	2009/12/2	23:08	正常	加班	5:08
6	李四	2010/2/1	7:55	2010/2/1	21:08	正常	加班	3:08

考勤表 考勤表 (2)

图 4-150

这两种样式，各有千秋，函数基础较好的可以用第一种，想快速上手就用第二种。在这里，我以后一种为例，介绍一下它的制作方法。

考勤的规则是这样的：9：00以后上班算迟到，18：00以前下班算早退，只要超过18：00就算加班（这真是家好公司），并且考虑一种极限情况，加班有可能超过0：00。

>>>>> >>>>> >>>>>

表格的设计就如图 4−150 所示，只有几个简单的字段，如“员工”“日期”“上班”……之所以设计了两个日期字段，是考虑了极限情况的存在，如果加班至凌晨，上下班就是不同的日期。由于打卡时间是分别记录的，所以状态也分“上班状态”和“下班状态”。最后的“加班时间”用于加班费的计算以及加班管理。

在考勤表中写公式，是对时间进行比较和计算，所以，必须先知道两个基本概念。

首先，要知道24小时的表达式。Excel中的9：00并不是数字9，而是0.375，把单元格格式变成常规就能看见。所以，加24小时其实是加1，这在计算超过0：00的加班时会用到。

其次，要知道时间在公式中的表达式。=C2>9：00是错误的写法，要利用TIME函数，公式写为=C2>TIME(9,,)。该函数有三个参数，分别为：小时、分钟、秒（如图4−151），但每个参数都不能忽略，所以即便没有参数，也要用逗号进行占位。

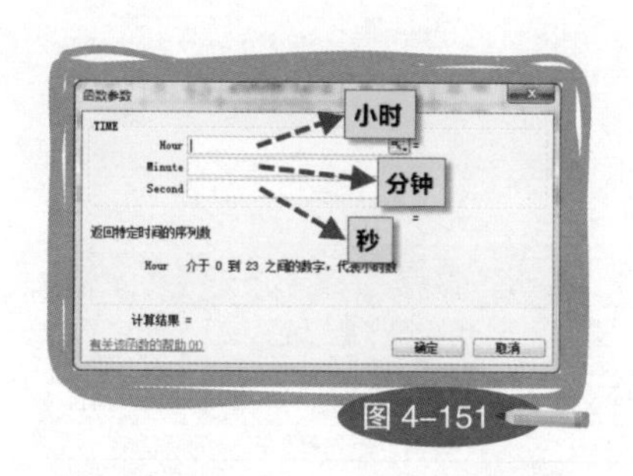

图 4−151

了解了时间的基本概念以及表达式，我们就可以动手写公式了。对迟到的判断很简单，只要上班时间大于9：00，就为“迟到”，否则为“正常”。这是一个根据条件二选一的任务，以中文描述作为参考，很快就能选定IF函数。如图4−152所示，在“上班状态”列F2单元格写公式=IF(C2>TIME(9,,),"迟到","正常")，然后往下复制。

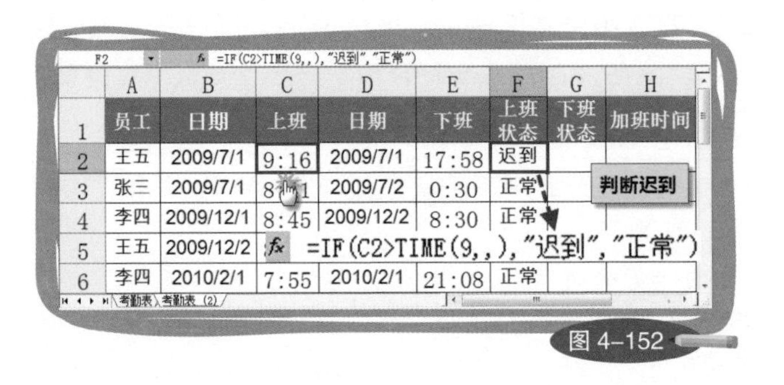
F2 =IF(C2>TIME(9,,),"迟到","正常")

	A	B	C	D	E	F	G	H
1	员工	日期	上班	日期	下班	上班状态	下班状态	加班时间
2	王五	2009/7/1	9:16	2009/7/1	17:58	迟到		
3	张三	2009/7/1	[illegible]	2009/7/2	0:30	正常		
4	李四	2009/12/1	8:45	2009/12/2	8:30	正常		
5	王五	2009/12/2						
6	李四	2010/2/1	7:55	2010/2/1	21:08	正常		

图 4-152

下班有三种状态：正常、早退、加班。早退的表达式比较简单，为E2<TIME(18,,)。加班有两种情况，E2>TIME(18,,)和E2<TIME(9,,)，因为超过18：00或者超过0：00但不到9：00的都算加班。那有没有可能加班超过9：00呢？有可能，如果他是“小超人”。但就算加班超过9：00，到9：00的时候也应该先打卡下班，再打卡上班才对。所以，从次日9：00开始不计入加班时间，而算正常上班。判断下班状态依然用IF函数，但要利用OR函数对多个条件选其一进行表达。如图4-153所示，在“下班状态”列G2单元格写公式=IF(OR(E2>TIME(18,,),E2<TIME(9,,)),"加班",IF(E2<TIME(18,,),"早退","正常"))，然后往下复制。

G2 =IF(OR(E2>TIME(18,,),E2<TIME(9,,)),"加班",IF(E2<TIME(18,,),"早退","正常"))

	A	B	C	D	E	F	G	H
1	员工	日期	上班	日期	下班	上班状态	下班状态	加班时间
2	王五	2009/7/1	9:16	2009/7/1	17:58	迟到	早退	
3	张三	2009/7/1	[illegible]	[illegible]	[illegible]	正常	加班	
4	李四	2009/12/1	8:45	2009/12/2	8:30	正常	加班	
6	李四	2010/2/1	7:55	2010/2/1	21:08	正常	加班	

图 4-153

>>>>> >>>>> >>>>>

最后计算加班时间，对于两种不同的加班情况，时间的计算有所不同。如果加班没有超过0：00，用下班时间减去18：00即可，表达式为E2-TIME(18,,)。如果超过0：00，则需要加上24小时再相减，表达式为E2+1-TIME(18,,)。同时，如果“下班状态”不为加班，则不能计算加班时间，只能得到0。由于有三个判断条件，所以要用到两个IF函数，先判断状态是否为“加班”，如果是，再判断下班时间是否小于次日9：00，然后根据条件，分别返回相应的结果。如图4-154所示，在“加班时间”列H2单元格写公式=IF(G2="加班",IF(E2<TIME(9,,),E2+1-TIME(18,,),E2-TIME(18,,)),0)，然后往下复制。

H2　fx =IF(G2="加班",IF(E2<TIME(9,,),E2+1-TIME(18,,),E2-TIME(18,,)),0)

	A	B	C	D	E	F	G	H
1	员工	日期	上班	日期	下班	上班状态	下班状态	加班时间
2	王五	2009/7/1	9:16	2009/7/1	17:58	迟到	早退	0:00
3	张三	加班时间	8:41	2009/7/2	0:3	正常	加班	6:30
4	李四	2009/12/1	8:45	2009/12/2	8:30	正常	加班	14:30
5	王五	2009/12/2	8:53	2009/12/2	23:08	正常	加班	5:08

fx =IF(G2="加班",IF(E2<TIME(9,,),E2+1-TIME(18,,),E2-TIME(18,,)),0)

考勤表　考勤表 (2)

图 4-154

在写多个IF函数的嵌套时，一定要边写边念，思路才会清晰，如：“当下班状态为加班时，又当下班时间小于9：00时，用下班时间加24小时减去18：00，否则，用下班时间减去18：00。如果下班状态不为加班，则返回0。”

好了，这就做好一张可以根据打卡时间判断迟到、早退、加班，并计算加班时间的考勤表了。掌握了其中的数学逻辑和公式表达，如果要使用第一种样式，无非只是将多个公式组合到一个单元格里而已，也就不觉得有多困难了。

一技傍身

——超过24小时的时间表达

有了考勤表，想要计算总的加班小时数，这时却往往会遇到一个麻烦。如图4-155所示，Excel会自动把超过24小时的时间进位到天，只显示不足24小时的。

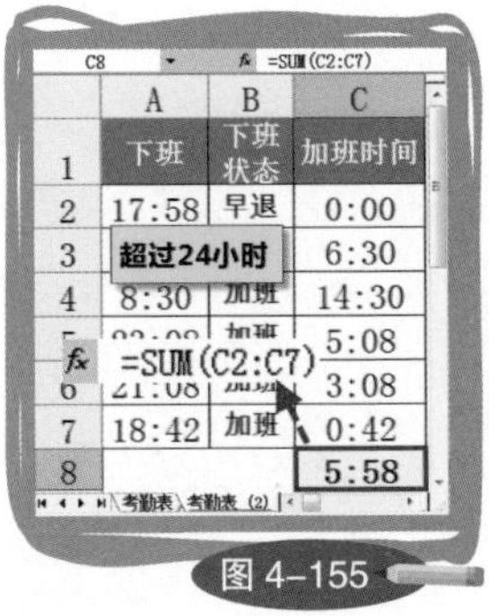

图 4-155

要解决这个问题，需要借助自定义的单元格格式。按Ctrl+1调出单元格格式设置对话框，在“数字”标签中选择“自定义”，将滚动条拉至最下方，找到[h]:mm:ss，选中它并点击“确定”完成，此时，C8就显示为累计的小时数（如图4-156）。

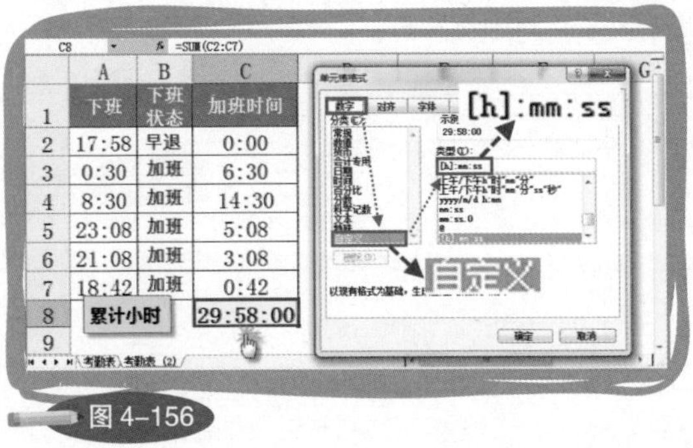

	A	B	C
1	下班	下班状态	加班时间
2	17:58	早退	0:00
3	0:30	加班	6:30
4	8:30	加班	14:30
5	23:08	加班	5:08
6	21:08	加班	3:08
7	18:42	加班	0:42
8	累计小时		29:58:00

图 4-156

如果不想要“秒”，可以只用[h]:mm；如果想显示累计的分钟数，可以用[m]:ss。此外，还有一个叫TEXT的函数，它的计算结果与在单元格格式“数字”标签下进行设置所得到的显示效果一致。它有两个参数：使什么变形，以及变成什么。所以，在C8写公式=TEXT(SUM(C2:C7),"[h]:mm")，也能得到同样的显示效果。

汇总有道，还靠透视表

玩Excel的人应该清楚一点，无论源数据的记录过程是简单还是复杂，都只是前期工作，并不代表工作的全部。真正使前面工作的价值得以充分体现的是将数据进行分类汇总，并从多个维度挖掘出数据背后的意义。这有点像用积木搭出一个城堡时所获得的成就感，抑或是将切好的五花肉与青椒、豆瓣、甜面酱等原材料混炒出回锅肉时飘来的那阵刺激胃部兴奋并作用于口腔，使人在不能自已的情况下流出哈喇子时所获得的快感。

分类汇总的真实含义并不局限于求和，而是包含计数、求平均值等多种常见的计算方式。如果只能在Excel中选择一种数据分析技巧，我会毫不犹豫地选择“数据透视表”。因为它不仅功能强大，而且极易上手。

数据透视表的基本操作大家应该都已经很熟悉了，这是上一本书的重点，并进行过详细的介绍。总结为两个字，无非就是“拖”和“拽”。将字段拖进去，拽出来，如同搭积木或拼拼图一样简单操作，就能得到变化万千的汇总结果（如图 4-157）。

图 4-157

>>>>>　>>>>>　>>>>>

我们以“一行记录型”表格“企业信息表”为例，将“所在省份”“所在地”拖至行字段，将“年末从业人员数”拖至数据项，瞬间就得到不同省份不同地市的年末从业人员数的总和，汇总结果的显示方式如图4-158所示。

刚才的操作是在2003版中，如果在2007版或2010版中进行同样的操作，汇总数不会有任何变化，但显示方式却有可能不同（如图4-159）。

	A	B	C
1			2003版
2			
3	求和项:年		
4	所在省份	所在地(市	汇总
5	贵州省	贵阳市	1936045
6		六盘水市	702053
7		遵义市	1215670
8	贵州省 汇总		3853768
9	四川省	成都市	3574257
10		德阳市	1256965
11		广元市	706427
12		乐山市	810415
13		泸州市	1139520
14		绵阳市	1408427
15		南充市	725262

图4-158

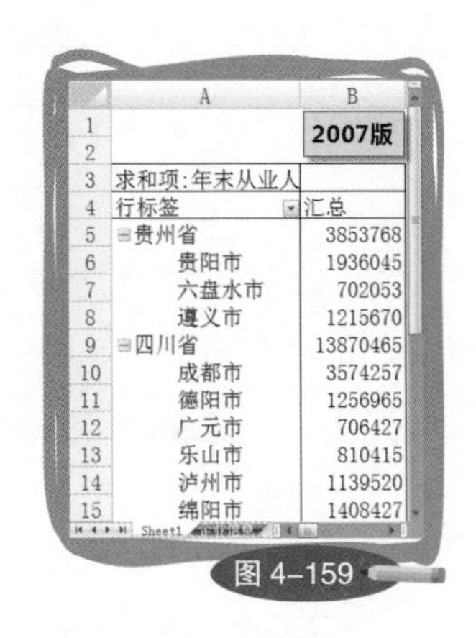

	A	B
1		2007版
2		
3	求和项:年末从业人	
4	行标签	汇总
5	⊟贵州省	3853768
6	贵阳市	1936045
7	六盘水市	702053
8	遵义市	1215670
9	⊟四川省	13870465
10	成都市	3574257
11	德阳市	1256965
12	广元市	706427
13	乐山市	810415
14	泸州市	1139520
15	绵阳市	1408427

图4-159

从图中可以看到，2003版将省份的汇总数显示在下方，2007版则显示在上方；2003版的省份与所属的第一个地市处于同一行，2007版的省份则单独占据一行。这两种显示方式没有好坏之分，但如果你已经习惯了2003版的样式，那么刚开始接触新的样式多少会感觉有点别扭。其实，通过设置，2007版也是可以显示为经典样式的。

在2007版中，细心一点你会发现，当光标选中数据透视表任意单元格时，在菜单栏会出现两个属于“数据透视表工具”的新菜单，分别是“选项”和“设计”（如图4-160）。

图4-160

打开“设计”菜单，在“报表布局”中选择“以表格形式显示”，就能看到我们熟悉的汇总样式（如图 4–161）。

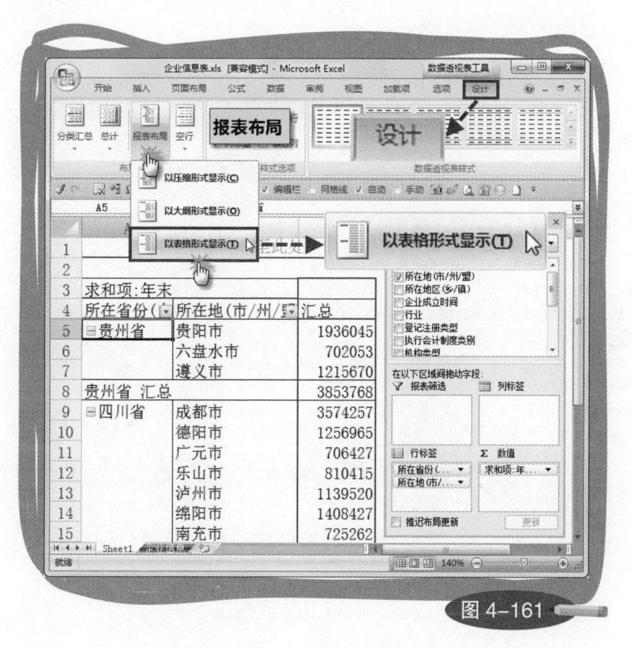

图 4–161

既然发现了新的菜单，别停止探索的脚步，找个时间挨个儿看看，也许还有新的惊喜等着你。

一技傍身

——Ctrl与复制

Ctrl这个键天生与复制有缘，复制用Ctrl+C，批量录入用Ctrl+Enter，按住Ctrl还能拖出相同的单元格。此外，复制工作表也可以用Ctrl键，选中待复制的工作表，按住Ctrl拖动一下就完成了。

复制工作表的意义与“另存为”一样，都是为了保护源数据的安全，在不影响源数据的情况下做数据的处理和分析实验。

除了对汇总样式的调整，关于数据透视表，还有几个内容要和大家分享。

✦ 分段汇总，组合日期莫打钩

“组合”无疑是数据透视表中惊世骇俗的一项功能，它能自动识别日期格式，组合出按年、季度、月、日，甚至小时、分、秒的汇总数。可它也很有趣，在三个版本中有三种不同的路径或名称，这意味着你得睁大眼睛才能找到它的踪影（如图 4–162）。

图 4–162

不过我认为这并非难事，在学习Excel的过程中，只要知道了某项功能，无论在什么版本中，打着灯笼也能把它找出来。而找按钮这种事，仅仅是学习技巧和方法的附属过程，既不能成为学习目标，更不能把它当作学习中遇到的困难。

>>>>> >>>>> >>>>>

在对日期进行组合时，有三种情况会导致Excel报错，出错提示为“选定区域不能分组”（如图4-163）。

图 4-163

第一种情况是待组合的日期中有空单元格，这包括源数据中某一个未填写日期的单元格，或者为了预约源数据刻意提前选择的空单元格（如图4-164）。而这似乎也表明，在预约源数据和组合之间，我们只能选其一。这真是鱼与熊掌不可兼得啊！

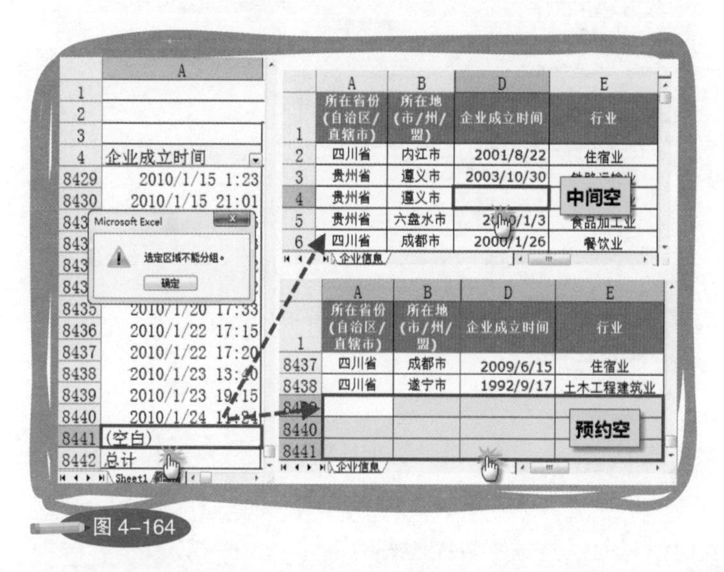

图 4-164

第二种情况是日期不是Excel认可的格式，最常见的错误写法是以“.”（点）作为年月日的分隔符，如2012.4.13。由于以这种格式记录的日期实际上是文本，因此才导致“选定区域不能分组”。所以要避免错误的发生，就要录入正确的日期，而录入当天日期最快速的方法是使用Ctrl+；（分号）组合键。

第三种情况是以日期字段作为数据透视表的页字段，因为在页字段中，这个真没有（如图4–165）。但可以采用迂回战术，先在行字段中将日期进行组合，再将组合后的日期字段拖为页字段。

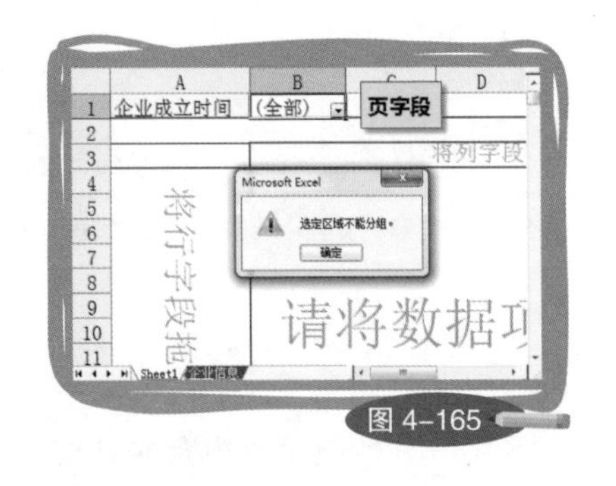

图 4–165

在组合的时候，我们通常只设置“步长”，而使用默认的起止日期（如图 4–166）。

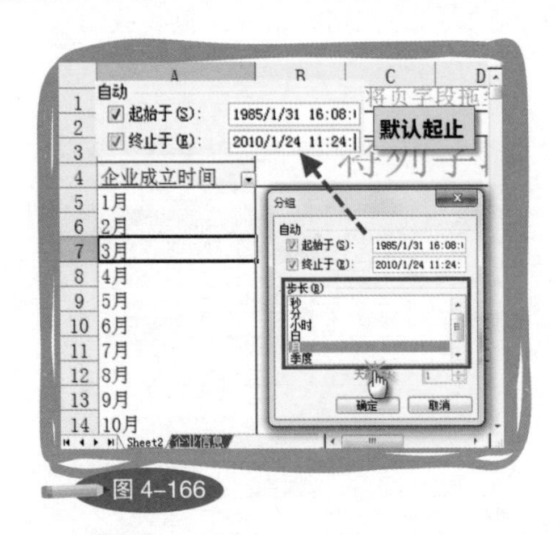

图 4–166

当需要对其中一段时间进行汇总时，可以修改起止日期。但如果根据经验来做，通常都会操作失败。为什么根据经验还会失败呢？那是因为我们惯常的经验是“勾选代表确定”。例如：只汇总 1999/1/1 至 2005/1/1 各季度的数据，我们首先会将“起始于”设定为 1999/1/1，然后将“终止于”设定为 2005/1/1，最后还不忘在前面都打上钩，代表确定（如图 4–167）。

图 4–167

可正是因为这两个钩，让Excel恢复了默认的日期，从而使自定义时间范围的组合操作以失败告终。所以，如果想要自定义组合的起止日期，切忌打钩。这与我们以往的经验是相反的，需要特别注意（如图4–168）。

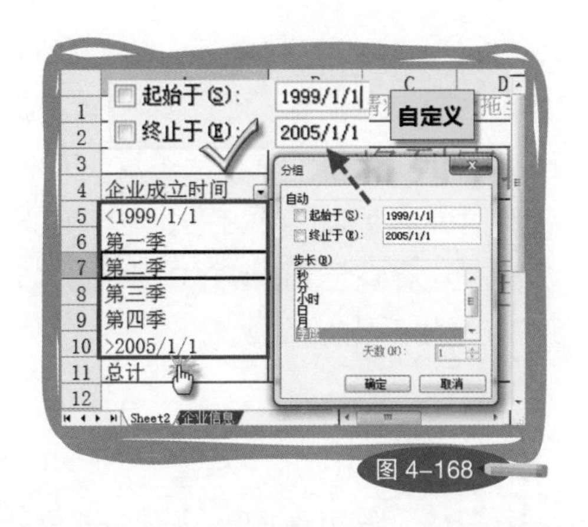

图4–168

讲到这里，让我们穿越回“有东西进出型”，在那里有一个还没有解决但又无比重要的问题——计算期初、期末库存。如果用“组合”功能来完成它，简直易如反掌，就算多年的数据同在一张表中，也能轻松得到任意时间点的库存情况。比如，我们要在2008/5/30至2010/8/2的办公用品管理表中，求2009/9/1当天各产品大类的期初库存。

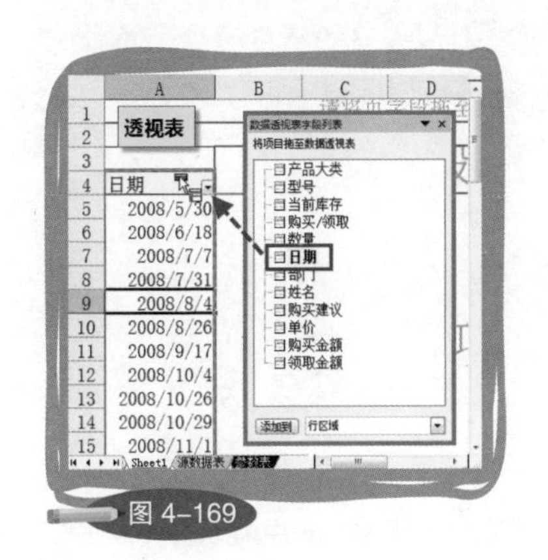

图4–169

如图4–169所示，首先调用数据透视表功能，以“日期”作为行字段。

然后，选中任意日期单元格点右键，在“组及显示明细数据”中打开“组合”对话框，将“起始于”改为2009/9/1，意思是组合2009/9/1至2010/8/2的数据，并将步长设置为“季度”（如图4–170）。

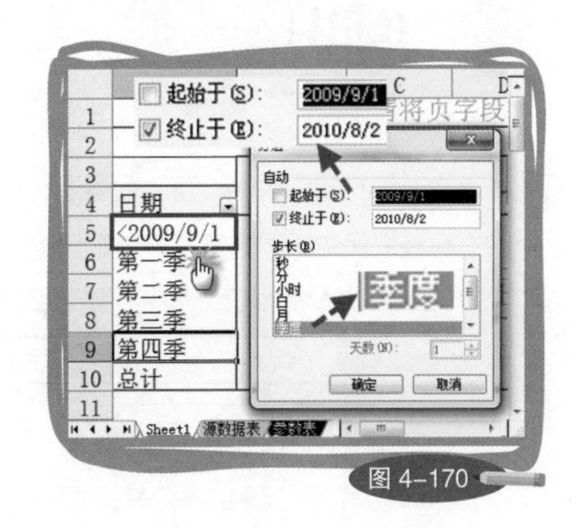

图4–170

点击“确定”完成后，从得到的结果可以看出，小于2009/9/1的日期被单独汇总，这就是我们要求的时间范围。其实，这里运用了一种反逻辑，2009/9/1至2010/8/2怎么组合并不重要，年、季度、月都可以。关键是通过设定起始日期，将它之前的所有日期组合了起来，从而反向得到2009/9/1之前的汇总数据。

最后一步，将组合好的“日期”拖为页字段，并选择只显示<2009/9/1的汇总数。然后，以“产品大类”作为行字段，“数量”作为数据项，汇总方式使用默认的求和。这样，就得到了2009/9/1的期初库存（如图4-171）。

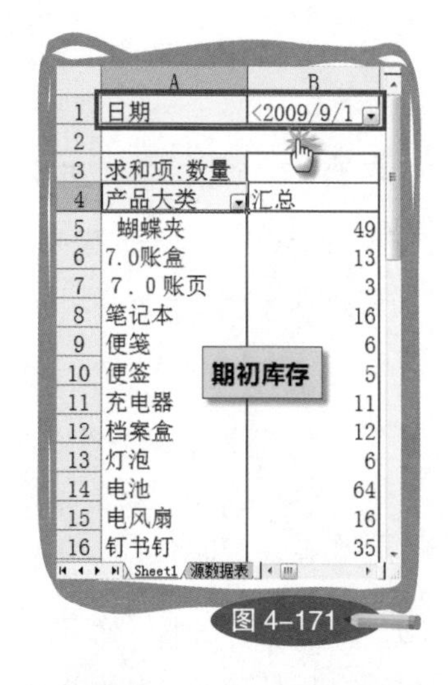

	A	B
1	日期	<2009/9/1
2		
3	求和项:数量	
4	产品大类	汇总
5	蝴蝶夹	49
6	7.0账盒	13
7	7．0账页	3
8	笔记本	16
9	便笺	6
10	便签	5
11	充电器	11
12	档案盒	12
13	灯泡	6
14	电池	64
15	电风扇	16
16	钉书钉	35

图 4-171

瞧，一个表格中的数据处理难题，就这么“四两拨千斤”地被化解掉了。这全都得归功于数据透视表强大的自定义“组合”功能，以及“有东西进出型”表格的精良设计，再加上一点懒人的创新思维。掌握了这套方法，将来你大可尽情玩转各类进销存工作。

好了，问题解决了，穿越回来吧！

一技傍身

——一页打印

在打印的时候，有时会遭遇这样的尴尬局面，由于数据刚好多了那么一点点，就算已经把页边距调到最大，还是只能分两页打印（如图4-172）。

产品大类	型号	当前库存	购买/领取	数量	日期	部门	姓名	购买建议	单价	购买金额	领取金额
电池	5#	0	购买	20	2008/5/30	综合部	员工1	-	9.15	183.00	-
电池	7#	0	购买	35	2008/5/30	综合部	员工1	-	10.07	352.45	-
电池	1#	0	购买	19	2008/5/30	综合部	员工1	-	19.41	368.79	-
色带	630K	0	购买	19	2008/5/30	综合部	员工1	-	6.97	132.43	-
墨盒	BC-03	0	购买	6	[illegible]	[illegible]	[illegible]	需购买46个	15.17	91.02	-
墨盒	HP816	0	购买	5	[illegible]	[illegible]	[illegible]	需购买52个	15.71	78.55	-
墨盒	HP817	0	购买	14	[illegible]	[illegible]	[illegible]	-	12.25	171.50	-
色带	LQ680K	0	购买	8	2008/5/30	综合部	员工1	-	12.03	96.24	-

最大页边距

图 4-172

于是，就看到有的“表”哥、“表”姐返回表格中，又是调整行高，又是调整列宽，还把字体变小、缩小填充等一阵忙，为的只是能一页打印。实际上，还真不用那么麻烦。你只需要打开“文件”中的“页面设置”，在“缩放”中将“调整为”设置成1页宽1页高即可（如图4－173）。这样，哪怕原本有5页的内容，也会被自动压缩到1页中。

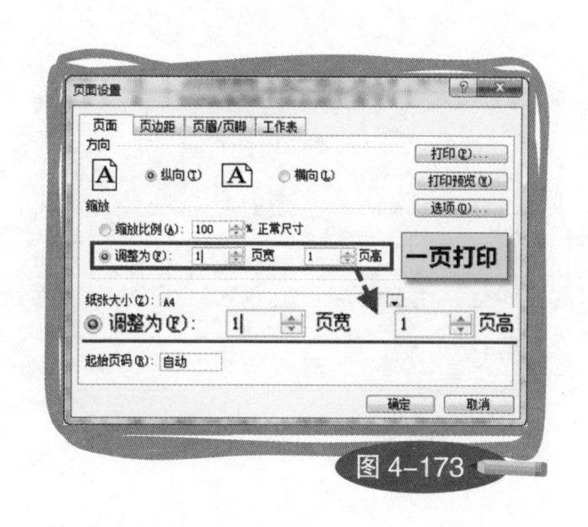

图 4–173

亲，别再受累了。

✦ 等距呈现，数值也能被组合

除了日期，在数据透视表中，数值也能被组合。就拿企业信息表来说，如果需要以全年营业收入每300万元作为分界线，统计各个收入级别的企业有多少家，用“组合”功能也是最方便的。组合数值的操作方式与组合日期相同，只不过行字段由日期换成了待组合数值所在的字段。另外，由于对数值进行组合时默认的起止数为该字段中的最小、最大值，要想得到工整的分段，通常都需要进行自定义。例如：默认数值为0.08~999.73，那么就应该将其设定为0~1000。

如图4–174所示，以“全年营业收入”作为行字段，调用组合对话框，将起止数值分别向下、向上取整，设定为0~1000。“步长”代表分界线，按照任务描述设为300。然后，再从字段列表中任选一个字段作为数据项，就得到了不同收入级别企业数的汇总结果。

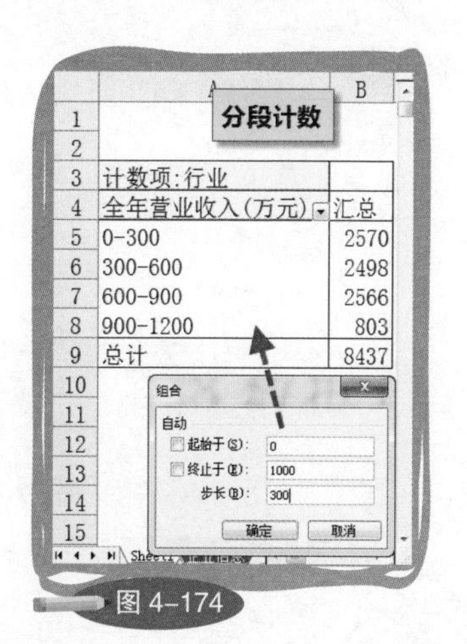

图 4–174

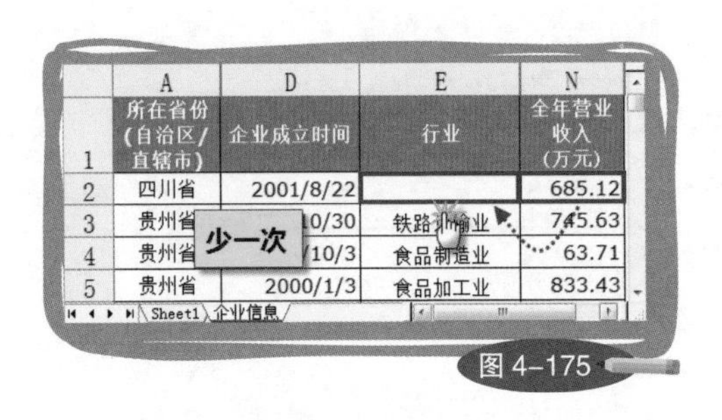

	A	D	E	N
1	所在省份（自治区/直辖市）	企业成立时间	行业	全年营业收入（万元）
2	四川省	2001/8/22		685.12
3	贵州省	10/30	铁路[illegible]输业	745.63
4	贵州省	/10/3	食品制造业	63.71
5	贵州省	2000/1/3	食品加工业	833.43

图 4-175

在数据透视表中，计数是汇总方式里比较特殊的一种，无论是文本字段还是数值字段都可以用作计数。它的计算逻辑是，只要与透视表行、列字段同行的数据项单元格有数据，就记一次，否则，不计次。例如我们用“行业”这个字段来计数，如果某营业收入段同一行的“行业”单元格为空，则该分段少记一次。如图 4-175 所示，600~900 区间将少计入一家企业。

有人问：“为什么数据项有时默认为求和，有时又为计数？”其实是这样的，当数据项的字段内容为数值时，默认为求和；当字段内容为文本时，默认为计数；当字段内容既有数值又有文本时，也默认为计数。

组合数值也有一点遗憾，它不像日期的组合类型那么丰富，而是只能设定一个步长。希望有一天，Excel允许我们设定多个起止数值，并添加多个步长，以满足更加个性化的分段汇总需求。

一技傍身

——以“万”为单位

如图4-176所示，由于分类汇总结果中的汇总数太大，以至于我们不容易数清楚到底有几位数。

这时，如果将数据以“万”为单位显示，表格的可读性就会强很多。

	A	B
1		汇总数太大
2		
3	求和项:全年营业收入	
4	全年营业收入(万元)	汇总
5	0-300	389040.419
6	300-600	1122262.836
7	600-900	1923744.469
8	900-1200	762377.117
9	总计	4197424.841

图 4-176

那么，单元格本身的数据不变，只是改变显示效果，这件事一般归单元格格式管。但是在“数字”标签的“分类”列表中，没有现成的选项，所以必须依靠“自定义”的格式来完成，将格式设定为“0!.0,”或者“0!.0,"万""元"”都行（如图4-177）。

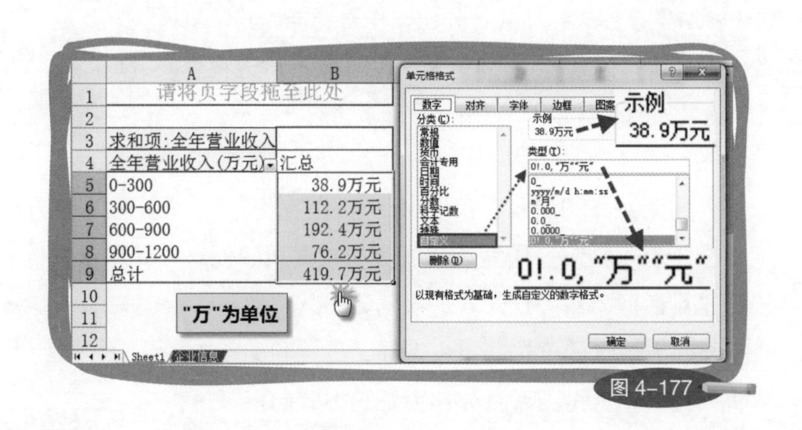

图 4-177

不过要知道，在Excel中常常“眼见为虚”。这里的“38.9万元”不是文本，而是数值，我们看到的仅仅是显示效果而已。

✦ 占总和百分比，版本差异大不同

数据透视表能汇总求和项，于是有人就根据汇总结果手工计算百分比。这么做是有原因的，因为在“字段设置”的汇总方式中没有“百分比”这个选项（如图 4-178）。

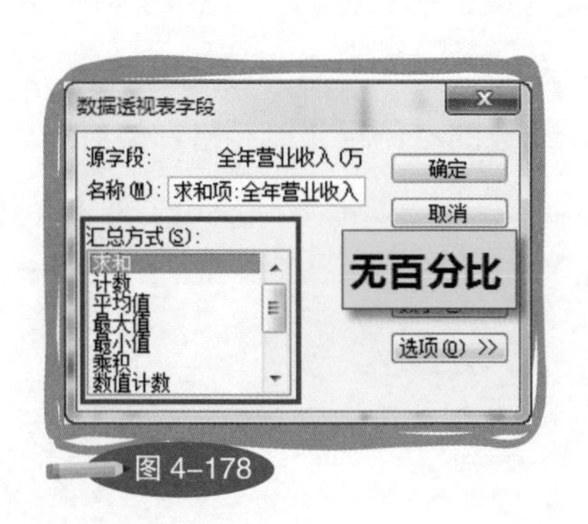

图 4-178

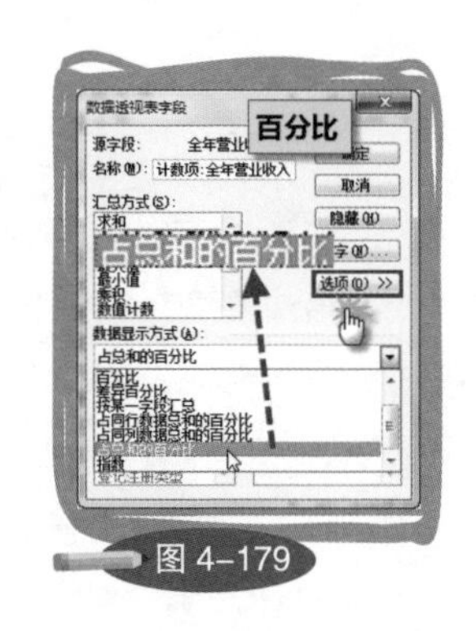

图 4-179

但如果你就这么认为数据透视表无法直接获得百分比数据，那你又小看Excel了。还记得只用了万分之一的查找与替换吗？同样，打开字段设置对话框中的“选项”，柳暗花明又一村——这里有各式各样的百分比，任君选择。其中最常用的是“占总和的百分比”，即每一个汇总数占该透视表总数的百分比（如图 4-179）。

如图4-180所示，我们以“所在省份”“所在地”作为行字段，以“全年营业收入”作为数据项。在数据项的任意单元格点右键，调出字段设置对话框，然后打开“选项”，并从“数据显示方式”的下拉菜单中选择“占总和的百分比”，就得到以百分比为汇总方式的汇总结果。

	A	B	C
4	所在省份(自	所在地(市/州/盟)	汇总
5	贵州省	贵阳市	7.86%
6		六盘水市	3.08%
7		遵义市	5.55%
8	贵州省 汇总		16.49%
9	四川省	成都市	16.64%
10		德阳市	5.55%
11			3.70%
12			3.70%
13		泸州市	5.55%
14		绵阳市	6.47%
15		南充市	3.70%
16		内江市	3.70%
17		攀枝花市	4.62%
18		遂宁市	2.77%
19		宜宾市	3.70%
20		自贡市	5.55%
21	四川省 汇总		65.64%
22	云南省	昆明市	6.32%
23		曲靖市	6.32%
24		玉溪市	5.24%
25	云南省 汇总		17.87%
26	总计		100.00%

图 4-180

如果希望获得“所在地”占“所在省份”的百分比，有点遗憾，字段设置中没有直接可以实现的选项。但如果添加一个辅助列，用VLOOKUP函数加上通配符“*”倒是能有效地达到目的。计算的逻辑为，将“所在省份”的汇总数提取到该省份“所在地”汇总数的右侧相邻单元格，然后用地市的汇总数除以省份的汇总数。这个公式的重点，也是难点，在于如何精确地提取出对应省份的汇总数。在D5写公式为=VLOOKUP("*汇总",$A5:$C$25,3,0)（如图4-181）。

>>>>>　>>>>>　>>>>>

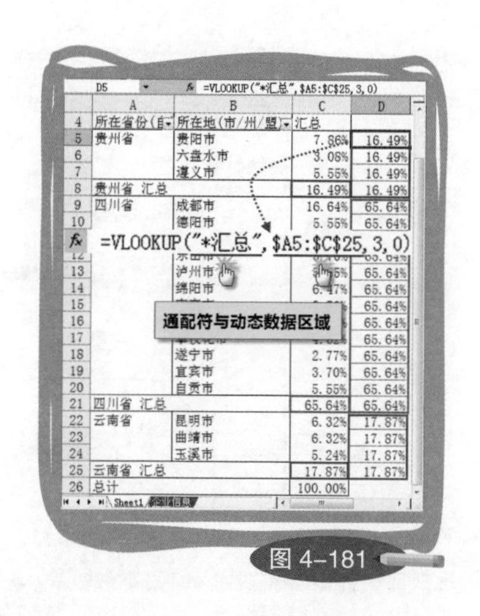

图 4-181

由公式的结果可以看到，D5:D8都等于贵州省的汇总数，D9:D21都等于四川省的汇总数……有了D列的这些数值，剩下的就只是做除法而已。

这里运用了三个技巧：第一，因为要通过匹配A列的数据得到C列的值，所以选定了VLOOKUP函数；第二，引入了通配符“*”，使用于匹配的值得到了正确的表达，“"*汇总"”代表任何以“汇总”结尾的文本，即对应到了每个省份的汇总数；第三，用动态数据区域$A5:$C$25，使公式向下复制时，用于查找的区域不断缩小，以至于公式可以匹配到新的汇总数，这是因为VLOOKUP函数只能匹配到第一个被找到的值。不过，只有在2003版和2007版中才需要这么做。到了2010版，“字段设置”变成了“值字段设置”，“选项”不见了，“值显示方式”取而代之直接出现在对话框中。而且，在新的下拉菜单里多了不少选项，令人惊喜的是出现了“父级汇总的百分比”，而这正是我们在前面费了很大劲才能得到的汇总结果（如图4—182）。

>>>>>　>>>>>　>>>>>

图 4-182

✦ 透视表中的排序与不可思议的筛选

拖动透视表中的单元格，可以手动排序。使用排序功能，可以进行自动排序。但要注意一点，如图 4-183 所示，“排序依据”不是待排序的数据区域，而是当前选中的非标题单元格。看到这个可能会让人有点迟疑，但是不用担心，大胆地“确定”下去就行了。

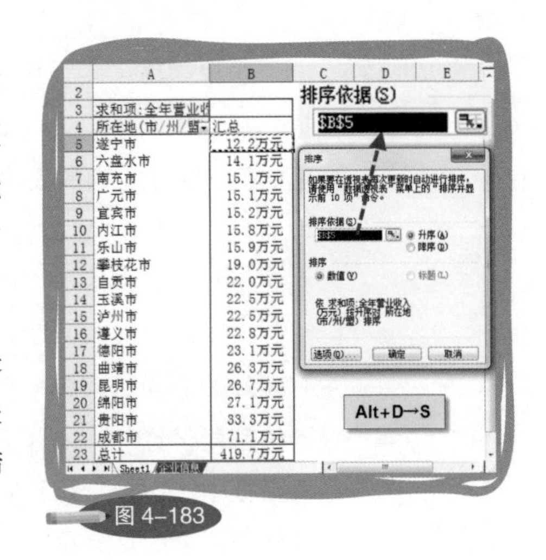

图 4-183

如果说透视表中的排序有点怪，那么筛选就是非常怪。在数据透视表中，筛选基本上被认为是失效的。因为无论选到透视表中的哪一个单元格，“筛选”菜单里的选项们都表现出毫无兴趣的“灰色”，以此拒绝提供一切“服务”。

而要让透视表能够被筛选，必须使用一种很“邪门儿”的功夫。看清楚，是选中透视表右侧与数据项相邻的单元格（如图 4-184）。正是这项超级无厘头的操作，竟然把沉睡的“自动筛选”给唤醒了，无语……

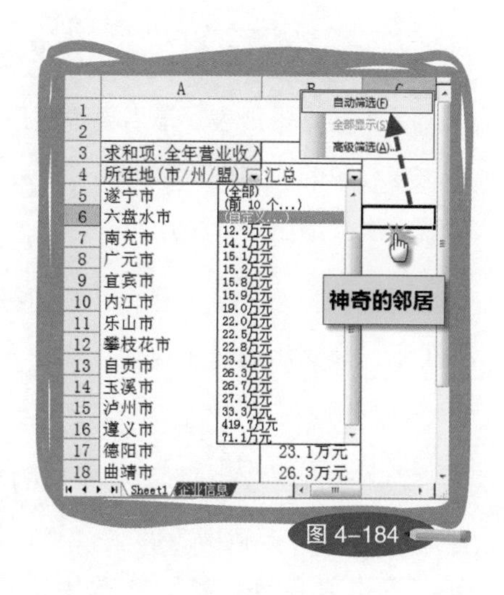

图 4-184

“调皮鬼”捣蛋

——两眼一抹“白”

闲来无事，调皮鬼在办公室里到处晃悠，由于很久没捣蛋了，所以手有点痒痒。正好看见一个同事在做表，还是一份数据量庞大的表，于是，他忽然想到些什么。捣蛋的第一步一定是分散同事的注意力，让他没办法盯着自己的电脑。而就在这时，调皮鬼全选了单元格，按Ctrl+1将格式设置为“自定义”的“;;;”（三个分号）。等同事再看电脑时，差点没晕过去，原来密密麻麻的源数据表竟然变成了一个白板，而编辑栏却又提示单元格有数据（如图 4-185）。

“表”哥、“表”姐们也许宁愿两眼一抹“黑”，打死也不愿意看到一抹“白”吧。

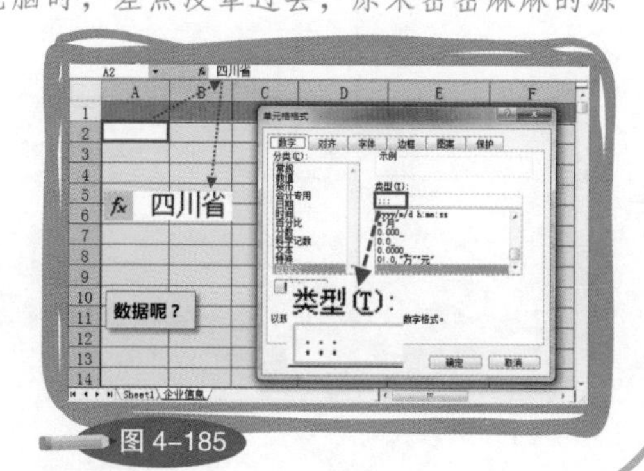

图 4-185

✦ 重复项目标签，汇总数据化为“源”

关于数据透视表，最后要说到用汇总结果作为源数据的问题。由于透视表的样式默认为不重复相同的名称，所以，当“所在省份”作为第一行字段的时候，每一个省份的名称只会出现一次（如图4–186）。

这有点像合并单元格，让我们将汇总结果选择性粘贴为数值后，还必须通过定位和批量录入技巧，才能将它变成标准的源数据。

而2010版在这方面又有专属的功能，区别于2007版，“报表布局”中新增了两个选项：“重复所有项目标签”和“不重复项目标签”。选中透视表任意单元格，使用前者，一个标准源数据样式的汇总效果就出现了（如图4–187）。

	A	B	C
1			
2			
3	计数项:全		
4	所在省份	所在地(市/	汇总
5	贵州省	六盘水市	260
6		遵义市	468
7		贵阳市	663
8	四川省	遂宁市	234
9		南充市	312
10		广元	312
11		宜宾	312
12		内江市	312
13		乐山市	312
14		攀枝花市	390
15		自贡市	468
16		泸州市	468
17		德阳市	468
18		绵阳市	546
19		成都市	1404

一个名称

图 4–186

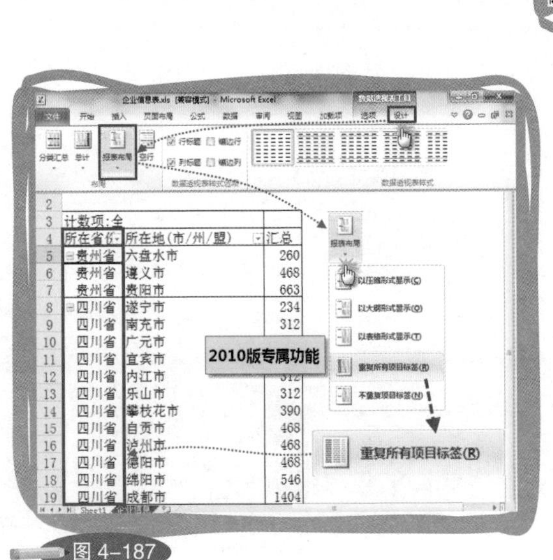

图 4–187

——去掉分页符

每次进行打印预览之后，再返回表格中就会看到一条条分页符。有的人并不在意这个变化，但有的人却受不了它的存在，比如我。所以，我想方设法也要把它拿掉。刚接触Excel那会儿从没认真想过办法，只知道关闭表格再重新打开。后来在“工具”的“选项”中找到了“自动分页符”的勾选项，就再也不愁了（如图4-188）。

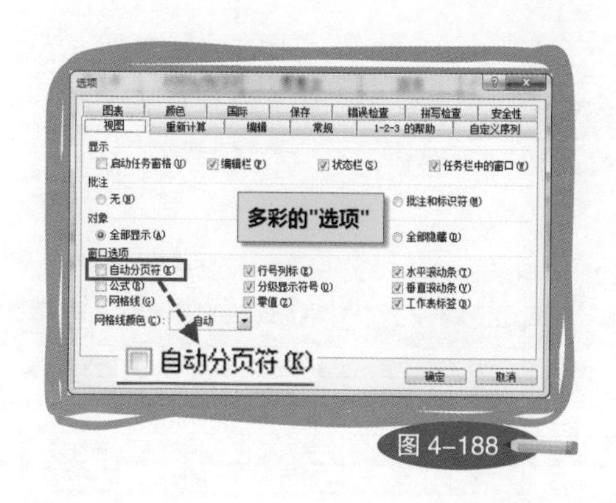

图 4-188

第5节 存放基础信息型

它既可以是源数据表，也可以是参数表。数据分析不能体现它的价值，引用、查找与对比才是它存在的意义。为了取悦人们的视觉感受，它有时候甚至需要换着马甲以各种造型闪亮登场。

“基础信息”是个啥

所谓“基础信息”，就是与一样东西相关的各种属性。“东西”可以是物品，也可以是人，比如一代枭雄曹操。维基百科中对曹操的描述是：“曹操（155—220年），字孟德，小名吉利，小字阿瞒，沛国谯（今安徽省亳州市）人。中国东汉末年著名的军事家、政治家和诗人，三国时代魏国的奠基者和主要缔造者……后为魏王，去世后谥号为武王。其子曹丕称帝后，追尊为武皇帝，庙号太祖。”以今天的眼光来看，这段描述包含了曹操本人身份证、户口本以及工作名片上的所有重要信息。如果要将这些信息记录在Excel表格中，大概等于一张人事信息表，这也是典型的“存放基础信息型”表格（如图4–189）。

	A	B	C	D	E	F	G	H
1	姓名	字	出生日期	出生地	专业	职位	荣誉称号	重要家属
2	曹操	孟德	155	亳州市	军事	魏王	武皇帝	曹丕
3	刘备	玄德	161	涿州市	公共关系	蜀王	昭烈皇帝	刘禅
4	孙权	仲谋	182	富阳市	城市规划	吴王	吴大帝	孙策
5	吕布	奉先	未知	包头市	武术	徐州牧	猛将兄	[illegible]
6	郭嘉	奉孝	170	禹州市	精算	军师祭酒	鬼才	[illegible]

人事信息

人事信息

图 4–189

单从外观判断，它与前面几种类型的表格没有任何不同。事实上，只要是天下第一表，就应该长得一模一样。而我们区分这几种类型的依据，是其不同的数据属性、数据用途、工作流程以及工作目的。以这些角度为出发点，我们尤其需要搞清楚“存放基础信息型”表格和与之最相似的“一行记录型”表格之间的区别。虽然乍一看它们的确很像双胞胎，可有两点特征能证明它们其实并没有任何“血缘关系”。

>>>>> >>>>> >>>>>

第一点，是否只有“人物”。“一行记录型”数据描述的是一个完整的故事，既有对主角的刻画，也有对情节的阐述，并且不忘量化关键事件。拿“企业信息表”来说，“所在省份”“所在地”“行业”等是企业的基本信息，但“年末从业人员数”“全年营业收入”等却是对该企业在某个时间段发生的事件进行量化，属于叙事的部分。如果这个例子理解起来有点困难，我们再来看如图 4–190 所示的“车辆使用情况表”。

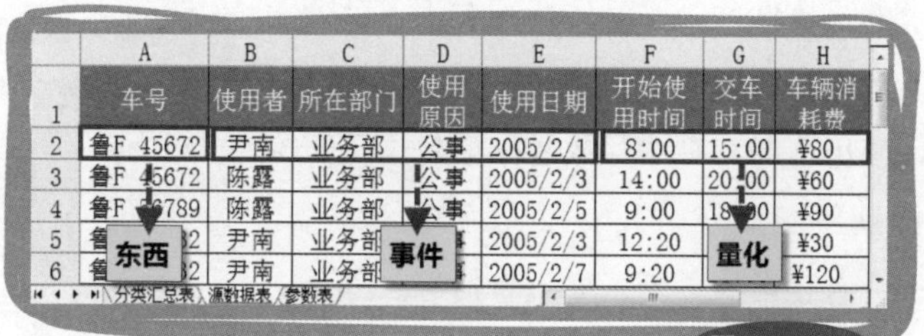

	A	B	C	D	E	F	G	H
1	车号	使用者	所在部门	使用原因	使用日期	开始使用时间	交车时间	车辆消耗费
2	鲁F 45672	尹南	业务部	公事	2005/2/1	8:00	15:00	¥80
3	鲁F 45672	陈露	业务部	公事	2005/2/3	14:00	20:00	¥60
4	鲁F [illegible]789	陈露	业务部	公事	2005/2/5	9:00	18:[illegible]	¥90
5	鲁[illegible]2	尹南	业务部	[illegible]	2005/2/3	12:20	[illegible]	¥30
6	鲁[illegible]2	尹南	业务部	[illegible]	2005/2/7	9:20	[illegible]	¥120

分类汇总表 源数据表 参数表

东西 事件 量化

图 4–190

这也是“一行记录型”表格，但“车号”作为主角却没有任何其他相关信息，如“资产所属部门”“车辆型号”“购买时间”等。数据记录的是该主角发生了什么事，如被所属某个部门的某个人在某一天因公事借了出去。之后的数据则是对该事件进行量化，如什么时间开始使用、什么时间归还、消耗的费用等。所以，“一行记录型”表格通常都有时间、人物、事件，而其中最关键的是要有事件。

但“存放基础信息型”表格却往往只有“人物”，例如对曹操的描述，无论是名字、出生年月、出生地，还是职位、荣誉称号，或者家庭情况，都属于曹操的个人属性。正因为如此，“存放基础信息型”表格对主角的描述通常都要足够详尽。

不过，由于这种区别，我们也可以将前者看作后者的完整版。如果对曹操的描述不局限于个人属性，同时也介绍其经历的某个事件，例如官渡之战，那么，当记录中出现了战役名称、对方将领姓名、灭敌人数、战役胜利方等信息时，表格就由“存放基础信息型”变为“一行记录型”。

第二点，数据是否频繁更新。“一行记录型”表格中记录的是事件，只要事件持续发生，就会有新的数据产生，所以，表格会频繁更新，如添加新的车辆使用情况。可“存放基础信息型”表格中的数据明细只涉及“人物”，不涉及事件，所以一般不会有日常的更新，如人事信息。办公用品信息也是如此，如图4-191所示，表格记录了办公用品的各种属性，如参考单价、单位、库存上、下限等。通常情况下，这张表是不会频繁更新的。

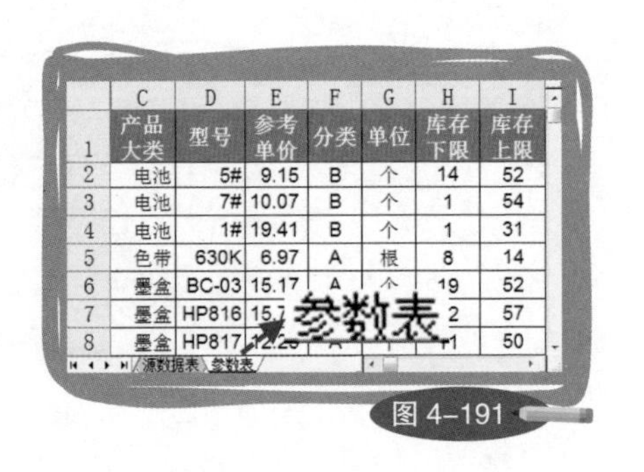

	C	D	E	F	G	H	I
1	产品大类	型号	参考单价	分类	单位	库存下限	库存上限
2	电池	5#	9.15	B	个	14	52
3	电池	7#	10.07	B	个	1	54
4	电池	1#	19.41	B	个	1	31
5	色带	630K	6.97	A	根	8	14
6	墨盒	BC-03	15.17	A	个	19	52
7	墨盒	HP816	[illegible]	[illegible]	[illegible]	2	57
8	墨盒	HP817	[illegible]	[illegible]	[illegible]	[illegible]	50

图4-191

不知道你有没有发现，这张表其实是我们在前面举例的“有东西进出型”表格的参数表。与对参数的描述一致——不经常更新，供源数据表和分类汇总表引用。所以，“存放基础信息型”数据通常也被用作参数。

无论是对字段的设计，还是使用三表结构时对数据所属（参、源、汇）的判断，或者是看清数据的用途，搞清楚数据的这些特征，都能帮助我们在设计和使用表格时做到心中有数。对“存放基础信息型”表格而言，数据分析不是重点，引用、查找与对比才是它的价值所在。

>>>>> >>>>> >>>>>

——超链接的那些事儿

我要讲的“那些事儿”包括输入时取消超链接、选中超链接单元格以及批量取消超链接。

众所周知，当单元格内容以www开头，或者中间有@时，完成录入后Excel会自动将其变成超链接。可有时，它的这番好意并非我们的本意。虽然不能阻止Excel这么做，但却可以进行事后的调整。当录入完成以后，第一时间按Ctrl+Z组合键“撤消”上一步操作即可。别担心，这时数据还在，只是超链接没了（如图4-192）。

图 4-192

如果A1单元格设置了超链接，那么通过直接点击的方式来选中它的同时，会打开链接网站，这就为选中超链接所在单元格带来了麻烦。与通常的操作方式不同，点选时长按鼠标左键，就能在不触发链接的情况下，选中该单元格。真是应了那句俗话——坚持就是胜利。

假如你拿到的表格已经有很多超链接单元格，要想批量取消链接有一个妙招：选中一大片——当然要包含它们——复制以后直接按Enter就搞定了（如图4-193）。

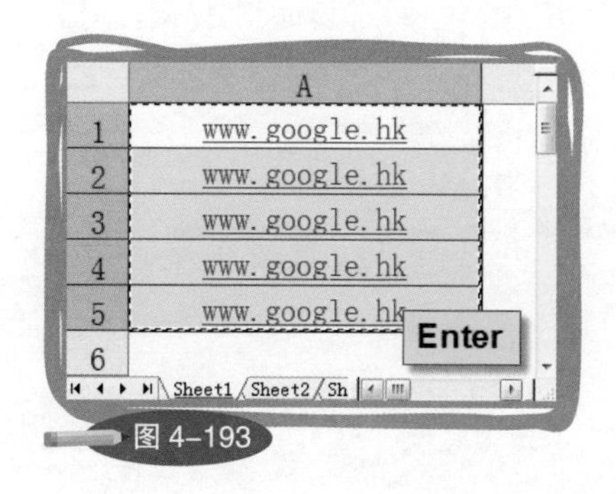

图 4-193

妙用隐藏函数，记得她的生日

大多数“存放基础信息型”表格都只要将数据放在那里就行了，但人事信息表由于承担着一个重要任务，以至于有必要设置一下。许多公司都有向过生日的员工赠送礼物的传统，可要记住所有员工的生日几乎是不可能的，除非大家相亲相爱相处了好多年，那还得是一家只有十几二十个人的小公司才行。事实上，除了人事部门有这样的需求，销售部门在维护大客户关系时，或者个人在维护交际关系时也会有同样的需求。既然用脑子记不靠谱，那么，每天手工筛一次数据如何呢？可以想象，这更不靠谱。只有借助Excel的数据处理能力，才能够轻松而完美地解决这个问题。

别小看这只是一个日期相减的问题，如果你到“日期与时间”函数中找一圈，会发现没有任何函数是合适的。因为这项任务的关键在于两个日期相减时要忽略年份对计算结果的影响，而Excel本身又不能单独表达月和日，也就是说没有4/13这样的内部表达式。所以，我要推荐给大家的是“大隐于市真人不露相之在函数列表中找都找不到的甚至没有参数提示的日期函数之王”——DATEDIF。该函数有三个参数，分别为：起始日期、终止日期、计算方式。由于这的确是一位深不可测的“高人”，所以函数参数对话框中啥也没有，还骗你说：“该函数不需要参数。”（如图4–194）这就好像武侠小说中的少林寺方丈总说他家没有武功秘籍，只有一些养生读物一样。

图 4–194

DATEDIF是Excel中的隐藏函数，用于计算两个日期相差的年、月、日数，计算的方式一共有6种，均由第三参数控制。

"y"——相差的整年数，不足一年不计入；

"m"——相差的整月数，不足一月不计入；

"d"——相差的整天数，与小时无关；

"ym"——忽略实际的年，在一年中相差的整月数；

"yd"——忽略实际的年，在一年中相差的整天数；

"md"——忽略实际的月，在一月中相差的整天数，以终止日期前一个月的总天数为计算标准。

对于这六种计算方式的理解，最基本的认识是第一、第二参数的值全部参与计算还是部分参与计算。如图4-195所示，C3和C5单元格同样是计算相差的月数，日期全部参与计算的结果大于部分参与计算的结果，C4和C6、C7的关系也是如此。

	A	B	C	D
1	起始日期	终止日期	DATEDIF	第三参数
2	2010/4/18	2012/4/5	1	"y"
3	2010/4/18	2012/4/5	23	"m"
4	2010/4/18	2012/4/5	718	"d"
5	2010/4/18	2012/4/5	11	"ym"
6	2010/4/18	2012/4/5	352	"yd"
7	2010/4/18	2012/4/5	18	"md"

Sheet1 / Sheet2 / Sheet3

图4-195

前两种参数“"y"”和“"m"”很容易理解，是向下取整的意思。可正因为如此，才要注意“"d"”的使用，不能认为天是由小时组成的，所以要按小时向下取整。实际上，2012/4/15 22：00与2012/4/16 2：00，虽然相差不足24小时，但也算1天。

>>>>> >>>>> >>>>>

对复合参数的理解稍微复杂一点，左侧字符代表忽略的值，右侧字符代表计算的值，如“"ym"”代表忽略年而计算月，“"md"”代表忽略月计算日。同时，左侧字符也代表计算的范围，如“"ym"”代表在一年中计算，“"md"”代表在一个月中计算。由于DATEDIF第二参数为终止日期，它必须大于第一参数，所以当使用“"ym"”作为第三参数时，2010/4/18与2012/4/5就不是只相差1个月，而是11个月。问题来了，当计算方式为“"md"”，终止“日”又小于起始“日”时，究竟应该根据起始日期月份的总天数，还是终止日期月份的总天数进行计算呢？其实都不是。计算的依据是终止日期月份前一个月的总天数，例如：2010/4/5与2012/8/2，就以2012年7月的总天数31天为计算依据，得到31−5+2等于28天。换成2010/4/5与2012/5/2，由于2012年4月的总天数为30天，则得到30−5+2等于27天。

依照这个原则，我们发现，“"ym"”“"yd"”“"md"”采用的其实都是相同的计算逻辑。如果这样想的话，也就不难记忆了。

那么，我们就用DATEDIF来设置生日提醒。任务描述：找出7天内过生日的员工并提醒购买礼物。因为符合条件的终止“日”一定小于起始“日”，如4/13过生日的员工，在4/6就要提醒。所以，需要做一些小的设置，将员工生日日期减去7天作为第一参数。如图4−196所示，在E2单元格写公式为=IF(DATEDIF(D2−7,TODAY(),"yd")<=7,"买礼物","")，并往下复制。假设当前日期为2012/4/16，那么Excel就会提醒我们Polly要过生日了。

E7 =IF(DATEDIF(D7-7,TODAY(),"yd")<=7,"买礼物","")

	B	C	D	E	F
1	姓名	民族	出生日期	生日提醒	身份证号
2	张三	汉族	1985/11/24		000000198511240000
3	李四	汉族	1988/3/19		000000198803190000
4	王五	汉族	1980/5/19		[illegible]
5	李雷	汉族	1972/9/6		[illegible]
6	韩梅梅	汉族	1989/9/25		000000198909250000
7	Polly	汉族	1991/4/20	买礼物	000000199104200000
8	Jim	汉族	1979/12/16		000000197912160000

人事信息

当前日期2012/4/16

图 4−196

对于提醒类的设置，除了用文字表示，还可以结合格式，并需要考虑状态的开和关。就算日期依然在提醒范围，但如果已经购买了礼物，也要关闭提醒，避免重复购买。

有了DATEDIF函数，要计算准确的工龄自然也不在话下。如图4-197所示，C2的公式为=DATEDIF(A2,B2,"y")&"年零"&DATEDIF(A2,B2,"ym")&"个月又"&DATEDIF(A2,B2,"md")&"天"。公式用“&”符号将各个结果合并，并加入了描述年月日的文本，让工龄看起来既准确，又舒服。

	A	B	C
1	起始日期	终止日期	工龄
2	1985/1/18	2012/4/5	27年零2个月又18天
3	1956/8/18	2012/4/5	55年零7个月又18天
4	1965/12/18	2012/4/5	46年零3个月又18天
5	1974/11/18	2012/4/5	37年零4个月又18天
6	1962/5/18	2012/4/5	49年零10个月又18天
7	1958/3/18	2012/4/5	54年零0个月又18天

图 4-197

如图4-198所示，要使年、月、日合并成真正的日期，不想用函数就用“&”符号，在D2单元格写公式为=A2&"/"&B2&"/"&C2。注意，“/”和“-”才是Excel认可的日期连接符。不过，用DATE函数显然更简洁，因为它就是专门干这个的，它有三个参数，分别为年、月、日。所以，E2单元格的公式写为=DATE(A2,B2,C2)。

=DATE(A2,B2,C2)

	A	B	C	D	E
1	年	月	日	“&”符号	DATE
2	1985	1	18	1985/1/18	1985/1/18
3	1956	8	18	1956/8/18	1956/8/18
4	1965	12	18	1965/12/18	1965/12/18
5	1974	11	18	1974/11/18	1974/11/18
6	1962	5	18	1962/5/18	1962/5/18

图 4-198

除了汇总，就是查找、引用与对比

虽然我总说分类汇总才是表格工作的真正目的，可还有一类需求也不容忽视，因为它不仅十分常见，而且会做与不会做之间相差了十万八千里。有不少人问过我，用好Excel到底能提升几倍的效率。在企业主面前我不太好意思说成千上万倍，可实际上当你从根本没听说过数据透视表这个东西，到熟练使用它变出各种汇总表时，已经能清晰地感受到这种量级的效率提升。除了分类汇总，还有一种叫作查找、引用与对比的工作，也具备同样的特征。

我所说的查找、引用与对比，专指把一个东西找出来，引用与之相关的数据，再与指定的数据进行对比。做这件事，除了关注数据本身的差异，也在意有差异的东西的个数。例如将手工制作的数据与从系统导出的数据进行对比，找出有多少条记录不一致。你也许不知道，正是它改变了我的职业生涯，也才有了现在的《你早该这么玩Excel》系列。

那时我在一家民营物流公司工作，负责运营管理。办公室里人不多，大家都挺熟。有一天下班前5分钟，我跑到IT部去晃悠，无意间看到新来的小姑娘在偷菜。我半开玩笑地说："上班时间玩游戏，太不像话了。"可她却说："我对数据对了一整天，眼睛都直了，刚刚才休息。"她的这句话引起了我的兴趣，于是我让她做给我看。原来，她只是要找出手工报表和系统数据的差异。实际上，这件事不需要手工做。我当场教给她VLOOKUP的用法，并演示如何一分钟做完所有的工作。小姑娘很委屈："我来实习了半年，天天都在做这个工作。没想到，我以前的努力一点价值都没有。"

本来我还没有想到什么，可一同坐电梯时，原来那个一下班就兴奋得不得了，活泼、健谈的小姑娘不见了，只剩下一个幽怨的"表"姐。这是一根导火索，当我跨出电梯的那一刻，已经决定要帮助更多受苦受难的“表”哥、“表”姐们。于是，我做起了培训，还机缘巧合地写了书。

从在工作中常用的程度，以及会与不会的效率差异来看，如果老天只让我学一种Excel技巧，我会选择数据透视表；如果还有机会学一种，我一定选择VLOOKUP函数。我把它们俩合称为“哼哈二将”，不会，百战不胜；会了，天下无敌。

接下来，咱们就讲讲VLOOKUP这个函数。先从基础的说起：当“存放基础信息型”表格作为参数表时，VLOOKUP函数可以用于通过一个代码获取其他明细数据。例如：如图4-199所示，用工号匹配出员工的姓名、民族等信息。

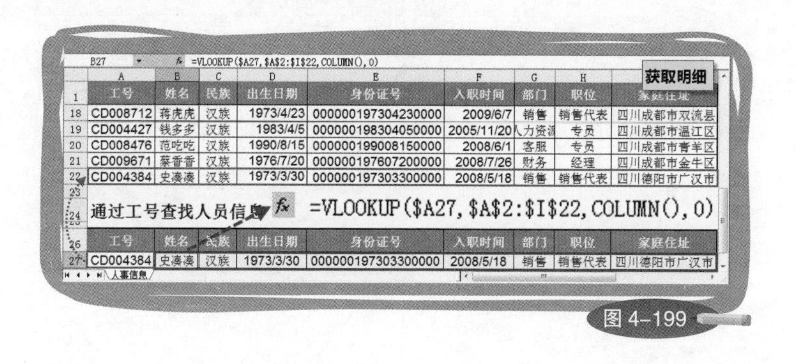

图 4-199

在B27单元格写公式的时候，可以先写=VLOOKUP(A27,A2:I22,2,0)，然后根据公式复制的方向，考虑参数引用类型的变化，以及参数内容的调整。由于公式往右复制时，依然要引用A27单元格，但往下却应该变成A28，所以第一参数改为$A27，只锁定列。对VLOOKUP函数而言，用于查找的数据区域在99%的情况下都是固定不变的，所以第二参数为$A$2:$I$22。按照对返回值的不同要求，第三参数应该随列的变化而递增。这件事是

COLUMN函数所擅长的，COLUMN()返回的是当前单元格的列号，用它制造动态的第三参数，VLOOKUP就能准确地返回相应的值。于是，修改后的公式写为=VLOOKUP($A27,$A$2:$I$22,COLUMN(),0)。

当把公式向右、向下复制后，从A27单元格开始，同时贴入多个工号，就能立即得到一份详细的数据明细，而不用再依赖Ctrl+F反复查找了。

——缺胳膊少腿儿型表格

看腻了中规中矩的表格界面，调皮鬼又想搞点另类，因为他觉得只有别人看不懂的才叫"酷"。于是，他倒腾了一张啥都缺的表格，该表格唯一的特色就是使用不方便。不过，调皮鬼自己似乎对此挺满意（如图4-200）。

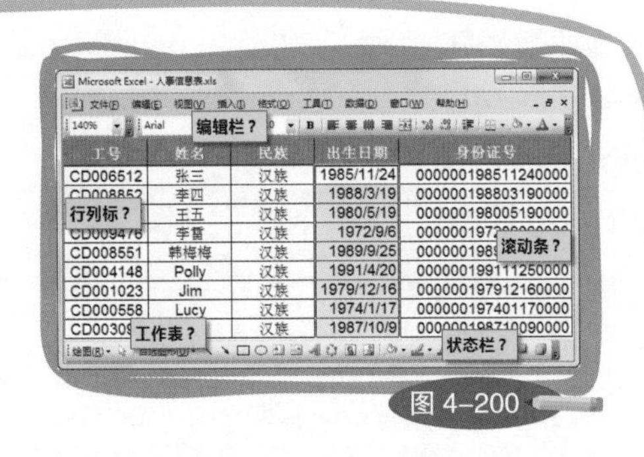

图 4-200

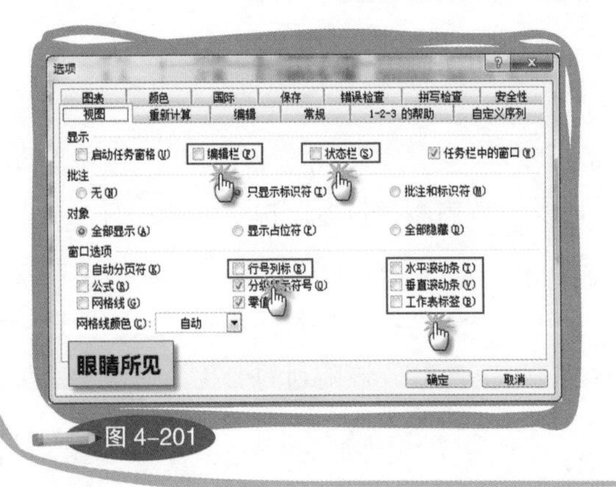

图 4-201

"酷"这种东西，看穿了其实也就那么一回事儿。不过就是"选项"中"视图"标签下的几个勾选项而已，不稀奇（如图4-201）。

大海捞针，哼哈二将之天才VLOOKUP

当我们要从多个数据中找出部分数据的时候，VLOOKUP就派上大用场了。说到这项任务，让我想起了2010年5月30日我第一次写给策划人韩哥的文字。那段文字讲述了一个故事，标题非常土，叫作“编不出来的故事——电脑与尺子”。故事说的是一位叫小李的文员，被要求从2000个商家的数据中找出老板指定的1200个商家的数据。小李的做法是将两部分数据分别排序后，掏出把尺子，在电脑屏幕前一行一行地对（如图4–202）。

	A	B	C	D	E	F
1	系统数据	老板任务	1季度	2季度	3季度	4季度
2	宜家	宜家	1070	1339	1282	1365
3						
4						
5	苏宁	人人乐	1252	1116	1492	1382
6	世纪联华	欧尚	1215	1275	1782	1479
7	人人乐	家乐福	1383	1198	1936	1476
8	欧尚	好又多	1120	1539	1617	1944
9	家乐福					
10	好又多					
11	国美					
12	…					
13	…					

挨个儿找

图 4–202

这个看似荒唐的情节，其实源于真实的生活。

从2000条数据中靠人工找出1200条，熬熬夜还是能完成的。但如果要从20000条数据中找出12000条，可就不只是熬夜那么简单了，估计得请一个月的假，回家专门做这个。这类工作很常见，尤其对于“存放基础信息型”数据和“一行记录型”数据，对比找差异是人人都会遇到的。掌握了VLOOKUP的用法，无论是找1条还是10000条，所用的时间都不超过一分钟。

>>>>> >>>>> >>>>>

来看一个例子，如图 4–203 所示，B列有 2000 个订单号，D列有 200 个订单号，求D列中的订单号有多少个没有出现在B列中。

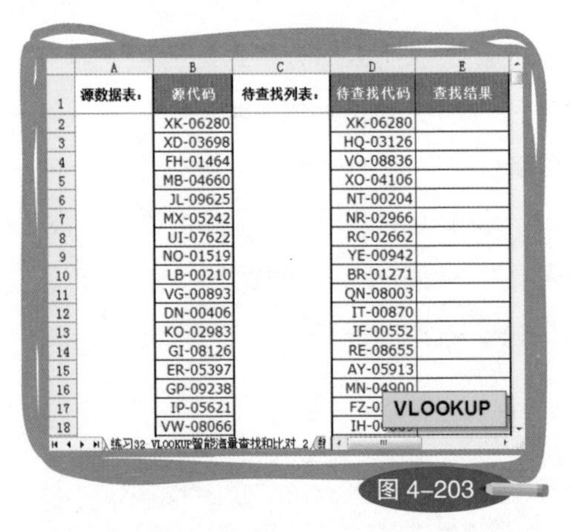

	A	B	C	D	E
1	源数据表：	源代码	待查找列表：	待查找代码	查找结果
2		XK-06280		XK-06280	
3		XD-03698		HQ-03126	
4		FH-01464		VO-08836	
5		MB-04660		XO-04106	
6		JL-09625		NT-00204	
7		MX-05242		NR-02966	
8		UI-07622		RC-02662	
9		NO-01519		YE-00942	
10		LB-00210		BR-01271	
11		VG-00893		QN-08003	
12		DN-00406		IT-00870	
13		KO-02983		IF-00552	
14		GI-08126		RE-08655	
15		ER-05397		AY-05913	
16		GP-09238		MN-04900	
17		IP-05621		FZ-0	
18		VW-08066		IH-0	

图 4–203

根据VLOOKUP函数的用法，计算的逻辑为，用D列的数据到B列中进行查找，如果找到了相同的数据，则返回B列的值。与前面的例子不同，本例用于查找的数据区域只有一列，所以，只能返回该列的数据，也就是说，第三参数必须为1。

在E2单元格写公式=VLOOKUP(D2,B:B,1,0)，如果表格下方没有干扰数据，第二参数可以选中整列，而不用具体到$B$2:$B$2001。公式往下复制后，结果为#N/A的单元格所对应的订单号，就是不存在于B列中的号码（如图 4–204）。

由于双击鼠标可以一秒钟将公式全部复制（相邻参照列数据连续的情况下），只要Excel装得下，无论需要匹配多少条数据，都只是一瞬间的事情。这已经不能用效率的提升来衡量，而是一分钟做完与不可能完成的差别。

E2 =VLOOKUP(D2,B:B,1,0)

	A	B	C	D	E
1	源数据表：	源代码	待查找列表：	待查找代码	查找结果
2		XK-06280		XK-06280	XK-06280
3		XD-03698		HQ-03126	#N/A
4		FH-01464		VO-08836	#N/A
5		MB-04660		XO-0410	#N/A
6					#N/A
7					NR-02966
8		UI-07622		RC-02662	RC-02662
9		NO-01519		YE-00942	#N/A
10		LB-00210		BR-01271	BR-01271
11		VG-00893		QN-08003	QN-08003
12		DN-00406		IT-00870	#N/A
13		KO-02983		IF-00552	#N/A
14		GI-08126		RE-08655	RE-08655
15		ER-05397		AY-05913	AY-05913
16		GP-09238		MN-04900	MN-04900
17		IP-05621		FZ-02222	#N/A
18		VW-08066		IH-00 9	IH-00809

=VLOOKUP(D2,B:B,1,0)

练习32 VLOOKUP智能海量查找和比对 2

图 4–204

在使用VLOOKUP函数时，可能会出现明明有一样的数据（看起来一样），公式结果却显示为#N/A的情况。遇到这种问题，除了检查函数参数是否设置正确，也要确认数据是否只是看起来一样。空格和文本型数字通常是产生问题的根源，如图4-205所示，B2单元格只是在数字后多了个空格，就造成公式结果出错。

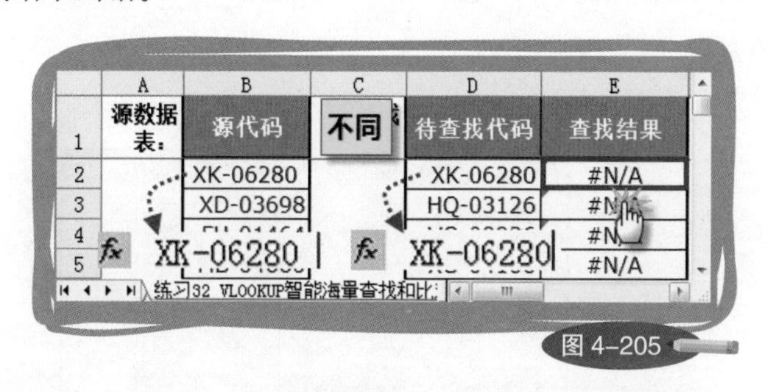

图 4-205

因此，当我们在使用函数进行批量的数据处理之前，首先要认真地做好源数据的清理工作。文本型数字的转换方式，在前面已经详细讲过，如果只有一列数据需要转换，用分列是不错的办法。而对空格的处理一般都用替换功能，将空格全部替换为空。假如英文单词之间必须保留空格，则可以使用TRIM函数，该函数的用途是，去掉字符串两端以及词与词之间的多余空格，只保留一个用作词与词分隔的空格。如图4-206所示，在B1单元格写公式=TRIM(A1)，公式使英文文本变成了标准的写法，但对于中文文本，Excel也一视同仁，所以效果不佳。可以看出，TRIM函数更适合处理英文文本中多余的空格。

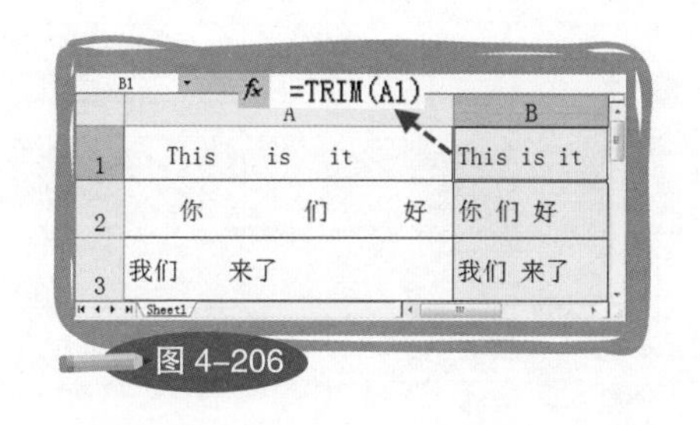

图 4-206

VLOOKUP函数对数据还有一个要求是“唯一”，所以当用于查找的数据区域中有两个相同的数据时，它永远只能匹配到第一个。那么，如果有两个员工都叫张三，想要得到正确的匹配结果，可以做两种考虑：第一，以工号代表员工，使工号唯一；第二，添加属性，制造唯一，例如：用“&”符号制造男张三和女张三。下面这个例子，就是采用制造唯一的做法，找出对应企业的负责人（如图4–207）。

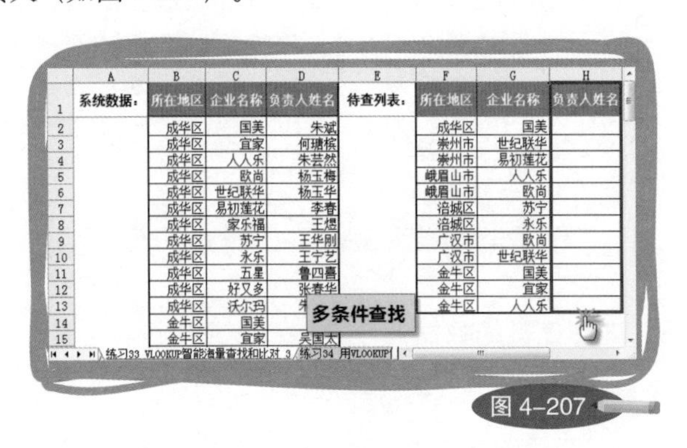

图 4–207

在这张表格中，“所在地区”不唯一，“企业名称”也不唯一，只有将两者合并以后，才能得到可以用作查找的唯一的数据。所以，如图4–208所示，将A列作为辅助列，在A2写公式=B2&C2，并往下复制。然后，在H2写公式=VLOOKUP(F2&G2,A:D,4,0)。因为用于查找的不再是一个单独的条件，而是两个条件，所以，第一参数用F2&G2。将公式往下复制后，就得到了对应的负责人姓名。

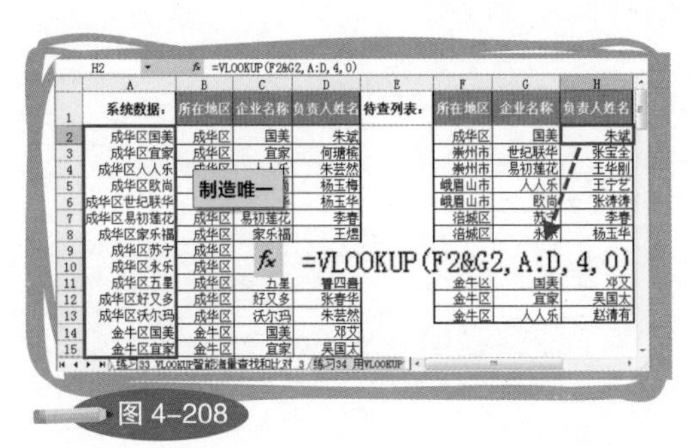

图 4–208

如果生活中也有Excel该多好！吃饭结账的时候用SUM核对账单，写个IF函数让衣物自动归类，找不着东西了用查找，挑男朋友还能多条件高级筛选……

天才“模糊”更聪明，打分算钱样样行

身为哼哈二将之一的VLOOKUP，不仅清醒的时候厉害，“模糊”起来也很了得。一个人是否清醒靠大脑控制，而VLOOKUP是否清醒则靠第四参数控制。当第四参数为1的时候，VLOOKUP进入模糊匹配模式，匹配条件变为小于查找数据的最大值，这就意味着它不用找到完全一致的数据也能返回结果。看描述就知道，模糊匹配多用于数值的查找。那么，什么叫小于查找数据的最大值呢？打个比方：如图4－209所示，用64到这份评级标准中进行匹配，函数发现0和60均小于64，而60是其中的最大值，所以，64的匹配结果是60，函数可以返回与之同行指定列的数据，如“差”。

评级标准	
0	不及格
60	差
75	良
85	优

图 4-209

依照函数的判断逻辑，在使用模糊匹配时，用于查找的数据必须按升序排列。否则，Excel会搞不清楚状况，从而导致错误的结果。

你可能已经看出来了，用VLOOKUP的模糊匹配功能，可以根据分数评定级别。如图4–210所示，这是一份成绩表，O列已经算出了学生的平均成绩，现在需要在P列根据“评级标准”为该成绩评级。在P2单元格写公式=VLOOKUP(O2,$R$3:$S$6,2,1)，并往下复制，由于匹配到的是小于该成绩的最大值，于是刚好对应到相应的级别。

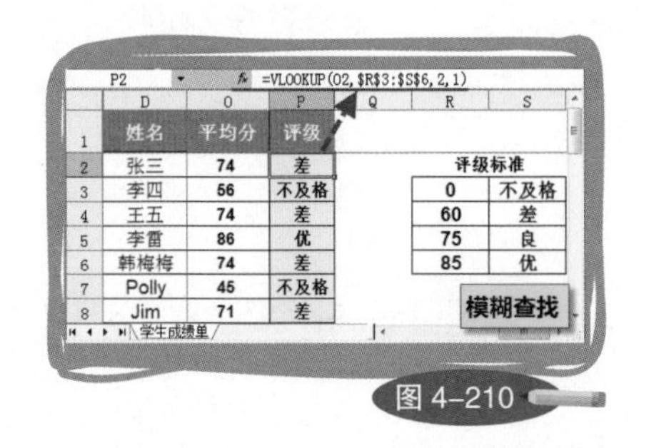

图 4–210

如果“评级标准”中的数值没有按照升序排列，尽管函数的参数不发生任何变化，计算结果也将出错（如图 4–211）。因此在使用VLOOKUP进行模糊匹配时，这一点需要特别注意。

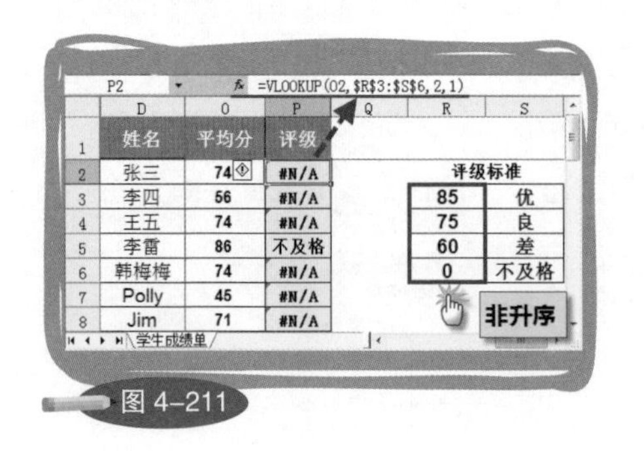

图 4–211

同样的技巧还能用在商城打折时计算实际付款金额，如图4-212所示，P2单元格的公式为=O2*VLOOKUP(O2,$R$3:$S$7,2,1)。

P2 =O2*VLOOKUP(O2,$R$3:$S$7,2,1)

	D	O	P	Q	R	S
1	订单号	购物金额	折后金额	算钱		
2	CD001	3200	2816		购物满折扣	
3	CD002	7800	6240		0	100%
4	CD003	25000	17500		1000	88%
5	CD004	800	800		5000	80%
6	CD005	82000	49200		15000	70%
7	CD006	2500	2200		50000	60%
8	CD007	9200	7360			

商城消费

图 4-212

至此，VLOOKUP函数几种常见的用法就都介绍完了，它们包括：单条件匹配、多条件匹配、模糊匹配，以及本章第4节提到的结合通配符和动态数据区域引用的应用。这些用法，既能通过一个关键字段匹配出其他数据明细，也能判断200个数据是否包含在指定的2000个数据中，还能评级或者算钱，并且协助数据透视表获得与“父级汇总的百分比”相同效果的汇总结果。如此神奇的函数，你还有什么理由不认真学好它呢？

网上有这么一个段子，别人当笑话看，懒人却能从中悟出联想记忆的妙处，并将这个方法用于Excel学习中。故事讲的是，一次，乌龟和兔子赛跑，结果兔子太骄傲，被乌龟抢先了。兔子拼死狂追，结果撞到树上死了，恰巧一农夫经过这里，拿起兔子回家煮了吃。从此他便整日守在树下，也不干活。渐渐的庄稼长得不好，于是他就把地里的禾苗拔高，结果庄稼全死了。这就是龟兔赛跑、守株待兔和拔苗助长的故事。

借力Word“邮件合并”，一秒搞定千份成绩单

与“存放基础信息型”数据有关的还有一件重要的事情，那就是将基础信息以不同的样式进行展示。这种展示通常不会在Excel中完成，而要用到Office组件的另一个重要工具——Word。需要用于展示的数据内容有很多，比如人事档案。用Word设计好一份人事档案表，每一个员工的基础信息被记录为一页，填好以后，需要将纸质文档打印出来，盖章、归档。再比如，学校印发的成绩单。因为要发到每一位学生的手里，有多少学生就需要制作多少份样式相同的成绩单（如图4–213）。

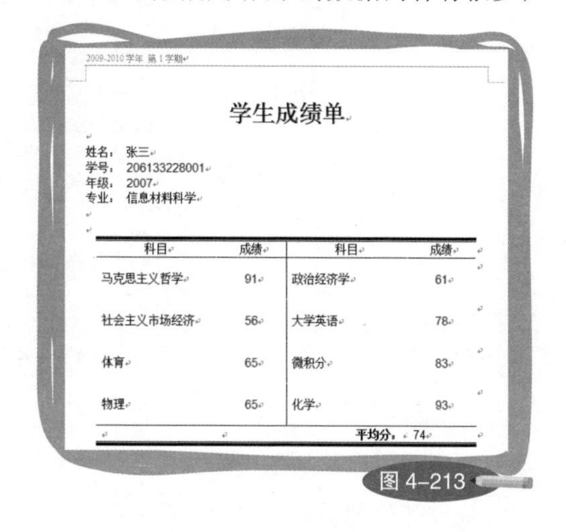
2009-2010学年 第1学期

学生成绩单

姓名：张三
学号：206133228001
年级：2007
专业：信息材料科学

科目	成绩	科目	成绩
马克思主义哲学	91	政治经济学	61
社会主义市场经济	56	大学英语	78
体育	65	微积分	83
物理	65	化学	93
		平均分：	74

图4–213

还有就是从学校发出的信件，也许是通知各地考生被录取了，也许是将成绩单寄回学生家里，又或者是恭贺该生顺利毕业。无论目的如何，也是需要制作样式相同，只是数据不同的信封（如图4–214）。

图4–214

以上这些工作，假如不加以思考，拿到一份Word文档也就开始填写了。可长期积累下来，却会产生一个严重的问题——数据是记录了不少，但除了看看而已，派不上其他任何用场。这是因为Word不具备数据处理和分析的能力。如果要对员工资料或者学生成绩进行分析，还得再将所有数据从Word搬到Excel里，而这显然是毫无意义的重复劳动。

那么，既要获得样式统一、能够打印的Word版成绩单，又要保留能够分析的Excel版源数据，我们到底应该怎么做呢？解决方法与其说是Excel技巧，不如说是Word技巧。要知道，Office组件是一个整体，在设计的时候就已经充分考虑了各工具之间的配合。接下来要讲的，就是Word和Excel的强强联手。

先做Word版成绩单是没有必要的，真正应该做好的还是Excel中的那张源数据表。有了它，只要通过Word强大的“邮件合并”功能，一秒生成千份成绩单就再也不是梦想。

使用“邮件合并”功能有三个步骤：

第一步，在Excel中制作符合规范的源数据，格式参照天下第一表；
第二步，在Word中设计需要展示的样式；
第三步，合并。

以批量获得规定样式的学生成绩单为例，首先要有一份如图4-215所示的源数据表，表格中的字段可以多于需要在Word文档中展示的字段。

\>>>>>　>>>>>　>>>>>

	A	B	C	D	E	F	G	H	I	J	K	L	M	N	O
1	学年	学期	学号	姓名	年级	专业	马克思主义哲学	政治经济学	社会主义市场经济	大学英语	体育	微积分	物理	化学	平均分
2	2009-2010	1	206133228001	张三	2007	信息材料科学	91	61	56	78	65	83	65	93	74
3	2009-2010	1	206133228002	李四	2007	微电子科学	89	57	71	92	74	87	57	87	76
4	2009-2010	1	206133228003	王五	2007	微电子科学	67	71	78	91	70	76	80	62	74
5	2009-2010	1	206133228004	李雷	2007	信息材料科学	94	86	58	75	89	62	67	72	75
6	2009-2010	1	206133228005	韩梅梅	2007	应用化学系	91	94	93	62	55	61	58	75	73
7	2009-2010	1	206133228006	Polly	2007	微电子科学	84	97	66	68	83	89	80	67	79
8	2009-2010	1	206133228007	Jim	2007	应用化学系	65	96	85	59	56	70	75	61	70
9	2009-2010	1	206133228008	Lucy	2008	微电子科学	59	69	90	83	55	76	65	86	72
10	2009-2010	1	206133228009	Lily	2008	微电子科学	64	61	95	82	69	84	72	79	75
11	2009-2010	1	206133228010	Tom	2008	微电子科学	57	55	57	61	73	96	78	79	69
12	2009-2010	1	206133228011	Jason	2008	应用[illegible]	[illegible]	78	67	56	82	61	67	68	67
13	2009-2010	1	206133228012	Jack	2008	应用[illegible]	[illegible]	65	70	67	93	58	94	90	78
14	2009-2010	1	206133228013	张花花	2008	应用[illegible]	[illegible]	94	74	79	92	83	83	94	86
15	2009-2010	1	206133228014	李树树	2008	信息材料科学	92	97	61	71	93	73	83	57	78

源数据

邮件合并_信封 邮件合并_学生成绩单

图 4-215

然后，在Word中根据需要展示的样式，设计打印版的成绩单（如图4-216）。

图 4-216

两样都准备好了，进入Word开始“合并”。先在“视图”的“工具栏”中调出“邮件合并”工具栏（如图4-217）。

图 4-217

此时，工具栏只有两个按钮被激活。最左侧的“设置文档类型”暂时不用管它，点击左边第二个按钮“打开数据源”。弹出的对话框是Word在询问以什么作为源数据。于是，找到对应的Excel文档（如图4–218）。

点击“打开”后，如果选取的Excel文档中有多个工作表，就还需要指定对应的工作表（如图4–219）。

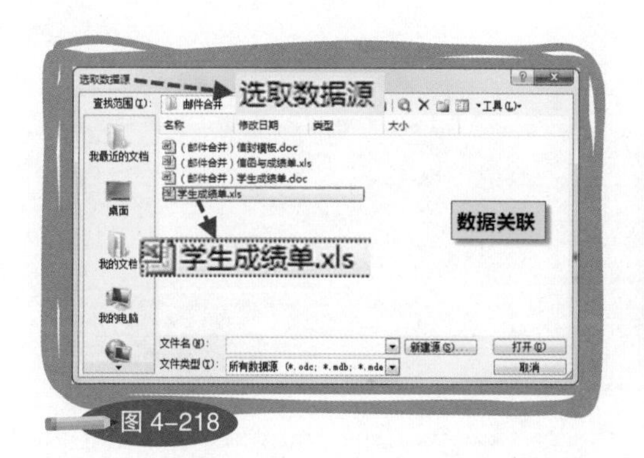

图4–218

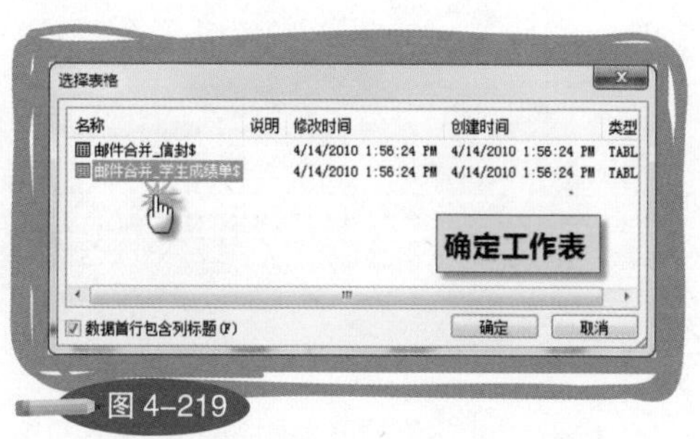

图4–219

选好之后点“确定”，Word会闪一下，但没有任何事情发生。不过，此时“邮件合并”工具栏更多的按钮被激活了，这代表Excel源数据已经与该Word文档关联成功（如图4–220）。

图4–220

接下来，点击左边第六个按钮“插入域”（不是“插入Word域”），并将列表中的字段插入到相应的位置。遗憾的是，每插入一个字段，都必须关闭对话框才能移动光标的位置（但从2007版开始有所改进）。所以这一步设置起来有点费时，但所幸只用做一次（如图4–221）。

将所有字段插入以后，见证奇迹的时刻终于到来了！点击“邮件合并”工具栏右边第四个按钮“合并到新文档”，并选择“全部”合并（如图 4–222）。

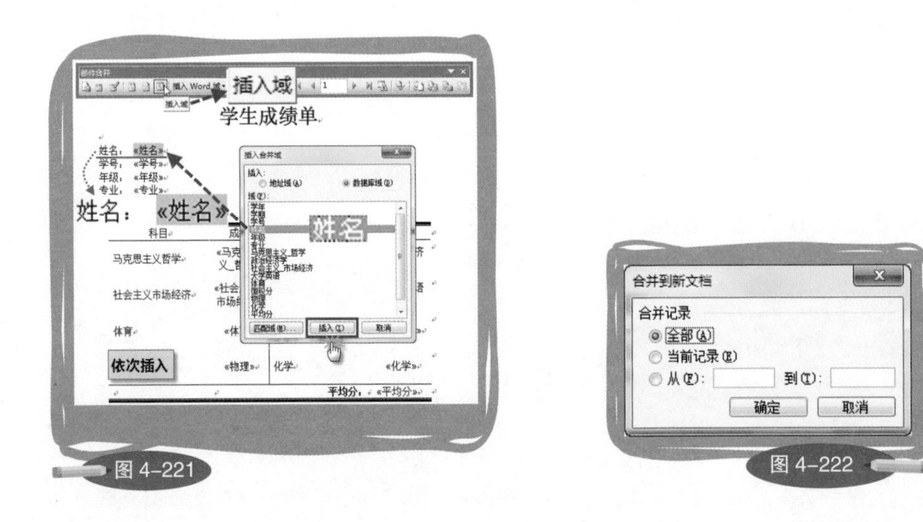

图 4–221

图 4–222

接下来，勤劳的Word将在你按下“确定”之后，瞬间复制出拥有相同格式、不同数据的上千份成绩单，并且是每页一份。你需要做的，只是打印而已（如图 4–223）。

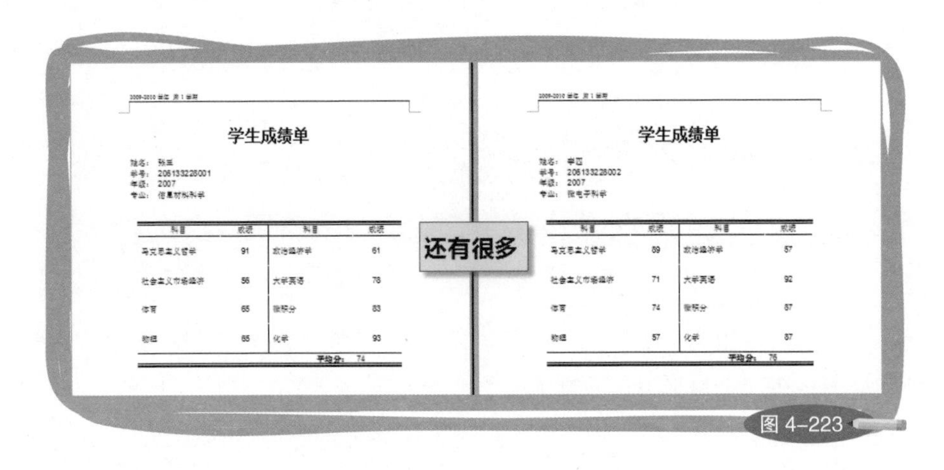

图 4–223

这就是Word联手Excel的神奇用法。你有没有发现，从概念上讲，这项操作依然没有脱离三表概念。我们把Word版的学生成绩单看作结果，如果靠手工制作，费时费力不讨好，还无法留下有效的源数据。换个角度，先做好源数据（Excel），再根据源数据变出结果（Word）。这样不仅操作起来轻松愉快，效率的提升也令人惊叹。

关于“邮件合并”，还要多说几句：

第一，不仅能在正文中插入域，还能在文本框中插入域，如制作信封（如图 4–224）。

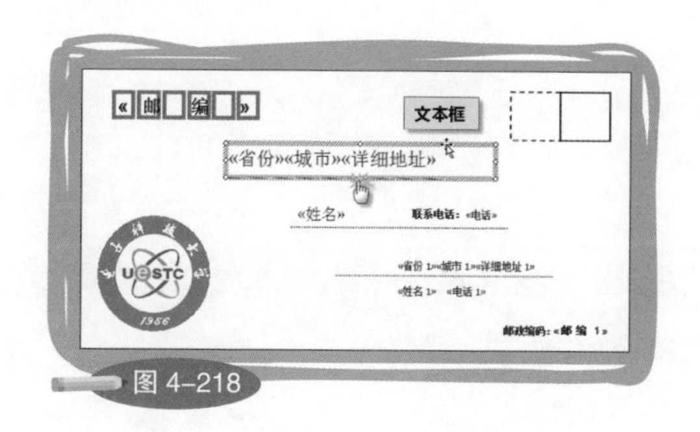

图 4–218

第二，一行Excel数据，对应一页Word。如果想要节约纸张，在一页打印两份成绩单的话，可以在Excel里将两行成绩并入一行，字段用 1 和 2 区分，以便在插入域时不会混淆（如图 4–225）。

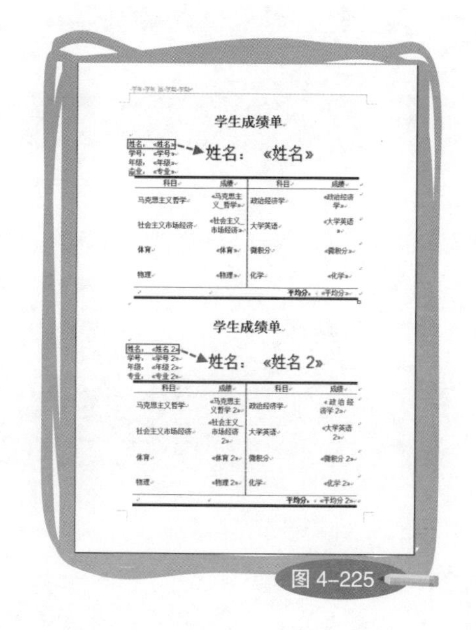

图 4–225

第三，插入的字段名称与Word格式中的文本不需要一致。本例之所以保持一致，是为了方便理解。这两者之间实际上没有任何关系，列表中的字段可以插入到Word的任意位置。

第四，合并到新文档对话框中的从哪里到哪里应该用数字表示，数字代表除标题行以外的Excel源数据的行数，例如：从1到3将得到3页文档，对应Excel中第2行至第4行的数据（如图4–226）。

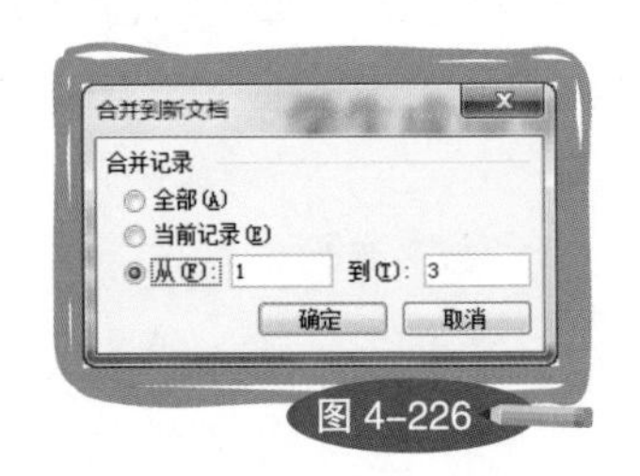

图 4–226

把最有价值的知识点死记硬背下来，然后花精力把解决问题的思路琢磨透。软硬兼施下，还有什么能难倒你呢？

五种类型的表格，有五种风貌，涉及不同的技巧，实现不同的目的。但技巧与目的也有交集，如果把五类表比作五个套餐，合在一起就是三表全景。常用的技巧并不复杂，组合方式却多种多样。一套心法配上一套招式不多的拳术，只要用心体会，并勤加练习，独步江湖足矣。

第5章

求人不如求己

直到接触Excel的第八个年头，我才恍然大悟，学习Excel竟然还可以看书和上网。不知道为什么，之前的七年完全没有这种意识，但也正是这段只在Excel中自学的经历，让我养成了求人不如求己的习惯，并从中获益匪浅。当然，我曾经的这种做法实属无知之举，自己也因此走了不少弯路。现在看来，学习知识是需要借鉴别人经验的。其实就算看书或是上网，只要通过自己的努力找到答案，都是“求己”的作风。而对于“求人”，我把它狭隘地定义为遇到困难想也不想，张口就问。这是不提倡的。

我在本章想与大家分享一些靠自己解决问题的态度和方法，这可比多学几十招重要许多。面对Excel层出不穷、千奇百怪的问题，只有自立者才能从容应对。

第1节 自己琢磨的才是自己的

同样一招，有人学会了一辈子忘不掉，有人一转眼就忘得干干净净。排除记忆力的差异，我认为导致这样的结果有两个重要原因。

第一个原因，Excel是应用性极强的工具，经常使用才能印象深刻。天天被表格折磨的“表”哥、“表”姐如果学会了一个救命招，那的确一辈子都忘不了，可如果平时用得很少，记不住也是正常的。学Excel的人总会有一个疑问——到底应该学多少？其实，这没有标准答案。让我说，够用就好。只要能满足工作需要，哪怕只会数据透视表又有什么关系呢？当然，如果有兴趣有时间，了解多一点一定是好的，但不必给自己太大的压力。

另一个原因，自己花时间琢磨来的，通常都记得很清楚。而没有经过思考，张嘴问来的，就会记不住。琢磨招数不能仅限于满足当前需求，还得多联想。例如前面讲到DATEDIF函数的时候，我就会好奇不满24小时会不会算为一天，并动手实验，然后还对“md”的算法产生疑问。在验证这些想法的同时，我已经将这个函数刻在脑子里了。这与从别人那里直接获取答案是完全不同的感受。

>>>>> >>>>> >>>>>

寻求解决问题的方法时，也要多琢磨。一般来说，首先必须具备一些基础知识，其次用排除法缩小范围，最后靠实验得出结论。举个例子，如图 5–1 所示的数据透视表，数据来源于“济南”和“西安”两个工作表。已经检查过源数据中的“报废缺陷”字段里没有数字，但汇总结果却出现了数字。

哪里来的数字？

	A	B	C	D
1				
2				
3	计数项:数量	Expr1000		
4	报废缺陷	济南	西安	总计
5	1	238		238
6	2	87		87
7	3	86		86
8	4	79		79
9	5	96		96
10	6	192		192
11	板耳断裂		28	28
12	板耳弯曲		61	61

汇总 / 济南 / 西安

图 5–1

由于排除了源数据字段内容的错误，我们可以把问题范围缩小到制作透视表的过程。根据已经掌握的在透视表中双击查看明细的功能，我们应该好奇这些数字对应的汇总数是怎么得来的。双击B5 单元格后，得到如图 5–2 所示的明细数据。奇怪的是，与源数据不同，在新建的明细数据中，“报废缺陷”字段竟然又出现了数字内容。

与源数据不同

	O	P	Q	R
1	电池单格	报废缺陷	隔板类型	数量
2	1	1	板耳断裂	DE隔板
3	1	1	板[illegible]	[illegible]板
4	1	1	板[illegible]	PE隔板
5	1	1	板耳断裂	DE隔板
6	1	1	板耳断裂	PE隔板

Sheet1 / 汇总 / 济南 / 西安

图 5–2

这是一个矛盾的结果，所以，我们必须找到该透视表的不同之处。最好的方法是通过数据透视表向导往回看它的设置。可看下来，除了数据源类型使用了“外部数据源”之外，也没有别的问题。那么，区别于常见的透视表，它唯一的不同就是由两个源数据组成。当我们再检查源数据的时候，就发现了问题所在：“西安”工作表中的“报废缺陷”字段在O列（如图5–3），而“济南”工作表中的“报废缺陷”字段在P列（如图5–4）。

图 5–3

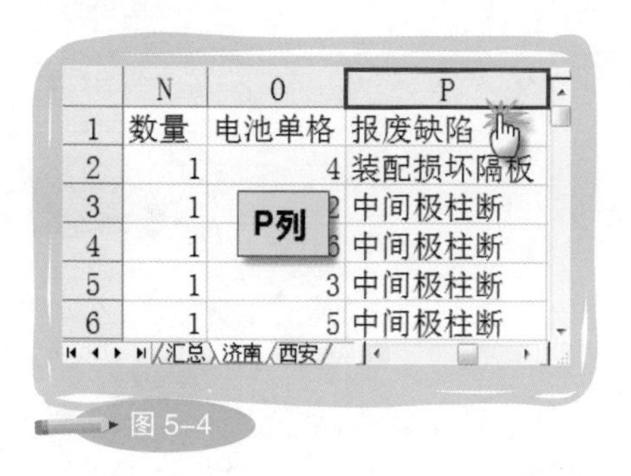

图 5–4

由于相同字段所处的位置不同，合并后的源数据自然也就出了错，所以才最终造成汇总结果的错误。通过这样一个解决问题的过程，找到问题的根本所在，印象一定是非常深刻的。同样的思维方法，还可以用来处理更多难题。

第2节 榨干Excel

我所掌握的大部分知识，都是在Excel中玩出来的。Excel其实为我们提供了很丰富的信息和大片的实验场地，只要善加利用，对学习会有很大的帮助。

✦ 在“空白表”中尽情放肆

空白的表格，是最好的实验场所，不仅地方大，也没有设定好的格式，干干净净的。在这里做实验，可以尽情放肆，把数据弄得乱七八糟也无所谓(如图5–5)。

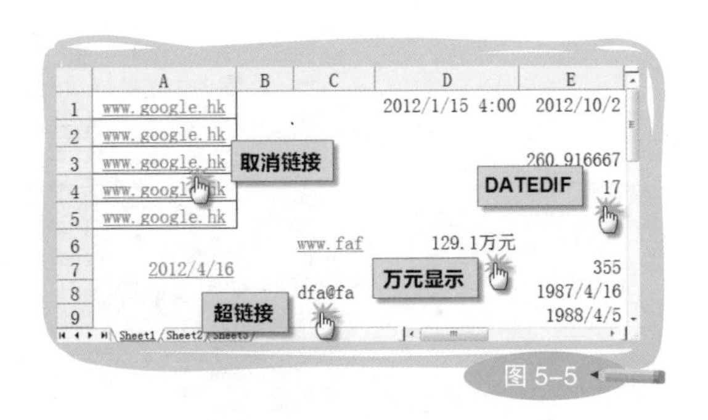

图5–5

有时候，表格的问题是因格式而起。当出现莫名其妙的状况时，将数据不带格式地贴入新建的空白表是不错的选择。而另一个“包治百病”的方法则是重启电脑。

✦ 有问必答"快捷键"

有人说，Excel中的快捷键太多，记不住。首先，快捷键一定要多用，刚开始可能不习惯，会下意识地去找鼠标。可时间一长，用顺了也就记住了。其次，就算记不住也没关系，可以向Excel要答案。在菜单中，快捷键被标注在按钮旁边，找到按钮就找到了对应的快捷键。如图5-6所示，"格式"中的"单元格"旁写着Ctrl+1，这就是调用它的快捷键。你可能还注意到了括号中的字母"E"。这代表当"格式"菜单被打开时，按E键也能调用"单元格"功能。

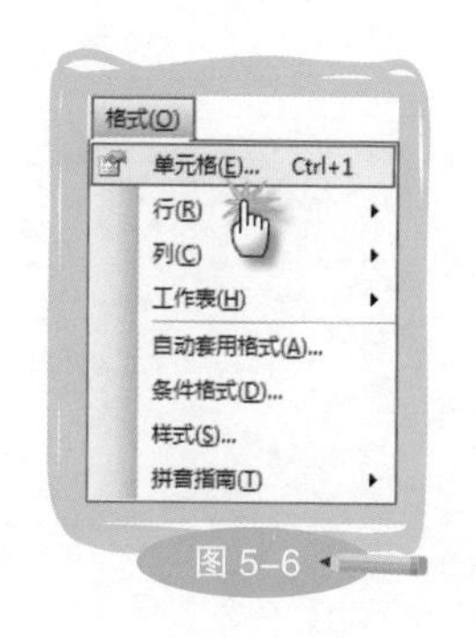

图 5-6

✦ "帮助"中自有"黄金屋"

Excel帮助中的信息量很大，但由于有了网络，我们常常忽略了它的存在。可对于一般性的问题，尤其是Excel功能、函数的使用，或者Excel规范等，"帮助"都能给你比较满意的答复（如图5-7)。我曾经花了半天的时间钻研帮助文档，直到现在都还记得一些重要的信息，这对我操作和理解表格起到了很好的作用。

图 5-7

>>>>> >>>>> >>>>>

第3节 网络嗖嗖"搜"

有时候我觉得技巧没有多少好讲的，是因为我们身处网络时代。如果你想知道INDEX函数怎么用，就算看不明白帮助文档中的描述，也可以在网上搜寻到成千上万个答案。有的答案固然很简单，也许只有一句话，而有的答案可能还带附件，里面有设置好的公式供你参考。

通过互联网搜寻答案，关键在于能提出合适的问题，以及甄别有效的信息。提问的时候，多用关键字，避免写很长的描述，关键字之间要用空格隔开。例如，想知道如何在单元格内换行，可以输入查找信息"Excel 单元格 换行"，就会得到许多相关的答案。剩下的只是从众多答案中找到自己觉得最靠谱的，并加以实验。

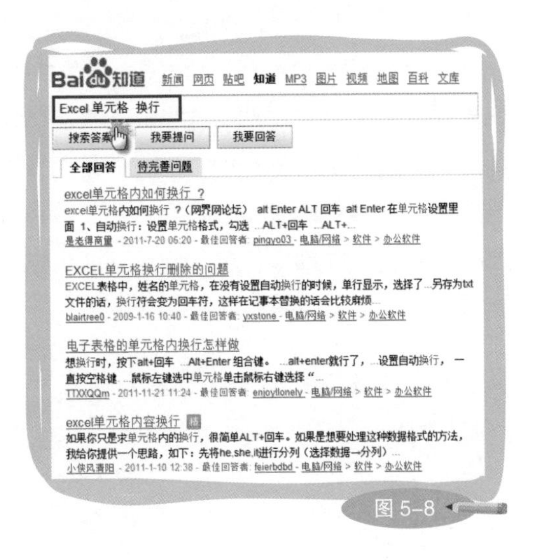

图 5-8

我常用的是"百度知道"。由于我国网民数量庞大，再加上奇人异士众多，对于大多数问题，基本都能在这里找到答案（如图 5-8）。

>>>>> >>>>> >>>>>

第4节
上论坛找“同伙”

如果把在搜索引擎的搜寻比作快餐，那么逛专业的Excel论坛就是正餐。由于这些论坛专注于一个领域，你在这里能遇见很多志同道合的“表”哥、“表”姐。大家可以互相分享心得，借鉴经验。当你想要提一些针对性很强的问题时，因为论坛支持上传附件，得到的答案会更准确。

在论坛上提问要注意两点：第一，提问前先搜索是否已经有相同问题的帖子，避免问重复的问题；第二，提问要有礼貌，并且不要惜字如金，尽量把问题描述得清楚一点，如果有附件记得上传。

由于我不是技术类“人才”，所以几乎不泡论坛，唯一上过的就是ExcelHome。这是一个老字号论坛，拥有不少专家和专家级粉丝。大家如果有兴趣，可以去逛逛。

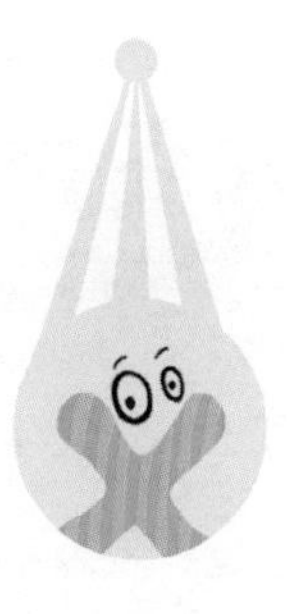

关于这本书，首先要感谢你们。是你们的认可、鼓励和期待，让我有了写这本书的动力；是你们的来信和留言，让这本书有了生动的案例；是你们的批评和建议，让这本书更加注重细节。

有你们真好！

然后要感谢我的家人。你们给予了我太多，却从不求回报。你们怕打扰我创作，总是把所有的事情都安排得那么妥当，以至于我几乎以好吃懒做的状态完成了这本书的写作。

有你们真好！

还要感谢出版单位的策划和编辑们。感谢封面设计师，你的创意是这本书的点睛之笔。感谢版式设计师以及插画绘制人员，你们的工作让平凡的文字变得生动有趣、耐人寻味。感谢发行瞿宏亮，你对这本书充满热情、事无巨细的照料，让它的生命得以最好的延续。同时，还要感谢所有为这本书付出辛劳的其他朋友。

有你们真好！

最后，要再次感谢读者朋友们，因为有了你们，这本书才能最终实现它的价值。希望你们有所收获。

也可以这样找

通用类

设置

快捷键

操作

规范

数据透视表

锦囊类

函数

数据有效性

名称

条件格式